트래블로그Travellog로 로그인하라!
여행은 일상화 되어 다양한 이유로 여행을 합니다.
여행은 인터넷에 로그인하면 자료가 나오는 시대로 변화했습니다.
새로운 여행지를 발굴하고 편안하고
즐거운 여행을 만들어줄 가이드북을 소개합니다.

일상에서 조금 비켜나 나를 발견할 수 있는 여행은
오감을 통해 여행기록TRAVEL LOG으로 남을 것입니다.

크로아티아 사계절

크로아티아는 지중해에서 아드리아 해를 따라 내륙으로 가면서 다양하게 변한다. 태양이 내리쬐는 해안지역은 덥고 건조한 여름 날씨와 온화하고 비가 내리는 겨울 날씨로 구분된다. 해안의 높은 산들은 북쪽에서 불어오는 찬바람을 막아서 봄은 빨리 오고 여름은 늦게 오도록 해준다. 자그레브의 평균 최고기온은 7월에는 27도이지만 1월에는 2도까지 내려간다.

여름에는 덥고 건조한 날씨이지만 다른 계절에는 따뜻한 날씨와 함께 여행을 하고 싶다면 내륙의 자그레브와 해안을 따라 나 있는 다른 도시들을 구분해 여행하는 것이 좋다. 크로아티아를 방문하기 좋은 시기는 5월말에서 10월 중 까지이다.

개인적으로 크로아티아는 9월에 방문하기 기후가 좋은 계절이라고 생각한다. 한여름의 열기가 남아있지만 관광객은 적어져 여유롭게 즐길 수 있다. 7월과 8월에 아드리아해변은 붐비지만 9월이 되면 사람들도 적어지고 비수기 요금이 적용되고, 무화과와 포도 등이 많이 수확되므로 여행에 가장 좋은 시기일 것이다.

4월과 10월은 아침과 밤에는 춥게 느껴지지만 해안을 따라서는 날씨가 좋고, 민박할 곳이 많으며 값도 싸다. 6월 중순에서 9월 하순까지 바다에서 수영을 즐길 수 있다.

자그레브(Zagreb)

따뜻한 계절은 5~9월까지 3~4개월간 지속되며, 평균 일일 고온이 23℃ 이상이다. 1년 중 가장 더운 날은 8월 초이며, 16~28℃를 유지한다. 추운 계절은 11월 중순 이후부터 2월까지 3~4개월 동안 지속되며, 온도가 9℃ 이하를 보인다. 1년 중 가장 추운 날은 1월 중순일이며, 평균 -3°~4℃를 유지한다.

두브로브니크(Dubrovnik)

두브로브니크Dubrovnik에서 여름은 따뜻하고 맑은 날씨를 보이고, 겨울은 비가 오고 바람이 불어 춥게 느껴지며 부분적으로 흐린 날씨가 지속된다. 1년의 날씨를 보면 전형적으로 6° ~30°C로 변하며, 드물게는 겨울에 2°C이하를 보이거나 여름에는 33°C이상이 되기도 한다. 두브로브니크 현지인들은 더운 여름은 6월 15일~9월 9일까지로 약 3개월을 지칭한다. 평균 고온이 26°C 이상이 되는 날이 지속된다고 말한다. 1년 중 가장 더운 날은 7월 말이고, 평균 23~30°C를 유지한다.

겨울은 11월 23일~3월 23일까지 약 4개월 동안 지속되며, 평균 온도가 16°C 이하이다. 1년 중 가장 추운 날은 1월 말로 평균 6°~12°C이다.

Intro

크로아티아는 2014년부터 거의 매년 여행하는 여행지로 본격적으로 가이드북을 위해 2017년부터 4번에 걸쳐 크로아티아 곳곳을 여행하였다. 아쉬운 점은 매년 달라지는 물가이다. 저렴한 물가와 아름다운 자연으로 관광객을 끌어들이는 여행지가 바뀌고 있는 것이다. "꽃보다 누나"라는 프로그램으로 인해 크로아티아는 유럽을 여행하는 나라에서 5위순에 꼭 드는 여행지가 되었고 2018년부터 대한항공의 직항로도 개설되었다. 이제 크로아티아는 우리에게 인기 있는 유럽의 여행지로 인기가 많다.

크로아티아를 한번 가본다면 '블루'라는 색상이 가진 신비한 매력에 빠져 다른 나라들이 시시해 질지도 모르겠다. 버나드 쇼가 "두브로브니크를 보지 않고 천국을 논하지 말라"라고 했던 말을 아드리아 해를 보면 실감하게 된다. 아름다운 해변과 리조트, 섬이 환상적인 휴식을 선사하는 크로아티아는 역사적인 성과 마을, 그림 같은 풍경의 산과 산책하기 좋은 시골 길이 관광객을 끌어들이고 있다.

크로아티아의 수도이자, 문화와 음식의 중심지인 자그레브는 흥미로운 예술 문화가 살아 숨 쉰다. 이곳의 대부분의 건축물들은 오스트리아와 헝가리가 지배했던 시기의 모습을 엿볼 수 있다. 현대미술관을 비롯해 다양한 미술관과 박물관에 들러 자그레브와 크로아티아에 대해 알 수 있다. 카페에서 여유를 즐기고 맥주와 함께 다양한 요리와 치즈도 맛볼 수 있다.

크로아티아에는 다양한 야외 활동도 할 수 있다. 삼림을 통과해 플리트비체 호수 국립공원의 폭포와 연못까지 이어지는 하이킹과 자비찬 마을에서 시작하는 57km 거리의 프레무치크 산책길, 나무가 우거진 산행을 할 수 있다.

아드리아 해의 에메랄드 빛 바다가 돋보이는 남부의 달마티안 해변은 한 폭의 수채화 같다. 해안에 위치한 역사적인 마을들을 구경하고 해변에서 파티와 나이트라이프도 즐길 수 있다. 특히 여름에는 해변 전체가 파티와 축제, 라이브 음악으로 가득하다. 자다르에서는 로마와 베네치아의 건축물과 푸른 바다를 배경으로 음악과 조명 쇼와 함께 아름다운 일몰의 감상은 낭만적이다. 더 북쪽으로 가면 로마식 원형 경기장인 풀라 아레나에서 콘서트도 즐길 수 있다. 해변에서 특별한 해산물 요리와 함께 밤에 즐기는 신선한 문어, 장어와 굴 요리를 와인과 함께 낭만을 맛보는 것도 또 다른 즐거움이다.

두브로브니크의 역사적 도시에는 바로크 건물과 고대 수도원 등과 환상적인 아드리안 해 전망이 가능한 중세 두브로브니크 성을 둘러볼 수 있다. 크로아티아의 아름다운 자연과 북적이지 않는 분위기가 여름 성수기에는 가능하지 않지만 아직도 봄과 가을에는 저렴한 물가가 이곳의 여행을 더욱 즐겁게 해주는 요소이다. 이제 크로아티아는 계절에 따라 저렴한 예산으로 여행하는 여행자부터 신혼여행을 계획하는 부부까지 누구나 만족할 여행지이다.

Contents

〉〉 크로아티아 여행에 꼭 필요한 Info

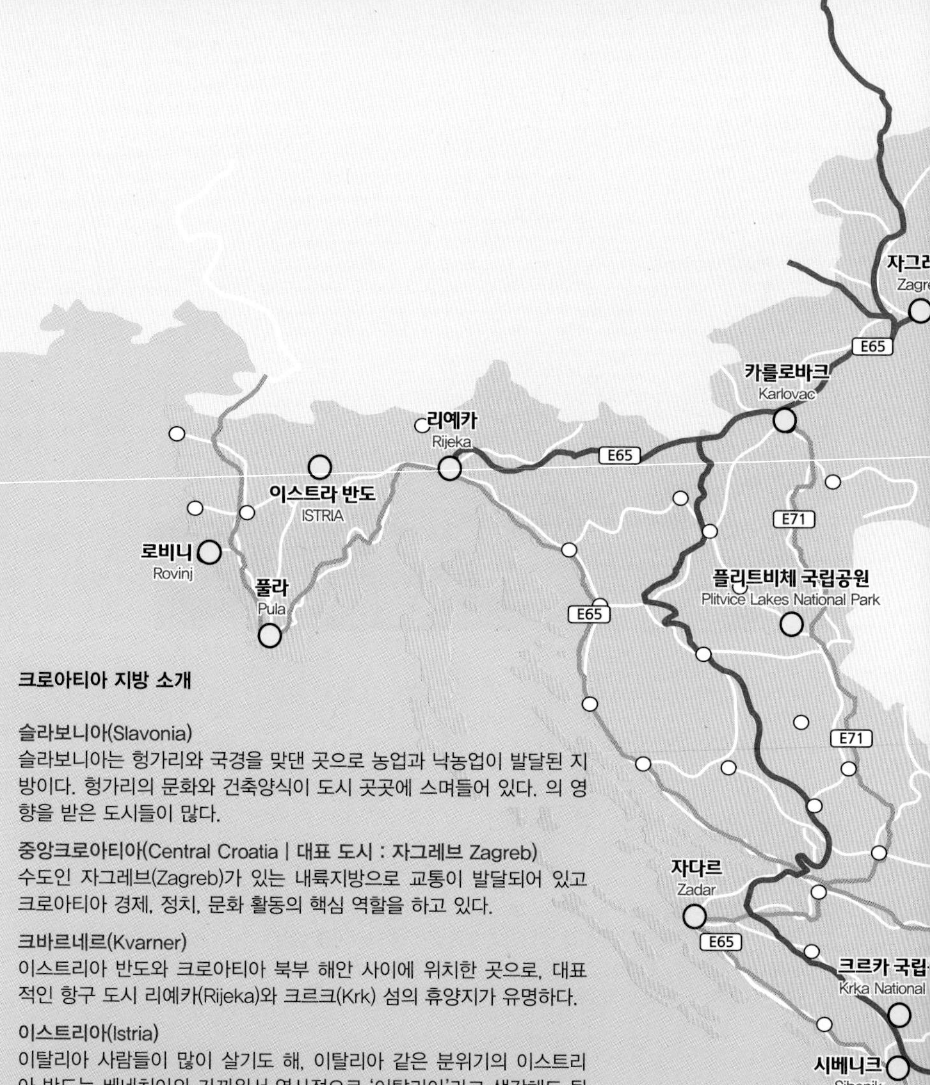

크로아티아 지방 소개

슬라보니아(Slavonia)

슬라보니아는 헝가리와 국경을 맞댄 곳으로 농업과 낙농업이 발달된 지방이다. 헝가리의 문화와 건축양식이 도시 곳곳에 스며들어 있다. 의 영향을 받은 도시들이 많다.

중앙크로아티아(Central Croatia | 대표 도시 : 자그레브 Zagreb)

수도인 자그레브(Zagreb)가 있는 내륙지방으로 교통이 발달되어 있고 크로아티아 경제, 정치, 문화 활동의 핵심 역할을 하고 있다.

크바르네르(Kvarner)

이스트리아 반도와 크로아티아 북부 해안 사이에 위치한 곳으로, 대표적인 항구 도시 리예카(Rijeka)와 크르크(Krk) 섬의 휴양지가 유명하다.

이스트리아(Istria)

이탈리아 사람들이 많이 살기도 해, 이탈리아 같은 분위기의 이스트리아 반도는 베네치아와 가까워서 역사적으로 '이탈리아'라고 생각해도 될 정도로 밀접한 지역이었다. 고대 도시에 남아있는 건축 양식과 유적지 등을 보면 실제로 이탈리아의 작은 도시들과 차이가 없다.

리카 – 카를로바츠(Lika – Karlovac)

아름다운 산과 강, 호수로 아름다운 크로아티아의 수도 자그레브 밑으로 형성된 중부지방이다. 플리트비체(Plitvice)는 크로아티아의 국립공원 중에서 천혜의 자연 경관을 가진 곳으로 가장 유명하다.

달마티아(Dalmatia)

크로아티아의 해안을 따라 있는 자다르(Zadar), 스플리트(Split), 두브로브니크(Dubrovnik)에 이르는 긴 해안에는 달마티아(달마시안 강아지의 원산지) 지방이 있다. 대표적인 휴양도시들은 유네스코 세계문화유산으로 지정되어 정비가 이루어졌다.

크로아티아는 아드리아 해의 북동 해안에 위치하며, 북으로는 슬로베니아 와 헝가리, 동으로는 유고슬라비아, 남쪽과 동쪽으로는 보스니아–헤르체고비나와 국경을 이루고 있다. 공화국의 크기는 벨기에의 두 배이며, 슬라보니아 (Slavonia)의 판노니안(Pannonian)평원으로부터 구릉이 많은 중부 크로아티아를 지나 이스트리아(Istrian)반도와 울퉁불퉁한 아드리아 해까지 부메랑모양으로 빙 돌아 나오는 모양을 하고 있다. 두브로브니크 마을이 있는 크로아티아의 아드리아 해 남쪽 끝은 손가락마디 하나정도의 차이로 보스니아– 헤르체고비나와 분리되어있다.

크로아티아 해변은 언제나 가장 인기 있는 관광지역이다. 해안선의 길이는 1778㎞이며 섬까지 포함하면 5790㎞에 이른다. 대부분의 해변은 모래보다는 넓은 돌이 많다. 앞바다의 섬들은 그리스의 섬들처럼 아름답다. 1185개의 섬들 가운데 66개의 섬에 사람이 산다.

크로아티아에는 7개의 아주 훌륭한 국립공원이 있다. 풀라 근처의 브리유니(Brijuni)는 잘 보존된 지중해 털가시 나무 오크 숲이 있는 가장 잘 가꾸어진 공원이다. 산악지대의 리스니야크(Risnjak) 국립공원은 스라소니의 보금자리인 반면, 파클레니차(Paklenica) 국립공원의 우거진 숲에는 곤충, 파충류, 멸종위기에 처한 그리폰 독수리를 포함한 조류 등이 서식한다. 플리트비치(Plitvice) 국립공원에서는 곰, 늑대, 사슴 등을 볼 수 있다

BOSNIA&HERCEGOVINA
보스니아 & 헤르체코비나

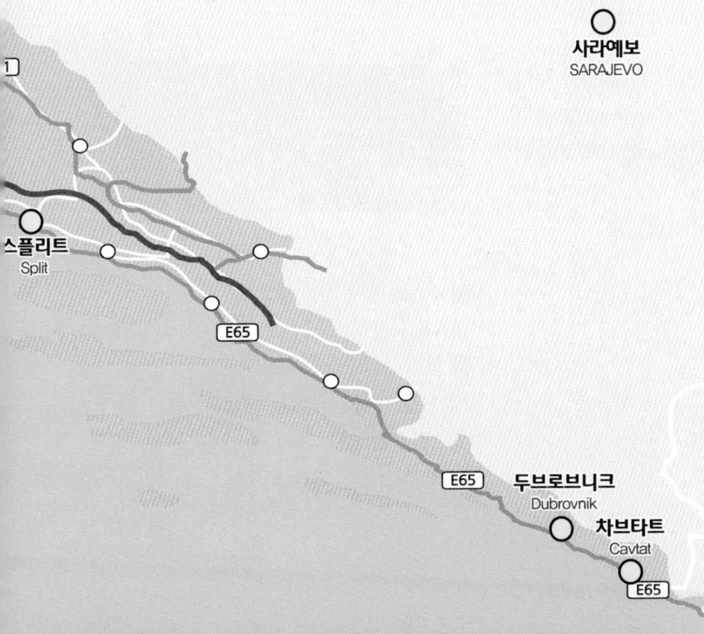

한눈에 보는 크로아티아

▶**면적** | 56,594㎢(해안선이 1,778km의 남북으로 긴 국토를 가짐)
▶**수도** | 자그레브
▶**정치** | 크로아티아공화국Republic of Croatia
▶**종족** | 크로아티아인(89.6%), 세르비아인(4.5%), 기타(5.9%)
▶**공용어** | 크로아티아 어
▶**종교** | 가톨릭(87.8%), 기타(12.2)
▶**통화** | 쿠나Kuna
▶**시차** | 7시간
▶**국제전화** | +385

크로아티아 국기의 붉은색, 흰색, 파랑색은 크로아티아를 상징하는 색이다. 가운데 있는 문장은 크로아티아의 국장으로 'The Checquy Argent and Gules'라고 한다. '은색과 붉은색의 체크문장'이다. 체크 문장 위에 있는 5가지 문장은 크로아티아의 각 지방을 의미하는데 왼쪽부터 구 크로아티아, 두브로브니크, 달마티아, 이스트리아 , 슬라보니아 지방을 의미한다.

붉은색과 흰색의 체크 문양의 문장은 16세기 크로아티아 왕국의 상징이었다. 1500년대 최초로 사용되었고 합스부르크 왕가의 지배를 받다가 2차 세계대전 중에 다시 사용되었다. 이후 유고 내전 당시 크로아티아가 독립하면서 다시 사용하여 지금에 이르렀다.

지리

북쪽으로 헝가리, 동쪽으로 세르비아, 서쪽으로 슬로베니아, 남쪽으로 보스니아 – 헤르체고비나와 국경을 접하며 서남쪽으로 길게 아드리아 해에 면해있다.

공휴일

1월 1일 | 신년
1월 6일 | 예수공헌축일
4월 2일 | 부활절
5월 1일 | 노동절
5월 31일 | 예수성체축일
6월 22일 | 반나치 투쟁기념일
6월 25일 | 건국기념일
8월 5일 | 승전의 날
8월 15일 | 성모승천축일
10월 8일 | 독립기념일
11월 1일 | 만성절
12월 25~26일 | 크리스마스

BAN
JELAČIĆ
1848.

About 크로아티아

따뜻하고 아름다운 아드리아 해

아드리아 해안선을 따라 깎아지른 듯 절벽들이 아름답다. 크로아티아는 동서로도, 남북으로도 길게 펼쳐진 나라여서 지역에 따라 날씨가 다양하다. 아드리아 해와 맞닿은 해안 지방은 여름에는 덥고 건조하며 겨울에는 따뜻하고 비가 많이 내린다. 이런 날씨를 지중해성 기후라고 한다. 가장 따뜻한 달인 7월의 기온이 섭씨 22도 정도이다. 겨울에도 기온이 영하로 내려가지 않을 정도로 따뜻하다.

관광객을 불러들이는 여름 휴양지

크로아티아는 유럽인들에게 아주 인기 있는 여름 휴양지이다. 뜨거운 태양과 짙푸른 바다. 하얀 절벽을 배경으로 붉은 지붕이 오밀조밀 모여 있는 그림 같은 풍경을 어디에서나 볼 수 있기 때문이다. 아름다운 항구, 고대 로마와 중세의 유적들도 흥미로운 볼거리이다. 아름답기로 손꼽히는 계단식 호수가 있다. 서유럽 나라들보다 물가도 싸기 때문에 여름이면 나라 전체가 관광객들로 북적인다.

가톨릭 신앙과 전통을 지키며 사는 사람들

크로아티아 국민의 다수를 차지하는 크로아티아인은 900년대쯤 가톨릭을받아들였다. 이 때문에 그리스 정교나 이슬람교를 믿는 주변 민족들과 종교가 달라서 사이가 좋지 않았다. 1945년 크로아티아는 유고슬라비아 연방에 속한 나라가 되었다.
그 뒤 자치와 독립을 원하는 크로아티아인들과 유고슬라비아 연방을 더 강하게 만들려던 세르비아인들은 서로 싸우기 시작했다. 1991년 크로아티아가 완전히 독립한 뒤에도 두 나라는 치열한 전쟁을 벌였다.
유고슬라비아 연방은 공업 시설과 석탄, 석유 등 천연자원이 풍부한 크로아티아가 독립하는 것을 바라지 않았기 때문이다. 크로아티아는 나라도 작고 인구도 적다. 하지만 크로아티아인들은 자신들의 가톨릭 신앙과 문화적인 전통을 지키려는 마음이 강하다.

유럽에서 가장 빠르게 떠오르는 관광지

지난 10년 동안 유럽에서 가장 빠르게 떠오르는 휴양지로 크로아티아는 관광객으로 넘쳐나고 있다. 2010년 초반만 해도 저렴한 이탈리아로 각광을 받기 시작했지만 아드리아 해의 또 다른 관광지로 독창적인 성격이 강조되면서 새롭게 떠오르기 시작하였다.
때 묻지 않은 지중해의 섬들과 다양한 도시 문화가 전 세계에 소개되면서 전 세계인들이 가고 싶은 관광지가 되었다. 게다가 미국 드라마, 왕좌의 게임Game of Thrones 로케이션으로 여름 성수기에는 깜짝 놀랄 정도로 관광객이 많다. 크로아티아는 다양한 풍경과 경험을 발견할 수 있는 유럽에서 가장 핫Hot한 관광지로 떠올랐다.

어디든 볼 수 있는 유네스코 세계 문화유산

크로아티아에는 유네스코 세계 유산에 선정된 8개의 문화유산과 2개의 자연 유네스코 유적지가 있다. 고대 문화 유산은 이탈리아와 인접하여 다른 어느 나라와도 비교가 안 될 정도이므로 역사 애호가라면 1세기부터 1,000년 이상 보존되어 왔던 역사유적지와 흥미로운 건축물을 어느 도시에서든 볼 수 있다.

크로아티아 여행을 꼭 해야 하는 이유 8가지

1. 언제나 여행이 가능한 좋은 날씨

크로아티아에는 여름이 성수기이다. 하지만 봄부터 가을까지가 성수기나 마찬가지이다. 또한 지중해성 기후로 겨울에도 춥지 않아 여행이 충분히 가능하다. 사람이 살기가 좋은 자연환경이라 여행이 언제나 가능하다고 할 수 있다. 사람이 살기 좋은 자연환경은 크로아티아에 아름다운 자연을 선물로 주었다.

2. 각자의 특징들이 있는 옛 유적이 가득한 도시들

크로아티아를 본격적으로 여행하기 시작한 시기는 2008년 유럽연합에 가입한 이후이다. 크로아티아의 아름다운 자연과 유적을 알게 된 유럽인들이 여행하면서 세계적으로 명성이 퍼져나갔고 우리나라에서도 "꽃보다 누나"의 방송이후 정말 많은 사람들이 여행하기 시작했다. 이태리에 매우 많은 볼거리가 많지만 옛 로마의 유적이 많은 크로아티아에도 말로 표현하지 못하는 만큼의 다양한 유적을 감상할 수 있다. 너무 아름다운 크로아티아를 여행하다 보면 여행기간이 짧아서 너무나 아쉬울 것이다.

3. 친절하고 영어를 잘하는 크로아티아 사람들

크로아티아 사람들은 친절하다. 내전을 딛고 크로아티아 사람들이 직접 복구한 지역을 여행하는 전 세계 사람들에게 크로아티아인들은 매우 친절하게 여행을 도와준다. 길을 모른다고 걱정할 필요가 없다. 일단 물어본다면 친철하게 길을 가르쳐줄 것이다. 이태리에서는 영어를 못하는 이태리사람들과의 대화가 힘든 경우가 많다. 하지만 크로아티아에서는 대부분 영어를 잘 해서 의사소통에 불편함이 없다.

4. 매우 안전한 치안

크로아티아는 밤에 야경을 볼 것들이 많다. 치안이 나쁘다면 밤에 숙소에만 있어야 하겠지만 크로아티아는 치안이 매우 안전하다. 밤에도 유적지를 돌아다니면서 늦은 저녁식사를 할 수도 있고 문제없이 숙소로 들어올 수도 있다. 해외여행을 하다보면 보게 되는 취객, 소매치기 등은 거의 찾을 수 없다. 만일 여자끼리 여행을 하려고 한다면 걱정이 되기도 하겠지만 크로아티아에서는 걱정하지 않아도 된다.

5. 밤에도 먹을 수 있는 레스토랑

유럽을 여행하다보면 너무 일찍 닫은 레스토랑들이 아쉬울 때가 한두번이 아니다. 크로아티아는 밤에도 식사를 할 수 있어 늦은 저녁이 야경을 즐기면서 식사를 할 수 있는 여행에는 매우 좋은 환경이다. 우리나라처럼 늦게까지 쉽게 먹을 수 있고 즐길 수 있는 여행에 마음까지 건강해지는 느낌이 든다.

6. 현지인들과의 교감이 가능한 현지인 집을 머무를 수 있는 편리한 여행서비스

유럽을 여행하려면 대부분 호텔에서 머무르게 되지만 크로아티아에서는 호텔보다 현지인들의 집에서 머무는 경우가 많다. 유네스코 문화유산이 도시로 지정되는 경우가 많고 아직 호텔이 많이 생기지 않은 크로아티아에서는 현지인들의 집에서 묶으면서 관광지에 대한 정보도 쉽게 얻을 수 있고 현지인들처럼 아침을 해먹을 수도 있어 체험할 수 있는 여행이 가능하다.

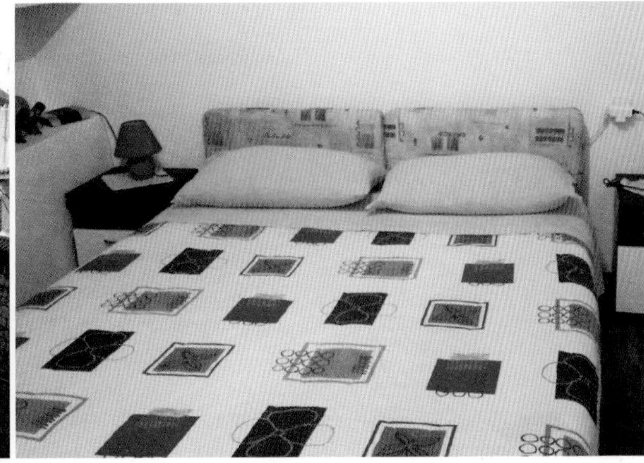

7. 와이파이가 대부분 잘 터진다.

유럽여행에서 와이파이(WIFI)가 잘 안터져 불편하다는 이야기가 많지만 크로아티아에서는 숙소, 공공건물, 카페 등 대부분의 장소에서 와이파이를 불편함 없이 쓸 수 있다. 우리나라 여행객들이 SNS를 사용하기가 너무 편해 유로로 와이파이를 사용하는 일은 손에 꼽을 것이다. 카카오톡 전화하기로 무료로 통화를 할 수도 있어 통신요금도 거의 나오지 않는다.

8. 다른 유럽에 비해 물가가 싸다.

유럽을 여행할 때 심각하게 고려하게 되는 게 '돈'이다. 유럽은 우리나라보다 물가가 비싸기 때문에 여행을 할 때도 여행경비를 항상 고민하게 되는데 크로아티아는 괜찮다. 이제 발전하기 시작한 크로아티아는 우리나라보다 물가가 싸다.

크로아티아에서 한끼를 제대로 먹어도 우리나라 돈으로 만원을 넘는 경우는 거의 없고 재래시장에서 푸짐하게 받아든 체리는 우리나라 돈으로 5천 원도 하지 않아 여행을 하면서 푸짐하게 먹으면서 여행할 수 있다.

Udine
Ljubljana
SLOVENIA
Trieste
Umag
Klana
Rijeka
Karlovac
Istria
Porec
Baderna
Rovinj
Pula
Cres
Krk
Rab
Ogulin
Vojnic
Josipdol
Novi Vinodolski
Plavca Draga
Senj
Prozor
Bihac
Kapela
Jablanac
Bunic
Unije
Lošinj
Kvarnerić
Pag
Karlobag
Gospić
Udbina
Ilovik
Silba
Olib
Premuda
Ist
Molat
Lovinac
Gracac
Velebit
Obrovac
Zadar
Benkovac
Dugi Otok
Pasman
Vodice
Kornat
Murter
Sibe
Žirje
Trog
Adriatic Sea
Svetac
Vis

크로아티아 여행에 꼭 필요한 INFO

크로아티아 역사

기원전 229년~기원후 10세기

기원전 229년 로마는 토착 부족인 일리리아Illyrians를 정복하고 달마티아의 스플리트에 식민지를 건설하였다. 기원후 625년경에 크로아티아 부족이 현재 크로아티아로 이주해 왔다. 925년 달마티아의 토미슬라프 공작은 크로아티아를 하나의 왕국으로 합쳤으며 이후 거의 200년 간 번영하였다.

14~19세기

14세기에는 오스만투르크 제국의 발칸 반도로 진출하여 위기를 맞이하였다. 1527년 북부 크로아티아는 보호처를 찾아 오스트리아의 합스부르크 왕가의 지배하에 들어갔으며 1918년까지 계속 영향을 받았다.
해안 지방은 15세기 베네치아의 지배하에 들어갔으며 1797년 나폴레옹이 들어올 때까지 이어졌다.

1차 세계대전

1차 세계대전에서 오스트리아-헝가리 제국이 패배하면서 크로아티아는 세르비아, 크로아티아, 슬로베니아 왕국의 일부가 되었고 이러한 움직임은 크로아티아 민족주의자들의 심한 반발을 불러일으켰다.

2차 세계대전

1941년 3월 독일이 유고슬라비아를 침략하면서 파시스트 우스타사 운동이 장악학 정권이

안테 파벨리치에 의해 크로아티아에 들어섰다. 우스타사는 규모면에서 나치를 능가할 만큼 큰 인종말살 정책을 벌여 잔인하게 많은 사람들을 학살하였다.

2차 세계대전 이후~1992년

유고슬라비아 연방에 남은 크로아티아는 1960년대에 다른 유고 공화국에 비해 경제적으로 성장하게 되었으며 좀 더 많은 자치를 요구하게 되었다. 1989년 세르비아의 코소보 주에 사는 소수 알바니아인에 대한 심한 탄압을 보면서 크로아티아는 40년에 걸친 공산주의를 끝내고 완전한 자치를 획득하려고 하였다.

1990년 4월의 선거에서 프란요 투즈만의 크로아티아 민주 연합은 구 공산당을 물리치고 선거에서 이기면서 1991년 6월 25일에 독립을 선포하였다. 이에 세르비아 공산주의자들이 장악한 유고군은 민족 분규를 막는 다는 핑계로 개입을 시작하였다. 유럽 연합의 중재로 크로아티아는 유혈사태를 피하기 위해 3개월간 독립 선언을 동결하였다.
1991년 12월 초 UN은 보호군을 파병하여 세르비아와 협상을 마무리 지었다. 1992년 1월 3일 정전이 발효되면서 유고슬라비아 연방군은 크로아티아 내 기지에서 철수하였다. 1992년 1월 유럽연합은 크로아티아의 독립을 정식으로 인정하였다.

1992~현재

독립이후 크로아티아는 지속적인 경제성장을 이루면서 발칸반도에서 슬로베니아의 뒤를 이어 풍요로운 나라를 이루고 있다. 특히 3~4%정도의 경제성장률과 밀려드는 관광객으로 인해 물가도 빠르게 올라가고 있다.

한눈에 보는 크리아티아 역사

- ▶**7~9세기_** 북부는 프랑크 왕국, 동부는 동로마 제국의 지배
- ▶**10세기_** 크로아티아 통일왕국 수립
- ▶**11세기_** 헝가리가 왕국의 통치권을 장악, 헝가리-크로아티아국가성립
- ▶**15세기_** 합스부르크가 왕가의 페르디난도 1세, 크로아티아의 왕위를 차지.
- ▶**19세기_** 오스트리아-헝가리제국의 지배
- ▶**제1차 세계대전_** 오스트리아 – 헝가리 제국이 패하여 세르비아 – 크로아티아 – 슬로베니아 왕국이 탄생
- ▶**제2차 세계대전_** 구유고슬라비아 사회주의 연방공화국
- ▶**1990년 4월_** 크로아티아 민족주의 정권 탄생
- ▶**1994년_** 연방에서 이탈을 시도
  크로아티아와 슬로베니아가 연방의 최대강국인 세르비아 공화국과
  민족적으로 대립, 인종과 종교, 지역 문제 등의 갈등으로 유고 내전시작
- ▶**2013년 7월_** 유럽연합 EU에 가입.

유네스코 세계 문화유산

아드리아 해를 따라 위치한 아름다운 크로아티아는 화려한 해변, 역사적인 유적지, 그림 같은 국립공원, 맛있는 음식으로 인해 여행자가 선택하는 나라였다. 여기에 다양한 유네스코 세계문화유산까지 있어 이탈리아 못지않은 관광지가 되고 있다.

두브로브니크 올드 타운(Old Town Dubrovnik)_두브로브니크

두브로브니크의 심장이자 가장 아름답고 흥미로운 올드 타운은 유고슬라비아가 붕괴된 후 포위 공격으로 1990년대에 심하게 손상되었지만, 현재는 복원되어 매력을 잃지 않았다. 이곳은 좁고 낭만적인 거리와 관광객의 관심을 끄는 신비로운 분위기로 유명하지만, 유명한 미국 TV 시리즈인 왕좌의 게임의 촬영장소로 최근 몇 년 동안 인기가 급상승하기도 했다.
해가 지면 다양한 거리 공연을 즐기고 걸으면서 반나절이면 다 둘러볼 수 있는 작은 크기로 인해 아무 문제가 없다. 언덕을 따라 있는 골목길과 주변의 계단은 해가 질수록 더욱 아름답다.

두브로브니크 성벽(Walls of Dubrovnik)_두브로브니크

두브로브니크의 성벽은 완벽히 요새화된 시스템으로 중세 시대에 일어난 모든 공격으로부터 도시를 보호했다. 12~17세기 사이에 성벽은 대부분 완성되었지만 성벽은 8세기부터 존재했다. 15개월 동안 사라센Saracens 제국이 침략한 후 도시가 견뎌내면서 증명되었다고 역사학자들은 생각한다.

도보로 보통 약 2~3시간이 걸리지만 사진을 찍는 관광객들은 여기서 더 많은 시간을 보내게 된다. 도시와 바다의 놀라운 전망은 서두르지 않고 철저히 즐기는 것이 최고의 경험을 할 수 있다. 계단이 상당히 많으므로 여름에는 물과 선크림, 모자 등을 준비해 햇빛으로부터 보호해야 한다.

성 로렌스 성당(Katedrala Sv. Lovre)_트로기르

트로기르의 성 로렌스 성당은 로마네스크 고딕 양식으로 지어진 로마 가톨릭 성당이다. 수세기 동안 지속적으로 지어진 성당은 달마티아에서 가장 인상적인 건축물로 알려져 있다. 3개의 신도석이 있으며 정교한 조각으로 장식된 정문이 유명하다.

세인트 제임스 성당(Katedrala svetog Jakova)_시베니크

크로아티아 시베니크에 있는 성 제임스 성당은 3개의 수도원과 돔이 있는 3중 본당 성당이다. 카톨릭 교회는 시베니크 교구의 중심으로 르네상스의 가장 중요한 건축 기념물이다. 크로아티아 어로 'James'와 'Jacob'에 동일한 이름을 사용하기 때문에 종종 '성 제이콥St Jacob's'로 알려져 있기도 하다. 2000년에 성당은 유네스코 세계 문화유산으로 선정되었다.

디오클레티아누스 궁전(Dioklecijanova palača)_스플리트

디오클레티아누스 궁전은 로마 황제 디오클레티아누스가 지은 옛 궁전으로 현재는 스플리트 구시가지의 일부분이다. 궁전 전체가 하나의 작은 도시로 이루어져 아직도 스플리트 도시의 중심으로 사용되고 있다.

유프라시아 성당(Eufrazijeva bazilika)_포레츠

유프라시아 성당은 크로아티아의 포레츠Poreč의 이스트리안Istrian 마을에 있는 로마 가톨릭 대성당이다. 바실리카 자체, 크리스티, 세례당, 근처 대주교 궁전의 종탑으로 구성된 주교관 단지는 지중해 지역의 초기 비잔틴 건축 양식으로 지어졌다.

대부분 원래 모습을 유지하고 있지만 사고, 화재, 지진으로 변경된 부분이 있다. 같은 부지에 3번째로 세워진 교회이기 때문에 5세기 이전 대성당의 예전 건물 모습은 거의 없지만 바닥 모자이크는 남아 있다. 1997년에 유네스코 세계 문화유산에 등재되었다.

스타리 그라드 평원(Starogradsko polje)_흐바르

흐바르Hvar 섬에 있는 스타리 그라드Stari Grad 마을의 스타리 그라드 평원Stari Grad Plain은 기원전 4세기에 고대 그리스 사람들이 세운 농업지역이다. 평원은 여전히 원래 형태로 남아 있어서 석재 보호소, 물 보고 시스템과 함께 석재 벽을 신중하게 유지 보수하여 보존되었다.

크로아티아 축제

6월 3~4일, 인뮤직 페스티벌 Inmusic Festival

매년 6월 중순 자그레브 최고의 음악축제가 야룬 호수 Jarun Lake에서 3일간 개최된다.

▶홈페이지 www.inmusicfestival.com

7~8월, 자그레브 여름축제

자그레브 시내 곳곳의 야외무대에서 콘서트, 연극 등 다채로운 공연이 펼쳐진다.

▶홈페이지 www.zagreb－convention.hr

크로아티아 쇼핑

크로아티아는 쇼핑거리가 많지 않다. 크로아티아에서 유래된 문양의 넥타이와 빨간색 하트 모양의 전통과자인 Licitar를 많이 선물로 사온다. Licitar는 사랑의 상징으로 결혼식이나 생일 등 특별한 날 소중한 사람들에게 주로 선물한다고 한다.

생강과자 Licitar

달콤한 꿀이나 생강으로 만든 전통과자. 사랑과 애정의 상징으로 결혼식이나 생일 등의 특별한 날 소중한 사람에게 선물하는 것이 일반적이다.

넥타이

넥타이는 크로아티아 여인들이 전쟁에 나가는 자신의 애인이나 남편에게 무사히 살아오라는 행운의 의미로 주었던 크라바트Cravat에서 유래했다. 이후에 넥타이를 매고 있는 크로아티아 병사들을 보고 프랑스 귀족들이 왕실무도회나 중요 행사에 넥타이를 매면서 전세계로 퍼져 나갔다고 한다.

또 다른 설

남성의 상징, 넥타이. 크로아티아에서 만들어졌다. 전쟁 시 똑같은 군복을 입은 군인들 사이에서 어머니가 자신의 아들을 쉽게 찾을 수 있게 매줬던 스카프에서 기원되었다고 한다. 그래서 어머니는 자신만이 아는 무늬를 자식을 위해 만들어주었다고 한다. 지금은 크로아티아 어디든 넥타이 전문점을 발견할 수 있다. 길거리 곳곳에 수많은 상점이 위치하니 취향에 맞게 골라볼 수 있다.

택스 리펀드(Tax Refund)

'Tax Free' 로고가 있는 한 매장에서 500kn 이상 구매할 경우 현금이나 카드로 세금을 환급받을 수 있다. 쇼핑 후 매장에서 텍스 리펀드 서류를 작성하고 여행이 끝난 후 출국하는 역이나 공항 세관 커스텀Custom에서 텍스 리펀드 서류에 물품반출을 확인하는 도장을 받아야 환급이 가능하다(유럽연합 EU은 모두 한 국가로 취급함).

TAX FREE 란?

여행을 위해 방문한 국가에서 외국인이 여행 중에 구입한 물품을 현지에서 사용하지 않고 자국으로 가져간다는 조건으로 여행 중에 구입한 물건(품)에 붙은 가가가치세를 말한다.

크로아티아 음식

크로아티아는 정치적으로 힘이 강한 나라는 아니어서 주변 국가들의 영향을 많이 받았다. 음식에도 이런 정치적 영향이 강해 지방별로 다양한 음식문화를 갖고 있다. 자그레브를 비롯한 내륙지방은 가까운 헝가리, 오스트리아의 영향이 남아 있다. 풍부한 육류의 동유럽 음식이 발달하게 되었다.

자다르, 스플리트, 두브로브니크 등의 아드리아 해의 해안 도시는 이탈리아 도시들의 공국으로 오랜 세월을 지냈다. 그래서 바다에서 나는 신선한 해산물을 가지고 만들어지는 파스타와 리조토 등의 요리와 아이스크림Sladoled이 있는데, 대부분의 여행자는 이곳에서 크로아티아 음식을 즐기는 경향이 있다.

부레크(Burek)

밀가루로 만든 얇은 반죽을 파이로 만들고 그 안에 치즈나 고기를 넣은 전통 빵으로 세르비아의 영향을 받은 음식이다. 졸깃졸깃하여 사람들이 즐겨먹는 간단한 간식처럼 먹는다.

체밥치치(Evapčići)

돼지고기, 소고기, 양고기를 갈아 만든 발칸 반도 전통 음식으로 오스만투르크 때에 세르비아를 통해 전해졌다. 대한민국의 떡갈비와 비슷한데 빵에 넣어 먹는 경우가 많아 마치 핫도그 같다고 하기도 한다.

브로데트(Brodet)

생선이나 홍합과 쌀을 함께 넣고 끓인 스튜요리로 아드리아 해를 따라 있는 달마시아 지방의 대표요리이다. 토마토, 양파, 와인 식초를 넣어 맛을 더하고 해안의 신선한 생선이나 홍합이 더해져 맛이 우러나온다.

파스티차다(Paspicada)

달마티아 지방의 대표적인 음식으로 소고기 스튜와 비슷하다. 오랜 시간 소고기 살코기를 식초와 와인에 절여서 만든다. 당근 등의 채소와 같이 나오는데 지방마다 조금씩 요리 방법이 다른다. 레드와인과 잘 어울리는 대표적인 음식이다.

리조토(Rižoto)

달마티아 지방의 대표적인 음식으로 소고기 스튜와 비슷하다. 오랜 시간 소고기 살코기를 식초와 와인에 절여서 만든다. 당근 등의 채소와 같이 나오는데 지방마다 조금씩 요리 방법이 다른다. 레드와인과 잘 어울리는 대표적인 음식이다.

리그네(Lignje)

이탈리아도 마찬가지이지만 크로아티아도 비슷한 요리이다. 바삭하게 튀겨낸 오징어 튀김으로 리조토와 같이 먹는 경향이 강하다.

크로아티아 맥주

크로아티아 여행에서 대한민국의 여행자가 가장 좋아하는 브랜드는 오쥬스코이다. 크로아티아의 유명한 맥주는 2개가 더 있다. 크로아티아의 3대 맥주 브랜드는 오쥬스코Ozujsko, 카를로바츠코Karlovacko, 벨레비츠코Velebitsko이다. 하지만 카를로바츠코Karlovacko와 벨레비츠코Velebitsko도 유명하다.

오쥬스코(Ozujsko)

황금색의 브랜드가 유명한 오쥬스코Ožujsko는 최근에 급성장하면서 크로아티아의 맥주 점유율이 약 40%에 이르면서 최대 맥주회사로 등극하였는데, 크로아티아 축구 국가 대표팀의 후원이 큰 역할을 하였다. 120년이 넘는 전통을 가진 오쥬스코Ožujsko 맥주는 1892년에 처음 생산되었다. 보리, 효모, 홉, 물과 같은 천연 원료로만 만들어진다.

대한민국 여행자들이 두브로브니크 성벽투어를 하면서 전망이 좋은 유명한 부자 카페Cafe Buza에 가면 누구나 '레몬비어'를 마시는데 그 맥주가 오쥬스코Ozujsko 맥주이다.

카를로바코(Karlovacko)

1854년 카를로바코Karlovac에서 설립한 크로아티아에서 가장 오래되고, 가장 큰 양조장이 만든 맥주이다. 현재 카를로바카 피보바라Karlovacka Pivovara는 크로아티아에서 가장 큰 맥주회사이다. 맛있는 라거로 마무리가 좋으며 갈증을 풀어주어 더운 날 마시면 더욱 좋다.

벨레비츠코(Velebitsko)

1516년부터 시작된 독일의 바이에른 맥주기법에 따라 만들기 시작하였다. 방부제와 첨가제 없이 제조되어 신선도가 뛰어나다. 국가와 국토의 수호신인 빌라와 힘과 자유의 상징인 벨레비트Velebit에서 보고 브랜드를 만들었다. 한동안 잊은 브랜드였다가 2013년부터 크로아티아 최대 양조장인 자그레바카Zagrebačka에서 인수하여 성장하기 시작하였다.

크로아티아 마트

크로아티아도 최근에는 물가가 상당히 상승하여 예전만큼 저렴한 물가가 아니라는 사실을 여행을 하면 알 수 있다. 그래서 크로아티아에서 저렴하게 원하는 것을 구입하기 위해서는 슈퍼마켓이나 마트에 대해 알고 여행을 하는 것이 좋다.

콘줌(KONZUM) | www.konzum.hr

크로아티아 여행을 하면서 가장 많이 보고 찾아가는 슈퍼마켓 체인이다. 750개 이상의 매장을 갖추고 있고 매일 70만 명 정도가 찾는 데, 소규모 매장부터 대형마트 정도의 매장까지 다양하고 가격도 저렴하여 누구나 즐겨 찾는다.

디엠(DM) | www.dm-drogeriemarket.hr

독일에서 가장 큰 대형마트인데 동유럽을 중심으로 매장이 늘어나서 동유럽여행을 하면 독일의 대형마트라는 사실을 모를 정도로 친숙하게 느껴진다. 화장품, 건강식품, 생활용품 등의 다양한 상품을 만날 수 있다. 크로아티아에서는 대도시를 중심으로 외곽에 위치해 있다.

티삭(TISAK)

2010년대 초만 하더라도 상당히 많은 수가 크로아티아에서 유명 관광지마다 있었지만 최근에는 점차 사라지고 있다. 하지만 거리 중간에 음료나 간단한 먹거리를 구입할 수 있어서 좋다. 자그레브나 스플리트, 두브로브니크에서는 교통카드, 심Sim카드를 구입할 수 있기 때문에 유용하다.

크로아티아 여행 밑그림 그리기

우리는 여행으로 새로운 준비를 하거나 일탈을 꿈꾸기도 한다. 여행이 일반화되기도 했지만 아직도 여행을 두려워하는 분들이 많다. 유럽에서 발칸 반도의 크로아티아 여행자가 급증하고 있다. 그중에는 몇 년 전부터 늘어난 동유럽을 다녀온 여행자는 발칸 반도의 크로아티아로 눈길을 돌리고 있다. 그러나 어떻게 여행을 해야 할지부터 걱정을 하게 된다. 지금부터 크로아티아 여행을 쉽게 한눈에 정리하는 방법을 알아보자. 크로아티아 여행준비는 절대 어렵지 않다. 단지 귀찮아 하지만 않으면 된다. 평소에 원하는 크로아티아 여행을 가기로 결정했다면, 준비를 꼼꼼하게 하는 것이 중요하다.

일단 관심이 있는 사항을 적고 일정을 짜야 한다. 처음 해외여행을 떠난다면 크로아티아 여행도 어떻게 준비할지 몰라 당황하게 된다. 먼저 어떻게 여행을 할지부터 결정해야 한다. 아무것도 모르겠고 준비를 하기 싫다면 패키지여행으로 가는 것이 좋다. 크로아티아 여행은 주말을 포함해 7박8일, 9박10일 여행이 가장 일반적이다. 해외여행이라고 이것저것 많은 것을 보려고 하는 데 힘만 들고 남는 게 없는 여행이 될 수도 있으니 욕심을 버리고 준비하는 게 좋다. 여행은 보는 것도 중요하지만 같이 가는 여행의 일원과 같이 잊지 못할 추억을 만드는 것이 더 중요하다.

다음을 보고 전체적인 여행의 밑그림을 그려보자.

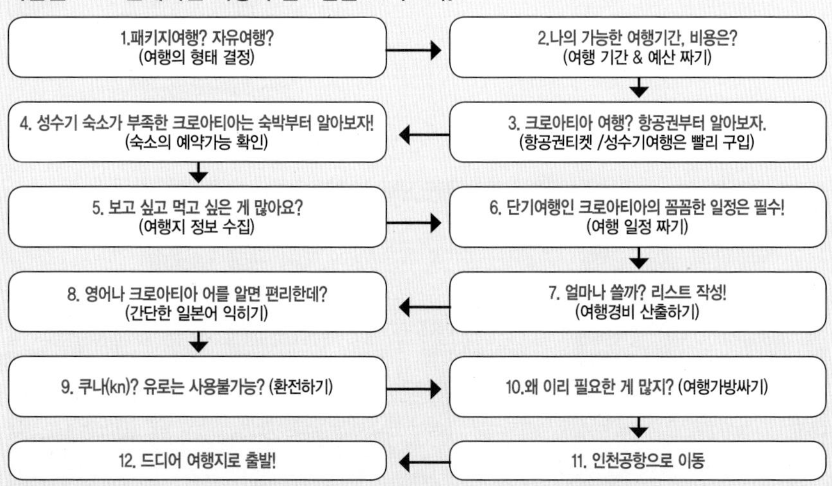

결정을 했으면 일단 항공권을 구하는 것이 가장 중요하다. 전체 여행경비에서 항공료와 숙박이 차지하는 비중이 가장 크지만 너무 몰라서 낭패를 보는 경우가 많다. 평일이 저렴하고 주말은 비쌀 수밖에 없다.

패키지여행 VS 자유여행

전 세계적으로 크로아티아로 여행을 가려는 여행자가 늘어나고 있다. 대한민국의 여행자는 달마티아 지방의 스플리트Split와 자다르Zadar, 남부의 두브로브니크Dubrovnik에 집중되어 이스트리아Istria 반도의 풀라Pula, 로비니Rovinj, 리예카Rijeka에는 한국인 관광객이 많지 않다. 그래서 더욱 누구나 고민하는 것은 여행정보는 어떻게 구하지? 라는 질문이다. 그런데 최근에 크로아티아에 대한 정보가 부족하지는 않다. 그러나 처음으로 크로아티아로 여행하는 여행자들은 패키지여행을 선호하거나 여행을 포기하는 경우가 많았다.

20~30대 여행자들이 늘어남에 따라 패키지보다 자유여행을 선호하고 있다. 크로아티아 자그레브Zagreb나 두브로브니크Dubrovnik를 여행하고 이어서 스플리트Split, 자다르Zadar, 시베니크Sibenik 등으로 여행을 다녀오는 경우도 상당히 많다. 크로아티아의 유명도시만을 7일이나, 이스트리아Istria 반도까지 2주일의 여행 등 새로운 형태의 여행형태가 늘어나고 있다.

편안하게 다녀오고 싶다면 패키지여행

크로아티아 여행이 뜬다고 하니 여행을 가고 싶은데 정보가 없고 나이도 있어서 무작정 떠나는 것이 어려운 여행자들은 편안하게 다녀올 수 있는 패키지여행을 선호한다. 다만 아직까지 많이 가는 여행지는 아니다 보니 패키지 상품의 가격이 저렴하지는 않다. 여행일정과 숙소까지 다 안내하니 몸만 떠나면 된다.

연인끼리, 친구끼리, 가족여행은 자유여행 선호

2주정도의 긴 여행이나 젊은 여행자들은 패키지여행을 선호하지 않는다. 특히 유럽여행을 몇 번 다녀온 여행자는 크로아티아의 소도시에서 자신이 원하는 관광지와 맛집을 찾아서 다녀오고 싶어 한다. 여행지에서 원하는 것이 바뀌고 여유롭게 이동하며 보고 싶고 먹고 싶은 것을 마음대로 찾아가는 연인, 친구, 가족의 여행은 단연 자유여행이 제격이다.

크로아티아 숙소에 대한 이해

크로아티아 여행이 처음이고 자유여행이면 숙소예약이 의외로 쉽지 않다. 자유여행이라면 숙소에 대한 선택권이 크지만 선택권이 오히려 난감해질 때가 있다. 크로아티아 숙소의 전체적인 이해를 해보자.

1. 숙소의 위치

크로아티아 도시의 시내에서 숙소의 위치가 다른 서유럽과 달리 시내에 몰려있지 않다. 따라서 숙소의 위치가 중요하다. 그러나 크로아티아의 숙소는 호텔을 시내 중심에 많이 만들 수는 없기 때문에, 시내에서 떨어져 있는 경우가 꽤 많다. 그래서 호텔만을 고집하는 것은 좋은 선택이 아니다. 먼저 시내에서 얼마나 떨어져 있는지 먼저 확인하자.

알아두면 좋은 체코 이용 팁

1. 미리 예약해야 싸다.

일정이 확정되고 호텔에서 머물겠다고 생각했다면 먼저 예약해야 한다. 임박해서 예약하면 같은 기간, 같은 객실이어도 비싼 가격으로 예약을 할 수 밖에 없다는 것이 호텔 예약의 정석이지만 여행일정에 임박해서 숙소예약을 많이 하는 특성을 아는 숙박업소의 주인들은 일찍 예약한다고 미리 저렴하게 숙소를 내놓지는 않는다.

2. 취소된 숙소로 저렴하게 이용한다.

크로아티아에서는 숙박당일에도 숙소가 새로 나온다. 예약을 취소하여 당일에 저렴하게 나오는 숙소들이 있다. 크로아티아 숙소의 취소율이 의외로 높아서 잘 활용할 필요가 있다.

3. 후기를 참고하자.

호텔의 선택이 고민스러우면 숙박예약 사이트에 나온 후기를 잘 읽어본다. 특히 한국인은 까다로운 편이기에 후기도 적나라하게 숙소에 대해 평을 해놓는 편이라서 숙소의 장, 단점을 파악하기가 쉽다. 숙소는 의외로 저렴하고 내부 사진도 좋다고 생각해도 의외로 직접 머문 여행자의 후기에는 당해낼 수 없다. 인기 있는 숙소라도 내부 사진도 좋고 가격도 저렴하게 책정되어 예약을 하고 가봤는데 지저분한 침대에 시설도 사진과 너무 달라서 한참 항의를 했지만 바꾸지 못하고 잠을 청했던 기억도 있다.

4. 미리 예약해도 무료 취소기간을 확인해야 한다.

미리 호텔을 예약하고 있다가 나의 여행이 취소되든지, 다른 숙소로 바꾸고 싶을 때에 무료 취소가 아니면 환불 수수료를 내야 한다. 그러면 아무리 할인을 받고 저렴하게 호텔을 구해도 절대 저렴하지 않으니 미리 확인하는 습관을 가져야 한다.

5. 가끔 에어컨이 없다?

개인이 대여하는 민박이나 아파트는 독립된 공간을 사용하여 인기가 많다. 하지만 냉장고도 없는 기본 시설만 있는 것뿐만 아니라 에어컨이 아니고 선풍기만 있는 경우가 의외로 많다. 가격이 저렴하다고 무턱대고 예약하지 말고 에어컨이 있는 지 확인하자. 더운 여름에 크로아티아에서는 에어컨이 쾌적한 여행을 하는 데에 중요하다.

2. 숙소예약 앱의 리뷰를 확인하라.

크로아티아 숙소는 몇 년 전만해도 호텔과 호스텔이 많고 개인들이 숙소를 대여하는 경우는 많지 않았지만 2015년부터 급증하는 관광객을 위한 방법으로 개인들이 정부의 허가를 받아 아파트먼트나 민박을 대여하는 숙소가 많다. 하지만 에어비앤비를 이용한 아파트도 있고 다양한 숙박 예약 앱도 생겨났다.

가장 먼저 고려해야 하는 것은 자신의 여행비용이다. 항공권을 예약하고 남은 여행경비가 3박4일에 20만 원 정도라면 민박Sobe나 호스텔을 이용하라고 추천한다. 크로아티아에는 많은 민박과 호스텔이 있어서 시설에 따라 가격이 조금 달라진다. 숙소예약 앱의 리뷰를 보고 한국인이 많이 가는 호스텔로 선택하면 선택해 문제가 되지는 않을 것이다.

3. 내부 사진을 꼭 확인

민박이나 아파트먼트의 비용은 4~10만 원 정도로 저렴한 편이다. 호텔의 비용은 우리나라 호텔보다 저렴하지만 시설이 좋지는 않다. 오래된 건물에 들어선 건물이 아니지만 호텔 시설이 최신식은 아니다. 반드시 룸 내부의 사진을 확인하고 선택하는 것이 좋다.

4. 에어비앤비를 이용해 아파트를 이용하려면

시내에서 얼마나 떨어져 있는지를 확인하고 숙소에 도착해 어떻게 주인과 만날 수 있는지 전화번호와 아파트에 도착할 수 있는 방법을 정확히 알고 출발해야 한다. 아파트에 도착했어도 주인과 만나지 못해 아파트에 들어가지 못하고 1~2시간만 기다려도 화도 나고 기운도 빠지기 때문에 여행이 처음부터 쉽지 않아진다.

숙소 예약 사이트

부킹닷컴(Booking.com)

에어비앤비와 같이 전 세계에서 가장 많이 이용하는 숙박 예약 사이트이다. 체코에도 많은 숙박이 올라와 있다.

Booking.com
부킹닷컴
www.booking.com

에어비앤비(Airbnb)

전 세계 사람들이 집주인이 되어 숙소를 올리고 여행자는 손님이 되어 자신에게 맞는 집을 골라 숙박을 해결한다. 어디를 가나 비슷한 호텔이 아닌 현지인의 집에서 숙박을 하도록 하여 여행자들이 선호하는 숙박 공유 서비스가 되었다.

에어비앤비
www.airbnb.co.kr

크로아티아만의 독특한 숙박 형태

크로아티아는 성곽 도시가 많고, 유네스코 문화유산으로 등재되어 구시가는 보존된 형태로 관광객을 맞이한다. 그래서 숙박이 부족한 것을 개선하기 위해 개인들이 가지고 있는 집을 개조해 숙소로 사용하고 있다.

현지 민박 소베(Sobe)

개인들의 집을 민박으로 국가에 등록하여 숙박의 부족을 채우고 있는데 비용이 저렴하여 최근에는 호텔보다 민박을 더 많이 사용하고 있다. 그만큼 민박의 공급이 늘어나고 있기 때문이다. 민박인지 확인하는 방법은 숙박 예약 앱에 표시되고, 문 옆에 '소베Sobe'라고 표지판이 붙어 있다.

장점

1. 저렴한 숙소가 의외로 많다. 호텔의 등급처럼 시설의 수준에 따라 별로 표시되어 있고 그에 따라 요금이 다양하게 책정된다. 하지만 개인별로 방을 쓰고 화장실이나 샤워실은 공동으로 사용하는 경우가 많다.
2. 주인이 관광객과 메일로 연락을 주고받아 도착시간에 맞춰 픽업하기도 한다.

아파트(Apartman)

최근에 늘어나는 숙박의 형태로 내 집처럼 직접 요리를 해 먹고 싶은 여행자가 늘어나고 있다. 대신에 조식은 제공하지 않는다. 현지인이 집을 빌리거나 구입하여 층별로 대여를 하거나 개조하여 스튜디오 형태로 화장실과 샤워실, 개인 룸, 주방을 사용하는 형태이다.

하루 여행경비

크로아티아의 물가는 다른 서유럽에 비해 싸다. 하지만 여름 성수기의 스플리트나 두브로브니크, 흐바르의 물가는 많이 비싸다. 유럽을 여행하는 배낭여행객들은 유레일을 가지고 있어도 크로아티아에서 도시를 이동할 때, 반드시 버스비용을 추가도 생각해야 한다.

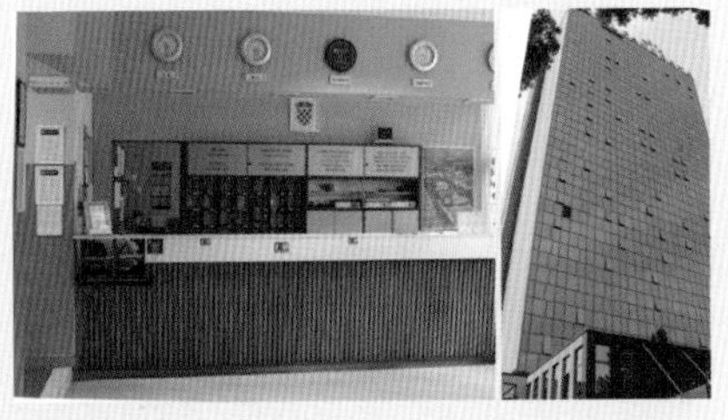

구 분	세부목록	하루 경비
숙박비	호텔, 민박	4만원~
식사비	아침 : 커피 + 빵 점심 : 레스토랑	2만원~
교통비	시내버스비	5천원~
입장료	각종 입장료	1만 5천원~

크로아티아 추천 일정

배낭여행객들은 오스트리아 빈이나 헝가리 부다페스트에서 크로아티아로 들어가게 된다. 하지만 유럽의 어느 도시에서도 저가항공을 타고 자그레브나 두브로브니크로 입국하여 크로아티아여행을 해도 되기 때문에, 유레일패스를 사용하는 것이 아니라면 시간상으로도 저가항공을 이용하여 쉽게 여행을 시작할 수 있다.

7박 8일

자그레브왕복코스

자그레브(2일) – 플리트비체국립공원(1일) – 스플리트(1일) – 두브로브니크(2일) – 자그레브(1일)

저가항공으로 두브로브니크에서 시작하는 코스

두브로브니크(2일) – 두브로브니크 근교(로크룸 섬/믈레트섬/1일) – 스플리트(1일) – 흐바르 섬(1일) – 플리트비체국립공원(1일) – 자그레브(1일)

9박 10일

슬로베니아와 서부 이스트리아반도 이용코스

자그레브(2일) – 루블랴나(1일) – 블레드(1일) – 풀라(1일) – 플리트비체국립공원(1일) – 스플리트(1일) – 두브로브니크(2일) – 자그레브(1일)

서부 해안 집중코스

자그레브(1일) – 플리트비체국립공원(1일) –자다르(1일) – 흐바르(2일) – 트로기르(1일) –스플리트(1일) – 두브로브니크(2일) – 자그레브(1일)

2주 일정

자그레브(2일) – 루블랴나(1일) – 블레드(1일) – 풀라(1일) – 플리트비체국립공원(1일) – 자다르(1일) – 트로기르(1일) – 스플리트(1일) – 흐바르(2일) – 두브로브니크(2일) – 자그레브(1일)

크로아티아
자동차여행

862DK

달라도 너무 다른 크로아티아 자동차 여행

유럽에서 특별한 휴가를 보내고 싶다면, 최근에 유럽에서 인기를 끌고 있는 크로아티아, 시간이 멈춘 곳으로 특별한 분위기를 자아내는 크로아티아를 자동차로 여행하는 관광객이 많아지고 있다. 사방에 꽃으로 새로운 시작이 되었다는 즐거움, 대한민국이 미세먼지로 숨 쉬는 것조차 힘들어 조심스러워 외부출입이 힘들지만 크로아티아에는 미세먼지가 없다. 한 여름에도 시원하게 불어오는 바람을 맞을 수 있고, 뜨거운 햇빛이 비추는 해변에서 나에게 비춰주는 따뜻한 마음이 살아 있는 크로아티아가 당신을 기다리고 있다.

우리가 알고 있던 유럽 여행과 전혀 다른 느낌을 보고 느낄 수 있으며, 초록이 뭉게구름과 함께 피어나는, 깊은 숨을 쉴 수 있도록 쉴 수 있고, 마음대로 자동차를 타고 여행하는 것이 더 편리한 곳이 크로아티아이다. 최근에 대한항공이 자그레브로 직항을 취항하면서 관광객은 더욱 쉽게 꿈꿀 수 있게 되었다.
크로아티아의 대중교통은 좋은 편이 아니다. 그래서 자동차로 크로아티아를 여행하는 것은 최적의 조합이라고 할 수 있다. 더운 여름에도 필요한 준비물은 아침, 저녁으로 긴 팔을 입고 있던 바다부터 따뜻하지만 건조한 빛이 나를 감싸는 크로아티아의 자갈 해변 모습이 생생하게 눈으로 전해온다.

크로아티아 자동차 여행을 해야 하는 이유

나만의 환상의 크로아티아 여행

자동차 여행에서 가장 큰 장점은 나만의 여행을 다닐 수 있다는 것이다. 버스를 이용해 다니는 일반적인 크로아티아 여행과 달리 이동 수단의 운행 여부나 시간에 구애 받지 않고 본인이 원하는 시간에 이동이 가능하며, 대중교통으로 이동하기 힘든 크로아티아는 유럽에서 가장 패키지 여행수요가 많은 나라이다.
왜냐하면 자유여행으로 다니기에는 대중교통이 잘 갖춰진 나라는 아니었기 때문이다. 그래서 크로아티아 소도시 위주의 여행을 하려면 자동차는 필수이다. 그래서 최근에 자동차 여행은 급격하게 늘어나는 추세이다.

짐에서 해방

크로아티아를 여행하면 울퉁불퉁한 돌들이 있는 거리를 여행용 가방을 들고 이동할 때나 지하철에서 에스컬레이터 없이 계단을 들고 올라올 때 무거워 중간에 쉬면서 이렇게 힘들게 여행을 해야 하는 지를 자신에게 물어보는 여행자가 의외로 많다는 사실을 알았다.

일반적인 크로아티아 여행과 다르게 자동차 여행을 하면 숙소 앞에 자동차가 이동할 수 있으므로 무거운 짐을 들고 다니는 경우는 손에 꼽게 된다.

줄어드는 숙소 예약의 부담

대부분의 크로아티아 여행이라면 도시 중심에 숙소를 예약을 해야 하는 부담이 있다. 특히 성수기에 시설도 좋지 않은 숙소를 비싸게 예약할 때 기분이 좋지 않다. 그런데 자동차 여행은 어디든 선택할 수 있으므로 자신이 도착하려는 곳에서 숙소를 예약하면 된다. 또한 내가 어디에서 머무를지 모르기 때문에 미리 숙소를 예약하지 않고 점심시간 이후에 예약을 하기도 한다.

도시 중심에 숙소를 예약하지 않으면 숙소의 비용도 줄어들고 시설이 더 좋은 숙소를 예약할 수 있게 된다. 자동차 여행을 하다보면 여행 일정이 변경되는 경우가 많다. 대표적인 크로아티아의 도시인 두브로브니크는 도시 내에서 숙소 예약이 대단히 힘들지만 조금만 도시를 벗어나 인근의 소도시에는 성수기에도 당일에 저렴하게 나오는 숙소가 꽤 있기 때문에 숙소를 예약하는 데 부담이 줄어들게 된다.

줄어드는 교통비

크로아티아 여행을 기차로 하려고 가격을 알아보면 상당히 비싼 교통비용을 알게 된다. 그래서 최근에는 자동차를 3~4인이 모여 렌트를 하고 비용을 나누어 크로아티아를 여행하는 경우가 많아졌다.

자동차 여행을 2인 이상이 한다면 2주 정도의 풀보험 렌터카 예약을 해도 70만 원 정도에 유류비까지 더해도 100만 원 정도면 가능하다. 교통비를 상당히 줄일 수 있다는 사실을 알 수 있다.

줄어든 식비

대형마트에 들러 필요한 음식을 자동차에 실어 다니기 때문에 미리 먹을 것을 준비하여 다니는 식비 절감을 알게 된다. 하루에 점심이나 저녁 한 끼를 레스토랑에서 먹고 한 끼는 숙소에서 간단하게 요리를 해서 다니면 식비 절감에 도움이 된다.

소도시 여행이 가능

자동차 여행을 하는 여행자는 크로아티아 여행을 다녀온 여행자가 대부분이다. 한 번 이상의 크로아티아 여행을 하면 소도시 위주로 여행을 하고 싶은 생각을 하게 된다. 그런데 시간이 한정적인 직장인이나 학생, 가족단위의 여행자들은 소도시 여행이 쉽지 않다.
자동차로 소도시 여행은 더욱 쉽다. 도로가 복잡하지 않고 교통체증이 많지 않아 이동하는 피로도가 줄어든다. 그래서 자동차로 소도시 위주의 여행을 하는 여행자가 늘어난다. 처음에는 자동차로 운전하는 경우에 사고에 대한 부담이 크지만 점차 운전에 대한 위험부담은 줄어들고 대도시가 아니라 소도시 위주로 여행일정을 변경하기도 한다.

단점

자동차 여행 준비의 부담

처음 자동차 여행을 준비하는 사람에게는 큰 스트레스가 될 수 있다. 일반적인 유럽여행과는 다르게 자동차를 가지고 여행을 하는 것은 다른 여행 스타일이 만들어지기 때문에 출발 전에 부담이 될 수 있다.

운전에 대한 부담

기차로 이동을 하면 이동하는 시간 동안 휴식이나 숙면을 취할 수 있지만 자동차 여행의 경우에는 본인이 운전을 해야 하므로 피로도가 증가할 수 있다. 그래서 자동차 여행을 일정을 빡빡하게 만들어서 모든 것을 다 보고 와야겠다고 생각한다면 스트레스와 함께 다 볼 수 없다는 생각에 실망할 수도 있다.

1인 자동차 여행자의 교통비 부담

혼자서 여행하는 경우에는 기차 여행에 비해 더 많은 교통비가 들 수도 있으며, 동행을 구하기 어렵다. 동행이 생겨 같이 여행해도 렌트 비용에서 추가적으로 고속도로 통행료, 연료비, 주차비 등의 비용이 발생하는 데 서로간의 마찰이 발생하기도 한다.

크로아티아 자동차 여행 잘하는 방법

출발 전

1. 동유럽 지도를 놓고 여행코스와 여행 기간을 결정한다.

크로아티아를 여행한다면 어느 나라를 어느 정도의 기간 동안 여행할지 먼저 결정해야 한다. 사전에 결정도 하지 않고 렌터카를 예약할 수는 없다. 그러므로 사전에 미리 크로아티아 지도를 보면서 여행코스와 기간을 결정하고 나서 항공권부터 예약을 시작하면 된다.

2. 기간이 정해지면 IN / OUT 도시를 결정하고 항공권을 예약한다.

기간이 정해지고 어느 도시로 입국을 할지 결정하고 나서 항공권을 찾아야 한다. 대부분의 여행자는 자그레브, 두브로브니크에서 들어오고 나가는 항공권을 구입하게 된다. 항공권은 여름 여행이면 3월 초부터 말까지 구입하는 것이 가장 저렴하다. 겨울이라면 9월 초부터 말까지가 가장 저렴하다. 최소한 60일 전에는 항공기 티켓을 구입하는 것이 항공기 비용을 줄이는 방법이다. 아무리 렌터카 비용을 줄인다 해도 항공기 비용이 비싸다면 여행경비를 줄일 수 있는 방법은 없게 된다.

3. 항공권을 결정하면 렌터카를 예약해야 한다.

렌터카를 예약할 때 글로벌 렌터카 회사로 예약을 할지 로컬 렌터카 회사로 예약을 할지 결정해야 한다. 안전하고 편리함을 원한다면 당연히 글로벌 렌터카 회사로 결정해야 하지만 짧은 기간에 1개 나라 정도만 렌터카를 한다면 로컬 렌터카 회사도 많이 이용한다. 특히 크로아티아는 도시를 이동하는 기차가 시간이 정확하지 않고 버스가 발달하지 않은 나라라서 렌터카로 여행하는 것이 더 효율적일 경우가 많다.

4. 유로는 사전에 소액은 준비해야 한다.

공항에서 시내로 이동하려고 할 때 렌터카로 이동하면 상관없지만 자그레브를 지나쳐 크로아티아 남부, 달마티아 지방이나 서부의 이스트라 반도로 이동한다면 고속도로를 이용할 수 있다. 고속도로를 이용한다면 통행료나 휴게소 이용할 때 현금을 이용해야 할 때가 있으니 사전에 미리 준비해 놓자.

공항에 도착 후

1. 심(Sim)카드를 가장 먼저 구입해야 한다.

공항에서 차량을 픽업해도 자동차 여행에서 가장 중요한 것은 스마트폰이다. 스마트폰은 네비게이션 역할도 하지만 응급 상황에서 다양하게 통화를 해야 할 수도 있다. 그래서 차량을 픽업하기 전에 미리 심Sim카드를 구입하고 확인한 다음 차량을 픽업하는 것이 순서이다.

심(Sim)카드

크로아티아뿐만 아니라 유럽 전체에 나라에 상관없이 이용할 수 있는 심(Sim)카드는 보다폰(Vodafone)이 가장 널리 이용되고 있다. 2인 이상이 같이 여행을 한다면 2명 모두 심(Sim)카드를 이용해 같이 구글 맵을 이용하는 것이 전파가 안 잡히는 지역에서 문제해결에 도움을 받을 수 있다.

2. 공항에서 자동차의 픽업까지가 1차 관문이다.

최근에 자동차 여행자가 늘어나면서 각 공항에서는 렌터카 업체들이 공동으로 모여 있는 장소가 있다. 크로아티아의 수도, 자그레브나 남부 도시인 두브로브니크는 모두 자동차 여행을 위해 공동의 장소에서 렌터카 서비스를 원스톱 서비스를 지원하고 있다. 공항 자체가 작아서 렌터카 영업소를 쉽게 찾을 수 있다. 그러므로 어디로 이동할지 확인하고 사전에 예약한 서류와 신용카드, 여권, 국제 운전면허증, 국내 운전면허증을 확인해야 한다.
자그레브 공항 왼쪽으로 이동하면 바로 찾을 수 있다. → 이동하면 렌터카를 한 번에 같이 이용할 수 있는 서비스를 제공하고 있다.

3. 보험은 철저히 확인한다.

크로아티아의 수도인 자그레브에서 렌터카를 픽업해서 유럽을 여행한다면 사전에 어디를 얼마의 기간 동안 여행할지 직원은 질문을 하게 된다. 이때 정확하게 알려준다면 직원이 사전에 사고 시에 안전하게 도움을 받을 수 있는 보험을 제안하게 된다. 그렇게 되면 사고가 나더라도 보험으로 커버를 하게 되므로 큰 문제가 발생하지 않는다. 하지만 대부분의 여행자는 크로아티아만을 여행하는 경우가 많다. 그런데 크로아티아 옆의 슬로베니아와 남부의 몬테네그로와 알바니아까지 여행하면 1달이 넘는 시간이 필요할 수도 있다.

4. 차량을 픽업하게 되면 직원과 같이 차량을 꼼꼼하게 확인한다.

차량을 받게 되면 직원이 차량의 상태를 잘 알려주고 확인을 하지만 간혹 바쁘거나 그냥 건너뛰려는 경우가 있다. 그럴 때는 직접 사전에 꼼꼼하게 확인을 하고 픽업하는 것이 좋다. 또한 이탈리아 공항에서는 4층으로 가서 혼자서 차량을 받을 때도 있다. 그렇다면 처음 차량을 받아서 동영상이나 사진으로 차량의 전체를 찍어 놓고 의심이 가는 곳은 정확하게 찍어서 반납 시에 활용하는 것이 좋다.

5. 공항에서 첫날 숙소까지 정보를 갖고 출발하자.

차량을 인도받아서 숙소로 이동할 때 사전에 위치를 확인하고 출발해야 한다. 구글 지도나 가민 네비게이션이 있다면 반드시 출발 전에 위치를 확인하자. 도로를 확인하고 출발하면서 긴장하지 말고 천천히 이동하는 것이 좋다. 급하게 긴장을 하다보면 사고로 이어질 수 있으니 조심하자. 또한 도시로 진입하는 시간이 출, 퇴근 시간이라면 그 시간에는 쉬었다가 차량이 많지 않은 시간에 이동하는 것이 첫날 운전이 수월하다.

자동차 여행 중

1. '관광지 한 곳만 더 보자는 생각'은 금물

유럽여행은 쉽게 갈 수 있는 해외여행지가 아니다. 그래서 한번 오는 크로아티아 여행이라고 너무 많은 여행지를 보려고 하면 피로가 쌓이고 사고로 이어질 수 있으므로 잠은 충분히 자고 안전하게 이동하는 것이 중요하다. 또한 운전 중에도 졸리면 쉬었다가 이동하도록 해야 한다.

쉬운 말처럼 들릴 수 있지만 의외로 운전 중에 쉬지 않고 이동하는 운전자가 상당히 많다. 피로가 쌓이고 이동만 많이 하는 여행은 만족스럽지 않다. 자신에게 주어진 휴가기간 만큼 행복한 여행이 되도록 여유롭게 여행하는 것이 좋다. 서둘러 보다가 지갑도 잃어버리고 여권도 잃어버리기 쉽다. 허둥지둥 다닌다고 한 번에 다 볼 수 있지도 않으니 한 곳을 덜 보겠다는 심정으로 여행한다면 오히려 더 여유롭게 여행을 하고 만족도도 더 높을 것이다.

2. 아는 만큼 보이고 준비한 만큼 만족도가 높다.

크로아티아의 많은 나라와 도시의 관광지는 역사와 관련이 있다. 그런데 아무런 정보 없이 여행한다면 재미도 없고 본 관광지는 아무 의미 없는 장소가 되기 쉽다. 사전에 크로아티아에 대한 정보는 습득하고 여행을 떠나는 것이 준비도 하게 되고 아는 만큼 만족도가 높은 여행이 될 것이다.

3. 감정에 대해 관대해져야 한다.

자동차 여행은 주차나 운전 중에 스트레스를 받을 수 있다. 난데없이 차량이 끼어들기를 한다든지, 길을 몰라서 이동 중에 한참을 헤매다 보면 자신이 당혹감을 느낄 수 있다.

그럴 때마다 감정통제가 안 되어 화를 계속 내고 있으면 자동차 여행이 고생이 되는 여행이 된다. 그러므로 따질 것은 따지되 소리를 지르지 말고 정확하게 설명을 하면 될 것이다.

크로아티아 자동차 여행을 계획하는 방법

1. 항공편의 In / Out과 주당 편수를 알아보자.

입 · 출국하는 도시를 고려하여 여행의 시작과 끝을 정해야 한다. 항공사는 매일 취항하지 않는 경우가 많기 때문에 날짜를 무조건 정하면 낭패를 보기 쉽다. 따라서 항공사의 일정에 맞춰 총 여행 기간을 정하고 도시를 맞춰봐야 한다. 가장 쉽게 맞출 수 있는 일정은 1주, 2주로 주 단위로 계획하는 것이다. 크로아티아는 대부분 수도인 자그레브, 남부의 두브로브니크로 입국하는 것이 여행 동선 상에서 효과적이다.

2. 크로아티아 지도를 보고 계획하자.

크로아티아를 방문하는 여행자들 중 유럽 여행이 처음인 여행자도 있고, 이미 경험한 여행자들도 있을 것이다. 누구라도 생소한 크로아티아를 처음 간다면 어떻게 여행해야 할지 일정 짜기가 막막할 것이다. 기대를 가지면서도 두려움도 함께 가지고 있다. 일정을 짤 때 가장 먼저 정해야 할 것은 입국할 도시를 결정하는 것이다. 크로아티아 여행이 처음인 경우에는 크로아티아 지도를 보고 도시들이 어떻게 연결되어 있는지 알아두는 것이 좋다. 크로아티아는 남북으로 길고 폭이 작은 국토의 특징이 있어서 자그레브부터 서부의 이스트라 반도를 거쳐 남부의 달마티아 지방을 거쳐 두브로브니크로 여행하는 경우가 일반적이므로 여행계획을 세우기가 어렵지 않다.

일정을 직접 계획하기 위해서는 다음의 3가지를 꼭 기억 해두자.

① 지도를 보고 도시들의 위치를 파악하자.
② 도시 간 이동할 수 있는 도로가 있는지 파악하자.
③ 추천 루트를 보고 일정별로 계획된 루트에 자신이 가고 싶은 도시를 끼워 넣자.

3. 가고 싶은 도시를 지도에 형광펜으로 표시하자.

일정을 짤 때 정답은 없다. 제시된 일정이 본인에게는 무의미할 때도 많다. 자동차로 가기 쉬운 도시를 보면서 좀 더 경제적이고 효과적으로 여행할 방법을 생각해 보고, 여행 기간에 맞는 3~4개의 루트를 만들어서 가장 자신에게 맞는 루트를 정하면 된다.

① 도시들을 지도 위에 표시한다.
② 여러 가지 선으로 이어 가장 효과적인 동선을 직접 생각해본다.

4. '점'이 아니라 '선'을 따라가는 여행이라는 차이를 이해하자.

크로아티아 자동차 여행 강의나 개인적으로 질문하는 대다수가 여행 일정을 어떻게 짜야할지 막막하다는 물음이었다. 해외여행을 몇 번씩 하고 여행에 자신이 있다고 생각한 여행자들이 이탈리아를 자동차로 여행하면서 자신만만하게 준비하면서 실수를 하는 경우가 많다.

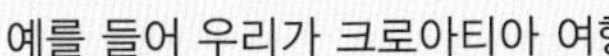

예를 들어 우리가 크로아티아 여행에서 자그레브에 도착을 했다면, 3~5일 정도 자그레브의 숙소에서 머무르면서, 자그레브를 둘러보고 다음 도시로 이동을 한다. 하지만 크로아티아 자동차 여행은 대부분 도로를 따라 이동하기 때문에 자신이 이동하려는 지점을 정하여 일정을 계획해야 한다. 다시 말해 크로아티아의 각 도시를 점으로 생각하고 점을 이어서 여행 계획을 만들어야 한다면, 자동차 여행은 도시가 중요하지 않고 이동거리(㎞)를 계산하여 여행계획을 짜야 한다.

① 이동하는 지점마다 이동거리를 표시하고
② 여행 총 기간을 참고해 자신이 동유럽의 여행 기간이 길면 다른 관광지를 추가하거나 이동거리를 줄여서 여행한다고 생각하여 일정을 만들면 쉽게 여행계획이 만들어진다.

안전한 크로아티아 자동차 여행을 위한 주의사항

크로아티아 여행은 일반적으로 안전하다. 폭력 범죄도 드물고 종교 광신자들로부터 위협을 받는 일도 거의 없다. 하지만 최근에 테러의 등장으로 일부 도시에서 자신도 모르게 테러의 위협에 내몰리고 있기도 하다. 하지만 테러의 위협은 상당히 제한적이기 때문에 테러로 크로아티아 여행을 가는 관광객이 크게 걱정할 필요는 없다. 크로아티아 여행에서 여행자들에게 주로 닥치는 위협은 소매치기나 사기꾼들이다. 특별히 주의해야 할 것에 대해서 알아보자.

차량

1. 차량 안 좌석에는 비워두자.

자동차로 크로아티아 여행을 하면서 사고 이외에 차량 문제가 가장 많이 발생하는 것은 차량 안에 있는 가방이나 카메라, 핸드폰을 차량의 유리창을 깨고 가지고 달아나는 것이다. 경찰에 신고를 하고 도둑을 찾으려고 해도 쉬운 일이 아니기 때문에 사전에 조심하는 것이 최고의 방법이다. 되도록 차량 안에는 현금이나 가방, 카메라, 스마트폰을 두지 말고 차량 주차 후에는 트렁크에 귀중품이나 가방을 두는 것이 안전하다.

2. 안 보이도록 트렁크에 놓아야 한다.

자동차로 여행할 때 차량 안에 가방이나 카메라 등의 도둑을 유혹하는 물건을 보이는 것을 삼가고 되도록 숙소의 체크아웃을 한 후에는 트렁크에 넣어서 안 보이도록 하는 것이 중요하다.

3. 호스텔이나 캠핑장에서는 가방보관에 주의해야 한다.

염려가 되면 가방을 라커에 넣어 놓던지 렌터카의 트렁크에 넣어놓아야 한다. 항상 여권이나 현금, 카메라, 핸드폰 등은 소지하거나 차량의 트렁크에 넣어두는 것이 좋다. 호텔이라면 여행용 가방에 넣어서 아무도 모르는 상태에 있어야 소지품을 확실히 지켜줄 수 있다. 보라는 듯이 카메라나 가방, 핸드폰을 보여주는 것은 문제를 일으키기 쉽다. 고가의 카메라나 스마트폰은 어떤 유럽국가에서도 저임금 노동자의 한 달 이상의 생활비와 맞먹는다는 것을 안다면 소매치기나 도둑이 좋아할 물건일 수밖에 없다는 것을 인식할 수 있을 것이다.

4. 모든 고가품은 잠금장치나 지퍼를 해놓는 가방이나 크로스백에 보관하자.

도시의 기차나 버스에서는 잠깐 졸수도 있으므로 가방이 몸에 부착되어 있어야 한다. 몸에서 벗어나는 일이 없도록 하자. 졸 때 누군가 자신을 지속적으로 치고 있다면 소매치기를 하기 위한 사전작업을 하고 있는 것이다. 잠깐 정류장에 서게 되면 조는 사람을 크게 치고 화를 내면서 내린다. 미안하다고 할 때 문이 닫히면 웃으면서 가는 사람을 발견할 수도 있다. 그러면 반드시 가방을 확인해야 한다.

5. 주차 시간은 넉넉하게 확보하는 것이 안전하다.

어느 도시에 도착하여 사원이나 성당 등을 들어가기 위해 주차를 한다면 주차 요금이 아깝다고 생각하기가 쉽다. 그래서 성당을 보는 시간을 줄여서 보고 나와서 이동한다고 생각할 때는 주차요금보다 벌금이 매우 비싸다는 생각을 해야 한다. 주차요금 조금 아끼겠다고 했다가 주차시간이 지나 자동차로 이동했을 때 자동차 바퀴에 자물쇠가 채워져 있는 경우도 상당하다.

주의

특히 크로아티아 소도시를 여행할 때 주의를 해야 한다. 자브레브를 중심으로 서부의 이스트라 반도로 이동하는 리예카와 풀라, 로비니 등의 도시들과 남부, 달라티아 지방의 해안 도시들은 최근에 도난 사고가 발생하고 있다. 경찰들이 관광객이 주차를 하면 시간을 확인했다가 주차 시간이 끝나기 전에 대기를 하고 있다가 주차 시간이 종료되면 딱지를 끊거나 심지어는 자동차 바퀴에 자물쇠를 채우는 경우도 발생한다.

도시 여행 중

1. 여행 중에 백팩(Backpack)보다는 작은 크로스백을 활용하자.

작은 크로스백은 카메라, 스마트폰 등을 가지고 다니기에 유용하다. 소매치기들은 가방을 주로 노리는데 능숙한 소매치기는 단 몇 초 만에 가방을 열고 안에 있는 귀중품을 꺼내가기도 한다. 지퍼가 있는 크로스백이 쉽게 안에 손을 넣을 수 없기 때문에 좋다.

크로스백은 어깨에 사선으로 메고 다니기 때문에 자신의 시선 안에 있어서 전문 소매치기라도 털기가 쉽지 않다. 백팩은 시선이 분산되는 장소에서 가방 안으로 손을 넣어 물건을 집어갈 수 있다. 혼잡한 곳에서는 백팩을 앞으로 안고 눈을 떼지 말아야 한다.

전대를 차고 다니면 좋겠지만 매일같이 전대를 차고 다니는 것은 고역이다. 항상 가방에 주의를 기울이면 도둑을 방지할 수 있다. 가방은 항상 자신의 손에서 벗어나는 일은 주의하는 것이 가방을 잃어버리지 않는 방법이다. 크로스백을 어깨에 메고 있으면 현금이나 귀중품은 안전하게 보호할 수 있다. 백 팩은 등 뒤에 있기 때문에 크로스백보다는 안전하지 않다.

2. 하루의 경비만 현금으로 다니고 다니자.

대부분의 여행자들은 집에서 많은 현금을 들고 다니지 않지만 여행을 가서는 상황이 달라진다. 아무리 많은 현금을 가지고 다녀도 전체 경비의 10~15% 이상은 가지고 다니지 말자. 나머지는 여행용가방에 넣어서 트렁크에 넣거나 숙소에 놓아두는 것이 가장 좋다.

3. 자신의 은행계좌에 연결해 꺼내 쓸 수 있는 체크카드나 현금카드를 따로 가지고 다니자.

현금은 언제나 없어지거나 소매치기를 당할 수 있다. 그래서 현금을 쓰고 싶지 않지만 신용카드도 도난의 대상이 된다. 신용카드는 도난당하면 더 많은 문제를 발생시킬 수 있으므로 통장의 현금이 있는 것만 문제가 발생하는 신용카드 기능이 있는 체크카드나 현금카드를 2개 이상 소지하는 것이 좋다.

4. 여권은 인터넷에 따로 저장해두고 여권용 사진은 보관해두자.

여권 앞의 사진이 나온 면은 복사해두면 좋겠지만 복사물도 없어질 수 있다. 클라우드나 인터넷 사이트에 여권의 앞면을 따로 저장해 두면 여권을 잃어버렸을 때 프린트를 해서 한국으로 돌아올 때 사용할 단수용 여권을 발급받을 때 사용할 수 있다.
여권용 사진은 사용하기 위해 3~4장을 따로 2곳 정도에 나누어 가지고 있는 것이 좋다. 예전에 여행용 가방을 잃어버리면서 여권과 여권용 사진을 잃어버린 것을 보았는데 부부가 각자의 여행용 가방에 동시에 2곳에 보관하여 쉽게 해결할 경우를 보았다.

5. 스마트폰은 고리로 연결해 손에 끼워 다니자.

스마트폰을 들고 다니면서 사진도 찍고 SNS로 실시간으로 한국과 연결할 수 있는 귀중한 도구이지만 스마트폰은 도난이나 소매치기의 표적이 된다. 걸어가면서 손에 있는 스마트폰을 가지고 도망하는 경우도 발생하기 때문에 스마트폰은 고리로 연결해 손에 끼워서 다니는 것이 좋다.
가장 좋은 방법은 크로스백 같은 작은 가방에 넣어두는 경우지만 워낙에 스마트폰의 사용빈도가 높아 가방에만 둘 수는 없다.

6. 여행용 가방 도난

여행용 가방처럼 커다난 가방이 도난당하는 것은 호텔이나 아파트가 아니다.

저렴한 YHA에서 가방을 두고 나오는 경우와 당일로 다른 도시로 이동하는 경우이다. 자동차로 여행을 하면 좋은 점이 여행용 가방의 도난이 거의 없다는 사실이다. 하지만 공항에서 인수하거나 반납하는 경우가 아니면 여행용 가방의 도난은 발생할 수 있다는 사실을 인지해야 한다. 호텔에서도 체크아웃을 하고 도시를 여행할 때 호텔 안에 가방을 두었을 때 여행용 가방을 잃어버리지 않으려면 자전거 체인으로 기둥에 묶어두는 것이 가장 좋고 YHA에서는 개인 라커에 짐을 넣어두는 것이 좋다.

7. 날치기에 주의하자.

크로아티아 여행에서 가장 기분이 나쁘게 잃어버리는 것이 날치기이다. 특히 크로아티아에서는 날치기가 거의 발생하지 않고 있지만 최근에 빈부 격차가 심해지면서 발생하고 있다.

내가 모르는 사이에 잃어버리면 자신에게 위해를 가하지 않고 잃어버려서 그나마 나은 경우이다. 날치기는 황당함과 함께 걱정이 되기 시작한다.

길에서의 날치기는 오토바이나 스쿠터를 타고 다니다가 순식간에 끈을 낚아채 도망가는 것이다. 그래서 크로스백을 어깨에 사선으로 두르면 낚아채기가 힘들어진다. 카메라나 핸드폰이 날치기의 주요 범죄 대상이다. 길에 있는 노천카페의 테이블에 카메라나 스마트폰, 가방을 두면 날치기는 가장 쉬운 범죄의 대상이 된다. 그래서 손에 끈을 끼워두거나 안 보이도록 하는 것이 가장 중요하다.

8. 지나친 호의를 보이는 현지인

크로아티아 여행에서 지나친 호의를 보이면서 다가오는 현지인을 조심해야 한다. 오랜 시간 여행을 하면서 주의력은 떨어지고 친절한 현지인 때문에 여행의 단맛에 취해 있을 때 사건이 발생한다. 영어를 유창하게 잘하는 친절한 사람이 매우 호의적으로 도움을 준다고 다가온다. 그 호의는 거짓으로 호의를 사서 주의력을 떨어뜨리려고 하는 것이다. 화장실에 갈 때 친절하게 가방을 지켜주겠다고 한다면 믿고 가지고 왔을 때 가방과 함께 아무도 없는 경우가 발생한다. 피곤하고 무거운 가방이나 카메라 등이 들기 귀찮아지면 사건이 생기는 경우가 많다.

9. 경찰 사칭 사기

남부 두브로브니크를 지나 이어진 작은 나라, 몬테네그로를 여행하다 보면 아주 가끔 신분증 좀 보여주세요? 라면서 경찰복장을 입은 남자가 앞에 있다면 당황하게 된다. 특수경찰이라면 사복을 입은 경찰이라는 사람을 보게 되기도 한다. 뭐라고 하건 간에 제복을 입지 않았다면 당연히 의심해야 하며 경찰복을 입고 있다면 이유가 무엇이냐고 물어봐야 한다. 환전을 할 거냐고 물어보고 답하는 순간에 경찰이 암환전상을 체포하겠다고 덮친다. 그 이후 당신에게 여권을 요구하거나 위조지폐일 수도 있으니 돈을 보자고 요구한다. 이때 현금이나 지갑을 낚아채서 달아나는 경우가 발생한다.

말할 필요도 없이 여권을 보여주거나 현금을 보여주어서는 안 된다. 만약 경찰 신분증을 보자고 해도 슬쩍 보여준다면 가까운 경찰서에 가자고 요구하여 경찰서에서 해결하려고 해야 한다.

크로아티아의 도로사정

크로아티아의 도로는 우리나라와 차이가 거의 없다. 고속도로는 새로 건설이 되어 우리나라와 비슷한 도로로 깨끗하게 잘 뚫려 있다. 고속도로는 편도2차선 도로인데 차가 별로 없어서 차량정체가 없다. 차가 별로 없어서 편도 2차선 정도이고, 편도 4차선 도로는 자그레브 시내에 들어올 때를 빼고는 보지 못했다.
고속도로는 속도가 130㎞정도의 속도를 낼 수 있기 때문에 빠르게 갈 수 있지만 볼거리는 거의 없다. 고속도로는 편도 2차선(왕복 4차선), 국도는 왕복 2차선인 경우가 대부분이다. 자다르부터 두브로브니크의 해안도로는 아름다운 바다를 볼 수 있지만 굴곡이 심한 지역이 많아 시간은 오래 걸린다. 자그레브와 두브로브니크 정도의 큰 도시를 빼면, 주차장에 차량이 많지않아 주차가 힘들지 않다.

크로아티아 고속도로

크로아티아는 1991년 독립 이후 국가의 도로 인프라가 개선하기 위해 고속도로가 건설된 후 관리가 잘 되어 있어 크로아티아에서의 고속도로 운전은 비교적 쉽다. 도로 표지판도 매우 명확하야 운전은 대한민국에서 하는 것과 차이가 거의 없다.

자그레브와 달마티아 지방의 자다르, 스플리트를 연결하는 고속도로가 있으며, 내부의 바라 자딘Varazdin과 이스트리아 반도의 풀라, 리예카 구간이 있다. 남쪽으로 두브로브니크를 향한 고속도로는 현재 두브로브니크에서 북쪽으로 약 100㎞ 떨어진 플로체Ploce까지 건설되어 있다. 크로아티아에서 가장 아름다운 노선은 리예카와 두브로브니크를 연결 하는 아드리아 도로(Jadranska magistrala - 공식 도로 D8)이다.

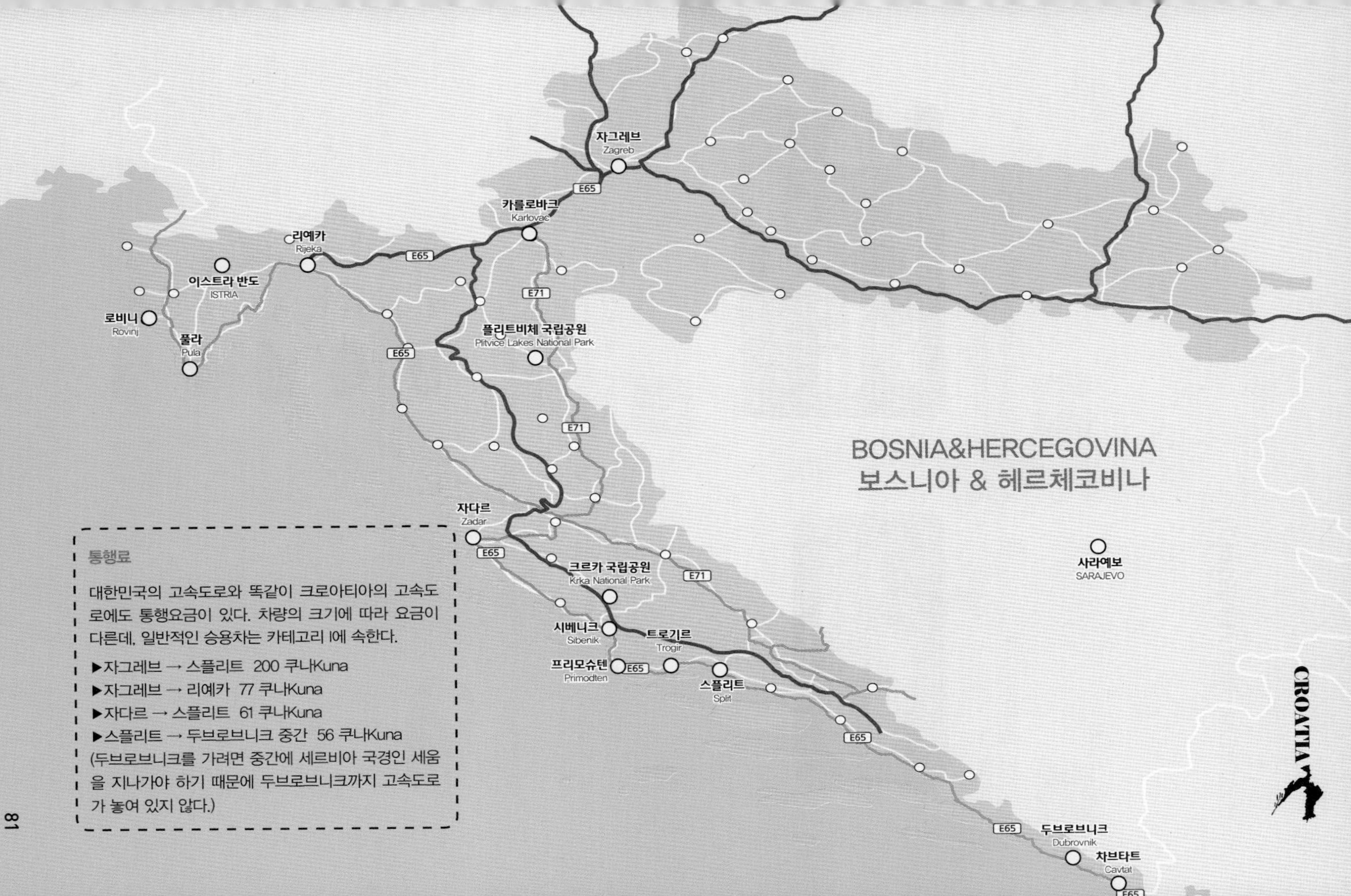

통행료

대한민국의 고속도로와 똑같이 크로아티아의 고속도로에도 통행요금이 있다. 차량의 크기에 따라 요금이 다른데, 일반적인 승용차는 카테고리 I에 속한다.

▶자그레브 → 스플리트 200 쿠나Kuna
▶자그레브 → 리예카 77 쿠나Kuna
▶자다르 → 스플리트 61 쿠나Kuna
▶스플리트 → 두브로브니크 중간 56 쿠나Kuna
(두브로브니크를 가려면 중간에 세르비아 국경인 세움을 지나가야 하기 때문에 두브로브니크까지 고속도로가 놓여 있지 않다.)

크로아티아 렌트카 예약하기

글로벌 업체 식스트(SixT)

1

식스트 홈페이지(www.sixt.co.kr)로 들어간다.

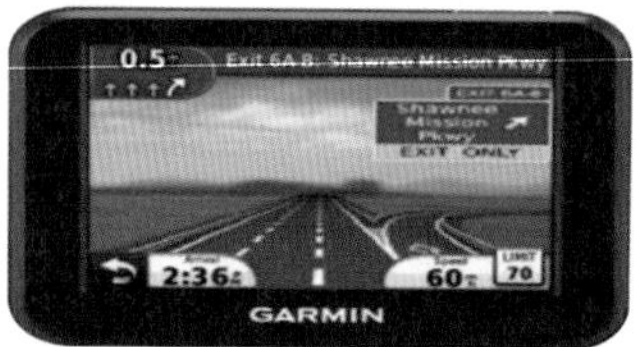

2

좌측에 보면 해외예약이 있다.
해외예약을 클릭한다.

3

렌트카 예약하기Car Reservation에서 여행 날짜별, 장소별로 정해서 선택하고 밑의 가격계산Calculate price를 클릭한다.

4

차량을 선택하라고 나온다. 이때 세 번째 알파벳이 'M'이면 수동이고 'A'이면 오토(자동)이다. 우리나라 사람들은 대부분 오토를 선택한다. 차량에 마우스를 대면 차량선택Select Vehicle이 나오는데 클릭을 한다.

VW Golf
Saloons (CLMR)
Price per day: KRW 103,367.35
Total: KRW 723,571.43

Chevrolet Cruze STW
Estates (IWMR)
Price per day: KRW 111,913.22
Total: KRW 783,392.56

Chevrolet Trax
SUV (CFMR)
Price per day: KRW 127,393.26
Total: KRW 891,752.83

Dacia Duster
SUV (IFMN)
Price per day: KRW 133,724.28
Total: KRW 936,069.96

Premium class
Chevrolet Captiva
SUV (FFAR)
Price per day: KRW 150,402.62
Total: KRW 1,052,818.32

5

차량에 대한 보험을 선택하라고 나오면 보험금액을 보고 선택한다.

6

'Pay upon arrival'은 현지에서 차량을 받을 때 결재한다는 말이고, 'Pay now online'은 바로 결재한다는 말이니 본인이 원하는 대로 선택하면 된다.
이때 온라인으로 결재하면 5%정도 싸지지만 취소할때는 3일치의 렌트비를 떼고 환불을 받을 수 있다는 것도 알고 선택하자. 다 선택하면 비율 및 추가 허용Accept rate and extras을 클릭하고 넘어간다.

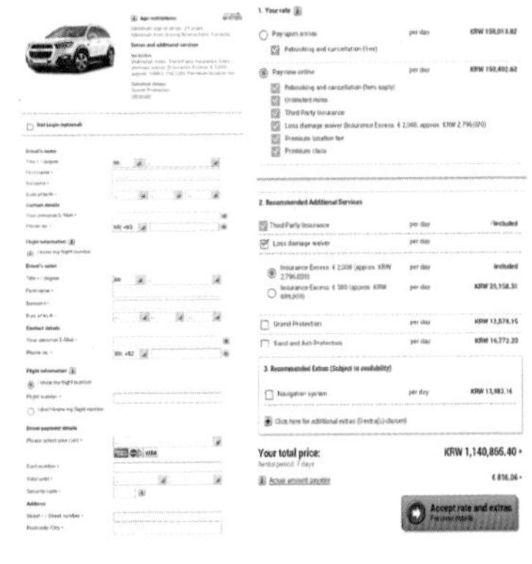

7

세부적인 결재정보를 입력하는데 *가 나와있는 부분만 입력하고 밑의 지금 예약Book now을 클릭하면 예약번호가 나온다.

8

예약번호와 가격을 확인하고 인쇄해 가거나 예약번호를 적어가면 된다.

9

이제 다 끝났다. 현지에서 잘 확인하고 차량을 인수하면 된다.

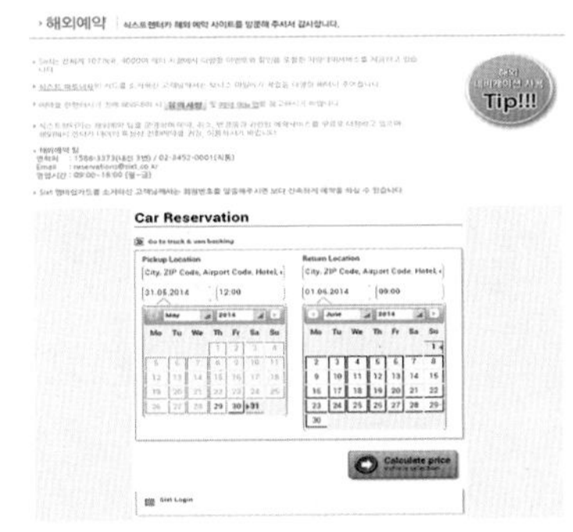

크로아티아 도로 운전시 주의사항

크로아티아를 렌트카로 여행할 때 걱정이 되는 것은 고속도로에서 "사고가 나면 어떻하지?"하는 것이 가장 많다. 지금, 그 생각을 하고 있다면 걱정일 뿐이다. 크로아티아의 고속도로는 속도가 130㎞로 우리나라의 100㎞보다 빨라서 놀랄 뿐, 다른 걱정은 하지 않아도 된다.

더군다나 크로아티아는 고속도로에 차가 많지 않아 운전을 할 때 힘들지 않다. 렌트카로 크로아티아에서 운전할 생각을 하다보면 단속 카메라도 신경써야할 것 같고, 막히면 다른 길로 가거나 내 차를 추월하여 가는 차들이 많아서 차선을 변경할 때도 신경을 써야 할거 같지만, 크로아티아는 제한속도가 130㎞로 그 이상의 속도를 잘 내지 않아 단속 카메라도 거의 없다.

크로아티아의 교통규칙이나 한국의 교통규칙은 대부분은 비슷하다. 전 세계는 거의 같은 교통규칙으로 연결되어 큰 문제없이 우리가 렌트카로 크로아티아를 여행할 수 있는 것이다. 그러나 문제는 우리가 관습적으로 운전을 하기 때문에 교통규칙을 잘 모르고 있다는 데에 문제가 있다. 지금부터 우리나라와 크로아티아 시내도로의 차이점을 알아보자.

시내도로

1. 안전벨트 착용

우리나라도 안전벨트를 메는 것이 당연해지기는 했지만 아직도 안전벨트를 하지않고 운전하는 운전자들이 있다. 안전벨트는 차사고에서 생명을 지켜주는 생명벨트이기 때문에 반드시 착용하고 뒷좌석도 착용해야 한다. 운전자는 안전벨트를 해도 뒷좌석은 안전벨트를 하지않는 경우가 많은데 사고에서는 뒷좌석에 탓다고 사고가 나지않는 것은 아니다. 혹시 어린아이를 태우고 렌트카를 운전한다면, 아이들은 모두 카시트에 앉혀야 한다. 카시트는 운전자가 뒷좌석의 카시트를 볼 수 있는 위치가 좋다.

2. 크로아티아 도로의 신호등은 대부분 오른쪽 길가에 서 있고 도로위에는 신호등이 없다.

신호등이 도로 위에 있지 않고 사람이 다니는 인도 위에 세워져 있다. 신호등이 도로 위에 있어도 횡단보도 앞쪽에 있다. 그렇기 때문에 횡단보도 위의 정지선을 넘어가서 차가 정지하면 신호등의 빨간불인지 출발하라는 파란 불인지를 알 수 없다. 자연스럽게 정지선을 조금 남기고 멈출 수 밖에 없다. 횡단보도에는 신호등이 없는 경우도 있으니 횡단보도에서는 반드시 지정속도를 지키도록 하자.

3. 크로아티아에서는 비보호 좌회전이 대부분이다.

우리나라는 좌회전 표시가 있는 곳에서만 좌회전이 된다. 이것도 아직 모르는 운전자가 많다는 것을 상담을 통해 알게 되었다. 크로아티아는 좌회전 금지 표시가 없어도 다 좌회전이 된다. 그래서 더 조심해야 한다. 차가 안 오는 것을 확인하고 좌회전해야 한다.

4. 우회전할 때 신호등이 빨간불이면 정지해야 한다.

우리나라는 우회전할 때 횡단보도에 파란불이 들어와있어도 사람들이 길을 건너가는 중에도 사람들 틈으로 차를 몰아 지나가는 것을 목격할 수 있지만 크로아티아에서는 '신호위반'사항이다. 신호등이 없으면 문제가 되지 않지만 우회전할 때 신호등이 서 있다면, 빨간불인지 확인하고 반드시 신호를 지켜야 한다.

5. 신호등 없는 횡단보도에서도 잠시 멈추었다가 지나가자.

횡단보도에서는 항상 사람이 먼저다. 하지만 우리는 횡단보도를 건널 때 신호등이 없다면 양쪽의 차가 진입하는지 다 보고 건너야 하지만 크로아티아는 건널목에서 항상 사람이 우선이기 때문에 차가 양보해야 한다. 그래서 차가 와도 횡단보도를 지나가는 사람들이 많다. 근처에 경찰이 있다면 걸려서 벌금을 물어야 할 것이다.

6. 시골 국도라고 과속하지 말자.

스플리트에서 두브로브니크의 해안도로를 가다보면 굴곡이 심해 30㎞까지 속도를 줄이라는 표시를 보게 된다. 이때 과속하게 되어 사고를 내지 말아야 한다. 렌트카의 사고 통계를 보면 주택가나 시골로 이동하면서 긴장이 풀려서 사고가 나는 경우가 대부분이라고 한다. 사람이 없다고 방심하지 말고 신호를 지키고 과속하지 말고 운전해야 사고가 나지 않는다. 우리나라의 운전자들이 크로아티아에서 운전할 때 과속카메라가 별로 없고 경찰차도 거의 없는 것을 알고는 과속을 하는 경우가 많다. 그러나 재미있는 여행을 하려면 주의하여 운전하는 것이 중요하다. 마을이나 주택가 골목길의 제한속도는 대부분 30~40㎞인데 길 입구에 제한속도를 볼 수 있다.

7. 자그레브와 두브로브니크는 교차로의 라운드 어바웃이 있으니 운행방법을 알아두자.

우리나라에도 교차로의 교통체증을 줄이기 위해 라운드 어바웃을 도입하겠다고 밝혔고 시범운영을 거쳐 점차 늘려가고 있다. 하지만 아직까지 우리에게는 어색한 교차로방식이다. 크로아티아 도로에는 교차로에서 라운드 어바웃Round About을 이용하는 교차로가 대부분이다.

라운드 어바웃방식은 원으로 되어 있어서 서로 서로가 기다리지 않고 교차해가도록 되어 있다. 교차로의 라운드 어바웃은 꼭 알아두어야 할 것이 우선 순위이다. 통과할 때 우선순위는 원안으로 먼저 진입한 차가 우선이다.

그림[1] 그림[2]

예를 들어 정면에서 내차와 같은 시간에 라운드 어바웃 원으로 진입하는 차가 있다면 같이 진입해도 원으로 막혀 있어서 부딛칠일이 없다.(그림1) 하지만 왼쪽에서 미리 라운드 어바웃으로 진입한 차가 있으면, '반드시' 라운드 어바웃 원으로 들어가서는 안된다. 안에서 돌면서 오는 차를 보았다면 정지했다가 차가 지나가면 진입하고 계속 온다면 어쩔 수 없이 다 가고 나서 라운드 어바웃 원으로 진입해야 한다.(그림2)
크로아티아는 우리나라와 같은 좌측통행시스템이기 때문에 왼쪽에서 오는 차가 거리가 있다면, 내 차로 왼쪽 차가 부딛칠 일이 없다고 판단되면 원으로 진입하면 된다. 라운드 어바웃이 크면 방금 진입한 차가 있다고 해도 충분한 거리가 되므로 들어가기 어렵지 않다.
라운드 어바웃 방식에서 차가 많아 진입하기가 힘들다면, 원 안에 진입한 차의 뒤를 따라가다가 내가 원하는 출구방향 도로에서 나가면 되고 나가지 못했다면 다시 한바퀴를 돌고 나가면 되기 때문에 못 나갔다고 당황할 필요가 없다.

8. 교통규칙을 잘 지켜야 한다.

예를 들어 큰 도로로 진입할 때는 위험하게 끼어들지 말고 큰 도로의 차가 지나간 다음에 진입하자. 매우 당연한 말이지만 우리나라는 큰 도로의 차가 있음에도 끼어드는 차들이 많아 위험할때가 있지만, 크로아티아에서는 차도 많지가 않아서 큰 도로의 차가 지나가면 진입하면 사고도 나지않고 위험한 순간이 발생하지도 않는다.

교통규칙 중에서도 정지선을 잘 지켜야 한다. 교차로에서 꼬리물기를 하면 우리나라도 이제는 딱지를 끊는다. 그리고 크로아티아에서는 운전자들이 정지선을 정말 잘 지킨다. 정지선을 지키지 않고 가다가 사고가 나면 불법으로 위험한 상황이 발생할 수 있다.

고속도로

1. 크로아티아의 A1고속도로는 대부분 편도 2차선(왕복4차선)인데, 앞 차를 추월하려고 하면 2차선에서 1차선으로 이동하여 추월하고 2차선으로 돌아와야 한다.

우리나라에도 같은 운전 규칙이지만 우리는 오른쪽으로 추월하는 경우가 많지만 크로아티아에서 운전을 할때는 주행은 주행차선으로 추월은 추월차선으로, 서행하는 차는 오른쪽 차선으로 가고, 빠르게 가려고 추월하려는 차는 1차선으로 이동하여 추월했다가 다시 2차선으로 가는 사항을 지키기

때문에, 2차선으로 운행한다면 큰 문제는 없다.
고속도로나 국도길에서 앞차를 추월할 때는 "왼쪽"이라는 단어를 항상 기억하자. 만약 경찰이 본다면 딱지를 끊어야할 수도 있다. 경찰이 문제가 아니라 오른쪽으로 추월하다가 사고가 나지 않도록 한다. 추월을 하고나서 다시 2차선으로 원위치하여 운전을 하는 습관을 기르는 것이 좋다.

2. 크로아티아에서 스플리트에서 두브로브니크를 가다보면 네움Neum에서 보스니아의 국경을 지나가야 한다. 이때 속도를 줄이고 미리 여권과 렌트카의 서류를 준비해 놓아야 급하게 준비하다가 사고가 날 수 있다.

주유소에서 셀프 주유
크로아티아의 셀프 주유소는 INA라는 주유소가 대부분이다. 기름값은 우리나라와 거의 같다. 크로아티아라고 싼 기름을 바란다면 그 생각은 버려야 한다. 렌트카에서 운전을 하다가 기름이 중간이하로 된다면 주유를 하는 것이 좋다. 기름을 넣는 방법은 쉽다.

1. 렌트한 차량에 맞는 기름의 종류를 선택하자. 렌트할 때 정확히 물어보고 적어 놓아야 착각하지 않는다.
2. 주유기 앞에 차를 위치시키고 시동을 끈다.
3. 자동차의 주유구를 열고 차에서 내린다. (주유구를 여는 방법은 차량마다 다르므로 렌트카를 받을 때 주유구를 여는 방법을 확인해야 착각하지 않는다.)
4. 차량에 맞는 유종을 선택한다.
(렌트할 때 휘발유인지 경유인지 확인한다.)
5. 주유기의 손잡이를 들어 올린다. (혹시 주유기의 기름이 나오지 않을때는 당황하지 말고 눈금이 '0'으로 돌아간 것을 확인한다. 0으로 안 되어있으면 기름이 나오지 않기 때문이다. 잘 모르면 카운터에 있는 직원에게 문의한다.)
7. 주유구에 넣고 주유기 손잡이를 쥐면 주유를 할 수 있다.
8. 주유를 끝내면 주유구 마개를 닫고 잠근다.
9. 카운터로 들어가서 주유기의 번호를 이야기하면 요금이 나와 있다. 이 모든 것을 처음에 잘 모르겠다면 카운터로 가서 설명해달라고 하면 친절하게 설명하고 시범을 보여주기 때문에 걱정하지 않아도 된다. 경유와 휘발유를 구분하지 못해서 걱정하는 여행자들도 있지만, 주로 디젤의 주유기

의 색깔은 "노랑손잡이"이고 녹색이나 청색 손잡이는 휘발유다. 하지만 처음에 기름을 넣을 때는 디젤인지 휘발유인지 확인하고 주유해야 잘못 넣는 경우를 방지할 수 있다.
휘발유에서 옥탄가가 높은 휘발유는 휘발유의 가격이 비싸다. 혹시 잘못 주유했다고 생각하지 않아도 된다. 옥탄가가 높은 휘발유는 가격이 비싸지만 그만큼 먼 거리를 탈 수 있어 결국 가격의 차이는 거의 없다.

주의사항

1. 주유소에 따라 편의점 점원에게 지불하는 방식이 있다. 계산을 점원한테 가서 주유구 번호를 말하고(기계마다 번호가 매겨져 있음) 얼마만큼 넣겠다고 말한 뒤 주유하는 방식이 있는데 이러한 주유소도 많으니 미리 알아두자.
2. 카드를 긁는데 읽지 못하는 경우가 간혹 있다. 안될 때는 직접 점원에게 가서 신용카드로 결제하면 된다.
3. 크로아티아에서 여행할 때는 연료를 넉넉히 채우는 게 좋다. 우리나라처럼 고속도로 곳곳에 주유소가 있지 않다.

교통표지판

각 나라의 글자는 달라도 부호는 같다. 고속도로 표지판에 쓰인 크로아티아어를 못 읽어도 교통표시판은 전 세계를 통일시켜놓아서 큰 문제가 생기지는 않는다. 하지만 고속도로의 입구, 출구를 뜻하는 문자가 크로아티아가 다르고 휴게소를 뜻하는 문자도 다르다. 그래서 표지판을 잘 보고 운전해야 한다.
'P' 는 주차장(휴게소) 표시이고, 주유기 모양이 있으면 주유소와 매점이 있는 휴게소라는 뜻이다. 고속도로 굵은 도로선에서 나가는 화살표가 있으면 출구라는 뜻이고 굵은 도로선 들어가는 화살표가 있으면 입구라는 뜻이다. 도로 아래에 적혀 있는 숫자는 앞으로 남은 거리를 말한다.
고속도로 출구 표시 위에 있는 원 안의 숫자는 인터체인지 번호다. 지도에서도 고속도로 선 위에 잘 보면 인터체인지 번호가 나와 있다. 교통 표지판은 녹색바탕에 하얀 색으로 씌여 있다.

톨게이트에서 통행료 내는 방법

1. 고속도로에 진입하면서 버튼을 누르고 통행권을 발급받는다.

2. 고속도로에서 나오면서 통행료를 지불하게 되는데, 원하는 지불 방식을 택해서 지불하면 된다.(우리나라처럼 HIPASS 구간으로 들어가지 않도록 주의하자.)

▶슬로베니아, 보스니아 출입국 관리소에 보여주는 서류

여권, 차량등록증

▶유료주차장에서 주차하기

1. 라인에 주차를 한다.
2. 주차요금 미터기(Parkini Automat)에 돈을 넣고 원하는 시간을 누른다. 서울이나 부산의 도시안에 주차하는 것보다 주차비가 저렴하다. (평일기준 주차비용: 시간당 6kn)
3. 주차증이 차량의 앞 유리에 보이도록 차량 내부에 놓는다.

▶주차/교통위반 스티커

도로변에는 무인주차 기계가 있다. 동전을 넣으면 넣은 만큼 주차할 수 있다. 시간당 요금은 기계에 나와 있다. 돈을 넣었을 때와 넣지 않았을 때(시간이 지났을 때)는 기계에 표시가 난다. 그래서 단속원이 지나가다 보고 그 앞에 있는 차에 스티커를 붙이고 간다. 주차비가 비싸지 않아서 시간을 충분히 계산하여 주차해야 여행을 하면서 신경쓰지 않고 다닐 수 있다. 〈꽃보다 할배〉라는 프로그램에서도 스페인에서 이서진씨가 주차를 하면서 짧은 시간을 주차를 해놓아 자주 차량으로 가는 장면이 나오는데 충분히 시간을 고려하지않으면 이서진씨와 같은 행동을 하는 자신을 볼 수 있다.

크로아티아에서 한번도 단속경찰에게 걸려서 벌금을 받은 적은 없지만 경찰에 걸렸다면 즉석에서 벌금을 내면 영수증을 떼어준다. 주차위반 스티커를 내기가 어려워 귀국해버리는 경우가 있다. 그러면 다시 해외를 나갈 때 큰 돈을 물어내라고 하거나 다시 해외여행을 나갈때 출입국 심사에서 문제가 될 수도 있으니, 벌금을 내고 인천으로 들어오자. 렌트카일 경우, 렌트카업체에서 결재하는 신용카드에 청구되는 경우도 있다.

▶운전사고

크로아티아에서 운전할 때 고속도로에서 빠른 차들로 위험하다고 하기도 하지만 그렇게 과속하는 자동차가 많지는 않다. 렌트카를 운전할 때 방심하지 않는 한 사고는 거의 일어나지 않는다는 말이 맞다.

자동차 사고는 대부분이 여행의 들뜬 기분에 '방심'하여 사고가 나기 때문이다. 안전벨트를 꼭 매고, 렌트카 차량보험도 필요한 만큼 가입하고 렌트해야 한다. 다른 나라에 가서 남의 차 빌려서 운전하면서 우리나라처럼 편안한 마음으로 운전할 수는 없다. 그러다 오히려 사고가 나니 적당한 긴장은 필수적이다.

그러나 혹시라도 사고가 난다해도 사고 처리는 렌트카에 들어있는 보험이 있으니 크게 걱정할 필요는 없다. 차를 빌릴 때 의무적으로, 나라마다 선택해야 하는 보험을 들으면 거의 모든 것을 해결해 준다.

렌트카는 차량인수시에 받는 보험서류에 유사시 연락처가 크고 굵직한 글씨로 나와 있다. 회사마다 내용은 조금씩 다르지만 크로아티아의 어느 지역에서든지 연락하면 30분정도면 누군가 나타난다. 그래서 혹시 걱정이 된다면 식스트나 허츠같은 한국에 지사를 둔 글로벌 렌트카업체를 선택하면 한국으로 전화를 하여 도움을 받을 수도 있다.

렌트카는 보험만 제대로 들어있다면 차를 본인의 잘못으로 망가뜨렸다고 해도 본인이 물어내는 돈은 없고, 오히려 새 차를 주어 여행을 계속하게 해 준다.

시간이 지체되어 하루 이상의 시간이 걸리면 호텔비도 내주는 경우가 있다. 그래서 렌트카는 차량을 반납할 때 미리 낸 차량보험료가 아깝지만 사고가 난다면 보험만큼 고마운 것도 없다.

크로아티아는 도난이 많은 나라는 아니지만 대한민국 여행객들이 많아짐에 따라 도난사

고도 생겨나고 있다. 만일 처음 크로아티아 여행에서 도난을 당하면 당황스러워진다. 처음 당하면 여행을 마치고 집에 가고 싶은 생각이 굴뚝같아진다. 하지만 크로아티아 여행을 마치고 돌아오기는 쉽지 않고 하루 이틀 지나면 기분도 다시 좋아질 것이다. 그래서 해외여행에서 반드시 필요한 것이 여행자 보험에 가입하는 것이다. "해외에서 도난 시 어떻게 해야할까"를 안다면 남은 여행을 잘 마무리하고 즐겁게 돌아올 수 있다.

크로아티아는 여름 휴가시즌에 도난사고가 많아지고 있다. 크로아티아는 도난사고가 거의 없었던 국가이지만 현재는 도난이 발생하고 있다. 짐이나 지갑을 도난당했다면 근처에 가장 가까운 경찰서를 찾아야 한다. 경찰서에 가서 '폴리스리포트'를 써야 한다. 폴리스리포트에는 이름과 여권번호를 적기위해 여권을 제시하라고 하며 물품을 도난당한 시간과 장소, 사고이유, 도난 품목과 가격 등을 자세히 기입하게 되어 있어 시간이 1시간 이상은 소요가 된다.
폴리스리포트를 쓸 때 가장 조심해야하는 사항은 도난인지 단순 분실인지를 물어보게 된다. 대부분은 도난이기 때문에 'stolen'이라는 단어로 경찰관에게 알려줘야 한다. 단순분실은 본인의 과실이라서 여행자보험을 가입해도 보상받지 못한다. 또한 잃어버린 도시에서 일정상 경찰서를 가지 못하는 경우에는 폴리스리포트를 작성할 수 없다. 폴리스 리포트가 없으면 여행자보험으로 보상을 받을 수 없다.

여행을 끝내고 돌아와서는 보험회사에 전화를 걸어 도난 상황을 이야기하고 폴리스리포트와 해당 보험사 보험료 청구서, 휴대품신청서, 통장사본과 여권을 보낸다. 도난당한 물품의 구매 영수증이 있다면 조금 더 보상받는 데 도움이 되지만 없어도 상관은 없다.
보상금액은 여행자보험에 가입할 당시의 최고금액이 결정되어 있어 그 금액이상은 보상이 어렵다. 보통 최고 50만 원까지 보상받는 보험에 가입하는 것이 일반적이다. 보험회사 심사과에서 보상이 결정되면 보험사에서 전화로 알려준다. 여행자보험의 최대 보상한도는 보험의 가입금액에 따라 다르지만 휴대품 도난은 한 개 품목당 최대 20만 원까지 전체금액은 80만원까지 배상이 가능하다. 여러 보험사에서 여행자보험을 가입해도 보상은 같다. 그러니 중복 가입하지 말자.

교통 표지판

각 나라의 글자는 달라도 부호는 같다. 도로 표지판에 쓰인 교통표지판은 전 세계를 통일 시켜놓아서 큰 문제가 생기지 않는다. 그래서 표지판을 잘 보고 운전해야 한다.

자동차 여행 준비 서류

국제 운전면허증, 국내 운전면허증, 여권, 신용카드

국제운전면허증

도로교통에 관한 국제협약에 의거해 일시적으로 외국여행을 할 때 여행지에서 운전할 수 있도록 발급되는 국제 운전 면허증으로 발급일로부터 1년간 운전이 가능하다. 전국운전면허시험장이나 경찰서에서 발급할 수 있다. 발급 시간은 1시간 이내지만 최근에는 10분 이내로 발급되는 경우가 많다.

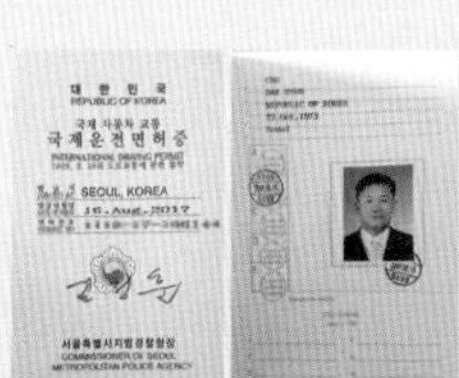

▶준비물 : 본인 여권, 운전면허증, 사진 1매 (여권용 혹은 칼라반명함판)
▶비용 : 8,500원

차량 인도할 때 확인할 사항

차량 확인

렌터카를 인수하는 경우, 꼼꼼하게 **1. 차량의 긁힘 같은 상태를 확인**하는 것은 기본적인 사항이다. 최근에는 차량을 인도받으면 동영상으로 차량의 모습을 가까이에서 찍어 놓으면 나중에 활용이 가능하다. 차체 옆면은 앞이나 뒤에서 비스듬하게 빛을 비추어보면 파손된 부분이 확인된다. 타이어는 **2. 옆면에 긁힘을 확인**하여 타이어 손상에 대비해야 한다. **3. 유리가 금이 가 있는지 확인**해야 한다. 마지막으로 **4. 비상 장비인 예비타이어와 삼각대, 경광봉 등이 있는지 확인**해야 한다.

차량 내부

연료가 다 채워져 있는지 확인하고 주행 거리를 처음에 확인해야 한다. 차량의 내부는 크게 부서진 부분을 확인할 사항은 없지만 청소 상태와 운전할 때의 주의사항은 설명을 듣고 운전을 시작하는 것이 안전하다. 로컬 업체에 예약을 하고 인도하는 경우에는 문제가 있다고 생각 되면 차량 인도전에 확인을 하고 처리를 받고 출발해야 안전하다.

연료

비슷한 모양의 차량이라도 휘발유와 경유가 다르기 때문에 차량 인도 시 연료를 꼭 확인해야 한다. 연비적인 측면에서 경유가 유리하다.

주행 거리

차량의 주행거리를 확인하는 것은 이 차량이 오래된 차량인지 최신 차량인지를 알 수 있는 기본적인 정보이다. 특히 로컬 렌터카 업체에서 예약을 하면 오래된 구식 차량을 인도받을 경우가 많기 때문에 차량의 상태를 확인하는 것이 좋다. 허츠(Hertz)나 식스트(Sixt) 같은 글로벌 렌터카는 구식차량보다는 최근의 차량을 많이 이용하고 있으므로 구식 차량일 경우는 많지 않다. 또한 오래된 차량이면 교체를 해 달라고 요청해도 된다. 대부분 주행거리가 무제한이므로 문제가 되지는 않는다. 무제한이 아닌 경우가 있기 때문에 예약을 할 때 확인하는 것이 좋다.

해외 렌트보험

■ 자차보험 | CDW(Collision Damage Waiver)

운전자로부터 발생한 렌트 차량의 손상에 대한 책임을 공제해 주는 보험이다.(단, 액세서리 및 플렛 타이어, 네이게이션, 차량 키 등에 대한 분실 손상은 차량 대여자 부담)

CDW에 가입되어 있더라도 사고시 차량에 손상이 발생할 경우 임차인에게 '일정 한도 내의 고객책임 금액CDW NON-WAIVABLE EXCESS이 적용된다.

■ 대인/대물보험 | LI(LIABILITY)

유럽렌트카에서는 임차요금에 대인대물 책임보험이 포함되어 있다. 최대 손상한도는 무제한이다. 해당 보험은 렌터카 이용 규정에 따라 적용되어 계약사항 위반 시 보상 받을 수 없다.

■ 도난보험 | TP(THEFT PROTECTION)

차량/부품/악세서리 절도, 절도미수, 고의적 파손으로 인한 차량의 손실 및 손상에 대한 재정적 책임을 경감해주는 보험이다. 사전 예약 없이 현지에서 임차하는 경우, TP가입 비용이 추가 되는 경우가 많다. TP에 가입되어 있더라도 사고 시 차량에 손상이 발생할 경우 임차인에게 '일정 한도 내의 고객책임 금액TP NON-WAIVABLE EXCESS'이 적용된다.

■ 슈퍼 임차차량 손실면책 보험 | SCDW(SUPER COVER)

일정 한도 내의 고객책임 금액(CDW NON-WAIVABLE EXCESS)'와 'TP NON-WAIVABLE EXCESS'를 면책해주는 보험이다.

슈퍼커버SUPER COVER보험은 절도 및 고의적 파손으로 인한 임차차량 손실 등 모든 손실에 대해 적용된다. 슈퍼커버보험이 적용되지 않는 경우는 차량 열쇠 분실 및 파손, 혼유사고, 네이베이션 및 인테리어이다. 현지에서 임차계약서 작성 시 슈퍼커버보험을 선택, 가입할 수 있다.

■ 자손보험 | PAI(Personal Accident Insurance)

사고 발생시, 운전자(임차인) 및 대여 차량에 탑승하고 있던 동승자의 상해로 발생한 사고 의료비, 사망금, 구급차 이용비용 등의 항목으로 보상받을 수 있는 보험이다.

유럽의 경우 최대 40,000유로까지 보상이 가능하며, 도난품은 약 3,000유로까지 보상이 가능하다. 보험 청구의 경우 사고 경위서와 함께 메디칼 영수증을 지참하여 지점에 준비된 보험 청구서를 작성하여 주면 된다. 해당 보험은 렌터카 이용 규정에 따라 적용되며, 계약사항 위반 시 보상받을 수 없다.

TAXI 127
DU 376-FR

크로아티아 한 달 살기

ARTRE

솔직한 한 달 살기

요즈음, 마음에 꼭 드는 여행지를 발견하면 자꾸 '한 달만 살아보고 싶다'는 이야기를 많이 듣는다. 그만큼 한 달 살기로 오랜 시간 동안 해외에서 여유롭게 머물고 싶어 하기 때문이다. 직장생활이든 학교생활이든 일상에서 한 발짝 떨어져 새로운 곳에서 여유로운 일상을 꿈꾸기 때문일 것이다.

최근에는 한 달, 혹은 그 이상의 기간 동안 여행지에 머물며 현지인처럼 일상을 즐기는 '한 달 살기'가 여행의 새로운 트렌드로 자리잡아가고 있다. 천천히 흘러가는 시간 속에서 진정한 여유를 만끽하려고 한다. 그러면서 한 달 동안 생활해야 하므로 저렴한 물가와 주위

에 다양한 즐길 거리가 있는 크로아티아의 도시들이 한 달 살기의 주요 지역으로 2015년부터 주목 받았다. 한 달 살기의 가장 큰 장점은 짧은 여행에서는 느낄 수 없었던 색다른 매력을 발견할 수 있다는 것이다.

사실 한 달 살기로 책을 쓰겠다는 생각을 몇 년 전부터 했지만 마음이 따라가지 못했다. 우리의 일반적인 여행이 짧은 기간 동안 자신이 가진 금전 안에서 최대한 관광지를 보면서 많은 경험을 하는 것을 하는 것이 자유여행의 패턴이었다. 하지만 한 달 살기는 확실한 '소확행'을 실천하는 행복을 추구하는 것처럼 보였다. 많은 것을 보지 않아도 느리게 현지의 생활을 알아가는 스스로 만족을 원하는 여행이므로 좋아 보였다. 내가 원하는 장소에서 하루하루를 즐기면서 살아가는 문화와 경험을 즐기는 것은 좋은 여행방식이다.

하지만 많은 도시에서 한 달 살기를 해본 결과 한 달 살기라는 장기 여행의 주제만 있어서 일반적으로 하는 여행은 그대로 두고 시간만 장기로 늘린 여행이 아닌 것인지 의문이 들었다. 현지인들이 가는 식당을 가는 것이 아니고 블로그에 나온 맛집을 찾아가서 사진을 찍고 SNS에 올리는 것은 의문을 가지게 만들었다. 현지인처럼 살아가는 것이 아니라 풍족하게 살고 싶은 것이 한 달 살기인가라는 생각이 강하게 들었다.

현지인과의 교감은 없고 맛집 탐방과 SNS에 자랑하듯이 올리는
여행의 새로운 패턴인가, 그냥 새로운 장기 여행을 하는 여행자일 뿐이 아닌가?

현지인들의 생활을 직접 그들과 살아가겠다고 마음을 먹고 살아도 현지인이 되기는 힘들다. 여행과 현지에서의 삶은 다르기 때문이다. 단순히 한 달 살기를 하겠다고 해서 그들을 알 수도 없는 것은 동일할 수도 있다. 그래서 한 달 살기가 끝이 나면 언제든 돌아갈 수 있다는 것은 생활이 아닌 여행자만의 대단한 기회이다. 그래서 한동안 한 달 살기가 마치 현지인의 문화를 배운다는 것은 거짓말로 느껴졌다.

시간이 지나면서 다시 생각을 해보았다. 어떻게 여행을 하든지 각자의 여행이 스스로에게 행복한 생각을 가지게 한다면 그 여행은 성공한 것이다. 그것을 배낭을 들고 현지인들과 교감을 나누면서 배워가고 느낀다고 한 달 살기가 패키지여행이나 관광지를 돌아다니는

여행보다 우월하지도 않다. 한 달 살기를 즐기는 주체인 자신이 행복감을 느끼는 것이 핵심이라고 결론에 도달했다.

요즈음은 휴식, 모험, 현지인 사귀기, 현지 문화체험 등으로 하나의 여행 주제를 정하고 여행지를 선정하여 해외에서 한 달 살기를 해보면 좋다. 맛집에서 사진 찍는 것을 즐기는 것으로도 한 달 살기는 좋은 선택이 된다. 일상적인 삶에서 벗어나 낯선 여행지에서 오랫동안 소소하게 행복을 느낄 수 있는 한 달 동안 여행을 즐기면서 자신을 돌아보는 것이 한 달 살기의 핵심인 것 같다.

떠나기 전에 자신에게 물어보자!

한 달 살기 여행을 떠나야겠다는 마음이 의외로 간절한 사람들이 많다. 그 마음만 있다면 앞으로의 여행 준비는 그리 어렵지 않다. 천천히 따라가면서 생각해 보고 실행에 옮겨보자.

내가 장기간 떠나려는 목적은 무엇인가?

여행을 떠나면서 배낭여행을 갈 것인지, 패키지여행을 떠날 것인지 결정하는 것은 중요하다. 하물며 장기간 한 달을 해외에서 생활하기 위해서는 목적이 무엇인지 생각해 보는 것이 중요하다. 일을 함에 있어서도 목적을 정하는 것이 계획을 세우는데 가장 기초가 될 것이다.

한 달 살기도 어떤 목적으로 여행을 가는지 분명히 결정해야 질문에 대한 답을 찾을 수 있다. 아무리 아무것도 하지 않고 지내고 싶다고 할지라도 1중일 이상 아무것도 하지 않고 집에서만 머물 수도 없는 일이다. 크로아티아는 아드리아 해에서의 관광, 다양한 엑티비티, 요리 등 나의 로망인 여행지에서 살아보기, 내 아이와 함께 해외에서 보내보기 등등 다양하다.

목표를 과다하게 설정하지 않기

자신이 해외에서 산다고 한 달 동안 너무 과한 목표로 설정하기에는 다소 무리가 있다. 무언가 성과를 얻기에는 짧은 시간이기 때문이다. 1주일은 해외에서 사는 것에 익숙해지고 2~3주에 현지에 적응을 하고 4주차에는 돌아올 준비를 하기 때문에 4주 동안이 아니고 2주 정도이다. 하지만 해외에서 좋은 경험을 해볼 수 있고, 친구를 만들 수 있다. 이렇듯 한 달 살기도 다양한 목적이 있으므로 목적을 생각하면 한 달 살기 준비의 반은 결정되었다고 생각할 수도 있다.

여행지와 여행 시기 정하기

한 달 살기의 목적이 결정되면 가고 싶은 한 달 살기 여행지와 여행 시기를 정해야 한다. 목적에 부합하는 여행지를 선정하고 나서 여행지의 날씨와 자신의 시간을 고려해 여행 시기를 결정한다. 여행지도 성수기와 비수기가 있기에 한 달 살기에서는 여행지와 여행시기의 틀이 결정되어야 세부적인 예산을 정할 수 있다.

한 달 살기를 선정할 때 유럽 국가 중에서 대부분은 안전하고 볼거리가 많은 도시를 선택한다. 예산을 고려하면 항공권 비용과 숙소, 생활비가 크게 부담이 되지 않는 나라가 크로아티아이다. 크로아티아 중에서 이스트리아 반도의 로비니와 풀라, 달마티아의 자다르와 흐바르, 두브로브니크 밑의 차브타트 등이다. 그 중에서 이스트리아 반도의 로비니는 최근에 한 달 살기 도시로 급부상하고 있다.

한 달 살기의 예산정하기

누구나 여행을 하면 예산이 가장 중요하지만 한 달 살기는 오랜 기간을 여행하는 거라 특히 예산의 사용이 중요하다. 돈이 있어야 장기간 문제가 없이 먹고 자고 한 달 살기를 할 수 있기 때문이다.

한 달 살기는 한 달 동안 한 장소에서 체류하므로 자신이 가진 적정한 예산을 확인하고, 그 예산 안에서 숙소와 한 달 동안의 의식주를 해결해야 한다. 여행의 목적이 정해지면 여행을 할 예산을 결정하는 것은 의외로 어렵지 않다. 또한 여행에서는 항상 변수가 존재하므로 반드시 비상금도 따로 준비를 해 두어야 만약의 상황에 대비를 할 수 있다. 대부분의 사람들이 한 달 살기 이후의 삶도 있기에 자신이 가지고 있는 예산을 초과해서 무리한 계획을 세우지 않는 것이 중요하다.

세부적으로 확인할 사항

1. 나의 여행스타일에 맞는 숙소형태를 결정하자.

지금 여행을 하면서 느끼는 숙소의 종류는 참으로 다양하다. 호텔, 민박, 호스텔, 게스트하우스가 대세를 이루던 2000년대 중반까지의 여행에서 최근에는 에어비앤비Airbnb나 부킹닷컴, 호텔스닷컴 등까지 더해지면서 한 달 살기를 하는 장기여행자를 위한 숙소의 폭이 넓어졌다.
숙박을 할 수 있는 도시로의 장기 여행자라면 에어비앤비Airbnb보다 더 저렴한 가격에 방이나 원룸(스튜디오)을 빌려서 거실과 주방을 나누어서 사용하기도 한다. 방학 시즌에 맞추게 되면 방학동안 해당 도시로 역으로 여행하는 현지 거주자들의 집을 1~2달 동안 빌려서 사용할 수도 있다. 그러므로 자신의 한 달 살기를 위한 스타일과 목적을 고려해 먼저 숙소형태를 결정하는 것이 좋다.

무조건 수영장이 딸린 콘도 같은 건물에 원룸으로 한 달 이상을 렌트하는 것만이 좋은 방법은 아니다. 혼자서 지내는 '나 홀로 여행'에 저렴한 배낭여행으로 한 달을 살겠다면 호스텔이나 게스트하우스에서 한 달 동안 지내는 것이 나을 수도 있다. 최근에는 아파트인데 혼자서 지내는 작은 원룸 형태의 아파트에 주방을 공유할 수 있는 곳을 예약하면 장기 투숙 할인도 받고 식비를 아낄 수 있도록 제공하는 곳도 생겨났다. 아이가 있는 가족이 여행하는 것이라면 안전을 최우선으로 장기할인 혜택을 주는 콘도를 선택하면 낫다.

크로아티아에서는 파란 색의 아파트먼트Apartment나 민박Sobe를 홈페이지에서 찾아 오랜 기간 동안 렌트에 대한 정보를 구할 수 있다.

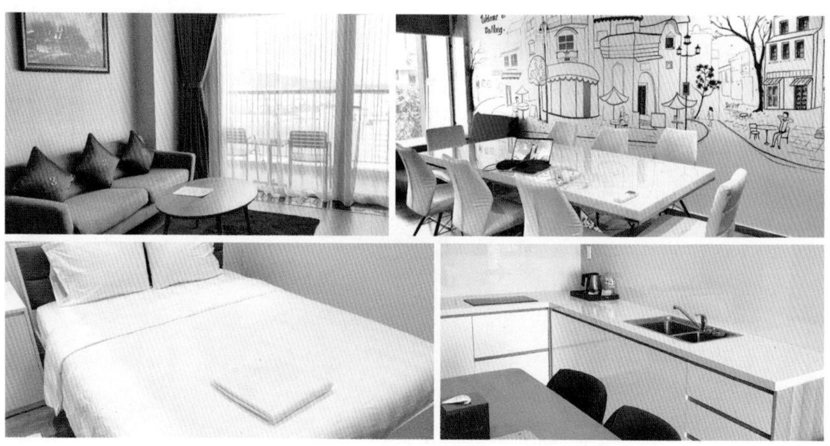

2. 한 달 살기 도시를 선정하자.

어떤 숙소에서 지낼 지 결정했다면 한 달 살기 하고자 하는 근처와 도시의 관광지를 살펴보는 것이 좋다. 자신의 취향을 고려하여 도시의 중심에서 머물지, 한가로운 외곽에서 머물면서 대중교통을 이용해 이동할지 결정한다.

3. 숙소를 예약하자.

숙소 형태와 도시를 결정하면 숙소를 예약해야 한다. 발품을 팔아 자신이 살 아파트나 원룸 같은 곳을 결정하는 것처럼 한 달 살기를 할 장소를 직접 가볼 수는 없다. 대신에 손품을 팔아 인터넷 카페나 SNS를 통해 숙소를 확인하고 숙박 어플을 통해 숙소를 예약하거나 인터넷 카페 등을 통해 예약한다. 최근에는 호텔 숙박 어플에서 장기 숙소를 확인하기도 쉬워졌고 다양하다. 어플마다 쿠폰이나 장기간 이용을 하면 할인혜택이 있으므로 검색해 비교해보면 유용하다.

장기 숙박에 유용한 앱

각 호텔 앱

호텔 공식 사이트나 호텔의 앱에서 패키지 상품을 선택 할 경우 예약 사이트를 이용하면 저렴하게 이용할 수 있다.

인터넷 카페

각 도시마다 인터넷 카페를 검색하여 카페에서 숙소를 확인할 수 있는 숙소의 정보를 확인할 수 있다.

에어비앤비(Airbnb)

개인들이 숙소를 제공하기 때문에 안전한지에 대해 항상 문제는 있지만 장기여행 숙소를 알리는 데 일조했다. 가장 손쉽게 접근할 수 있는 사이트로 빨리 예약할수록 저렴한 가격에 슈퍼호스트의 방을 예약할 수 있다.

호텔스컴바인, 호텔스닷컴, 부킹닷컴 등

다양하지만 비슷한 숙소를 검색할 수 있는 기능과 할인율을 제공하고 있다.

호텔스닷컴

숙소의 할인율이 높다고 알려져 있지만 장기간 숙박은 다를 수 있으므로 비교해 보는 것이 좋다.

4. 숙소 근처를 알아본다.

지도를 보면서 자신이 한 달 동안 있어야 할 지역의 위치를 파악해 본다. 관광지의 위치, 자신이 생활을 할 곳의 맛집이나 커피숍 등을 최소 몇 곳만이라도 알고 있는 것이 필요하다.

한 달 살기는 삶의 미니멀리즘이다.

요즈음 한 달 살기가 늘어나면서 뜨는 여행의 방식이 아니라 하나의 여행 트렌드로 자리를 잡고 있다. 한 달 살기는 다시 말해 장기여행을 한 도시에서 머물면서 새로운 곳에서 삶을 살아보는 것이다. 삶에 지치거나 지루해지고 권태로울 때 새로운 곳에서 쉽게 다시 삶을 살아보는 것이다. 즉 지금까지의 인생을 돌아보면서 작게 자신을 돌아보고 한 달 후 일상으로 돌아와 인생을 잘 살아보려는 행동의 방식일 수 있다.

삶을 작게 만들어 새로 살아보고 일상에서 필요한 것도 한 달만 살기 위해 짐을 줄여야 하며, 새로운 곳에서 새로운 사람들과의 만남을 통해서 작게나마 자신을 돌아보는 미니멀리즘인 곳이다. 집 안의 불필요한 짐을 줄이고 단조롭게 만드는 미니멀리즘이 여행으로 들어와 새로운 여행이 아닌 작은 삶을 떼어내 새로운 장소로 옮겨와 살아보면서 현재 익숙해진 삶을 돌아보게 된다.

다른 사람들과 만나고 새로운 일상이 펼쳐지면서 새로운 일들이 생겨나고 새로운 일들은 예전과 다르게 어떻다는 생각을 하게 되면 왜 그때는 그렇게 행동을 했을 지 생각을 해보게 된다. 한 달 살기에서는 일을 하지 않으니 자신을 새로운 삶에서 생각해보는 시간이 늘어나게 된다. 그래서 부담없이 지내야 하기 때문에 물가가 저렴해 생활에 지장이 없어야 하고 위험을 느끼지 않으면서 지내야 편안해지기 때문에 안전한 도시를 선호하게 된다.

새로운 음식도 매일 먹어야 하므로 내가 매일 먹는 음식과 크게 동떨어지기보다 비슷한 곳이 편안하다. 또한 대한민국의 음식들을 마음만 먹는다면 쉽고 간편하게 먹을 수 있는 곳이 더 선호될 수 있다.

삶을 단조롭게 살아가기 위해서 바쁘게 돌아가는 대도시보다 소도시를 선호하게 되고 현대적인 도시보다는 옛 정취가 남아있는 그윽한 분위기의 도시를 선호하게 된다. 그러면서도 쉽게 맛있는 음식을 다양하게 먹을 수 있는 식도락이 있는 도시를 선호하게 된다.
그렇게 한 달 살기에서 가장 핫하게 선택된 도시는 유럽에서 크로아티아의 스플리트나 자다르가 많다. 위에서 언급한 저렴한 물가, 안전한 치안, 한국인에 대한 호감도, 한국인에게 맞는 음식 등이 가진 중요한 선택사항이다.

크로아티아 한 달 살기 비용

발칸 반도의 크로아티아는 서유럽에 비하면 물가가 저렴한 곳이다. 하지만 저렴하다고 하여 동남아시아처럼 여행경비가 저렴하다고 생각하면 오산이다. 물론 저렴하기는 하지만 '너무 싸다'는 생각은 금물이다.

저렴하다는 생각만으로 한 달 살기를 왔다면 실망할 가능성이 높다. 여행을 계획하고 실행에 옮기면 가장 많이 돈이 들어가는 부분은 항공권과 숙소비용이다. 또한 여행기간 동안 사용할 식비와 버스 같은 교통수단의 비용이 가장 일반적이다. 크로아티아에서 한 달 살기를 많이 하는 도시는 두브로브니크나 스플리트이다. 그래서 스플리트를 기반으로 한 달 살기의 비용을 파악했다.

항목	내용	경비
항공권	두브로브니크로 이동하는 항공권이 필요하다. 항공사, 조건, 시기에 따라 다양한 가격이 나온다.	약 89~130만 원
숙소	한 달 살기는 대부분 아파트 같은 혼자서 지낼 수 있는 숙소가 필요하다. 홈스테이부터 숙소들을 부킹닷컴이나 에어비앤비 등의 사이트에서 찾을 수 있다. 각 나라만의 장기여행자를 위한 전문 예약 사이트(어플)에서 예약하는 것도 추천한다.	한 달 약 500,000~1,500,000원
식비	아파트 같은 숙소를 이용하려는 이유는 식사를 숙소에서 만들어 먹으려는 하기 때문이다. 크로아티아 스플리트에서 마트에서 장을 보면 물가는 저렴하다는 것을 알 수 있다. 외식물가는 나라마다 다르지만 대한민국과 비교해 조금 저렴한 편이다.	한 달 약 400,000~1,000,000원
교통비	각 도시마다 도시 전체를 사용할 수 있는 3~7일 권을 사용하면 다양한 혜택이 있다. 또한 주말에 근교를 여행하려면 추가 교통비가 필요하다.	교통비 200,000~500,000원
TOTAL		150~250만 원

HIPPOS

10-VII — 25-VIII

여권 분실 및 소지품 도난 시 해결 방법

여행에서 도난이나 분실과 같은 어려움에 봉착하면 당황스러워지게 마련이다. 여행의 즐거움은커녕 여행을 끝내고 집으로 돌아가고 싶은 생각만 든다. 따라서 생각지 못한 도난이나 분실의 우려에 미리 조심해야 한다. 방심하면 지갑, 가방, 카메라 등이 없어지기도 하고 최악의 경우 여권이 없어지기도 한다.

이때 당황하지 않고, 대처해야 여행이 중단되는 일이 없다. 해외에서 분실 및 도난 시 어떻게 해야 할지를 미리 알고 간다면 여행을 잘 마무리할 수 있다. 너무 어렵게 생각하지 말고 해결방법을 알아보자.

여권 분실 시 해결 방법

여권은 외국에서 신분을 증명하는 신분증이다. 그래서 여권을 분실하면 다른 나라로 이동할 수 없을뿐더러 비행기를 탈 수도 없다. 여권을 잃어버렸다고 당황하지 말자. 절차에 따라 여권을 재발급받으면 된다. 먼저 여행 중에 분실을 대비하여 여권 복사본과 여권용 사진 2장을 준비물로 꼭 챙기자.

여권을 분실했을 때에는 가까운 경찰서로 가서 폴리스 리포트Police Report를 발급받은 후 대사관 여권과에서 여권을 재발급 받으면 된다. 이때 여권용 사진과 폴리스 리포트, 여권 사본을 제시해야 한다.

재발급은 보통 1~2일 정도 걸린다. 다음 날 다른 나라로 이동해야 하면 계속 부탁해서 여권을 받아야 한다. 부탁하면 대부분 도와준다. 나 역시 여권을 잃어버려서 사정을 이야기했더니, 특별히 해준다며 반나절만에 여권을 재발급해 주었다. 절실함을 보여주고 화내지 말고 이야기하자. 보통 여권을 분실하면 화부터 내고 어떻게 하냐는 푸념을 하는데 그런다고 해결되지 않는다.

여권 재발급 순서

1. 경찰서에 가서 폴리스 리포트 쓰기
2. 대사관 위치 확인하고 이동하기
3. 대사관에서 여권 신청서 쓰기
4. 여권 신청서 제출한 후 재발급 기다리기

여권을 신청할 때 신청서와 제출 서류를 꼭 확인하여 누락된 서류가 없는지 재차 확인하자. 여권을 재발급받는 사람들은 다 절박하기 때문에 앞에서 조금이라도 시간을 지체하면 뒤에서 짜증내는 경우가 많다. 여권 재발급은 하루 정도 소요되며, 주말이 끼어 있는 경우는 주말 이후에 재발급받을 수 있다.

소지품 도난 시 해결 방법

해외여행을 떠나는 여행객이 늘면서 도난사고도 제법 많이 발생하고 있다. 이러한 경우를 대비하여 반드시 필요한 것이 여행자보험에 가입하는 것이다. 여행자보험에 가입한 경우 도난 시 대처 요령만 잘 따라준다면 보상받을 수 있다.

먼저 짐이나 지갑 등을 도난당했다면 가장 가까운 경찰서를 찾아가 폴리스 리포트를 써야 한다. 신분증을 요구하는 경찰서도 있으니 여권이나 여권 사본을 챙기고, 영어권이 아닌 지역이라면 영어로 된 폴리스 리포트를 요청하자. 폴리스 리포트에는 이름과 여권번호 등 개인정보와 물품을 도난당한 시간과 장소, 사고 이유, 도난 품목과 가격 등을 자세히 기입해야 한다. 폴리스 리포트를 작성하는 데에는 약 1시간 이상이 소요된다.

Incident Number: 433537	Date: 2/8/2012.

Information about this incident will be recorded on computer. You will be contacted if there are any further developments. If you need to contact us about this incident, **the most effective way** is to email us at contact@lbp.pnn.police.uk quoting the Captor number shown above. For more general enquiries please look at our website: www.lbp.police.uk. Alternatively you can telephone our communications centre on 0131 311 3131.

Issued By:

Please note that the officer issuing this form may not necessarily be the officer dealing with this incident.

VICTIM SUPPORT - Referral	**YES**

Victim Support is an independent service, which provides free and confidential information and support to victims of crime and advise on compensation and other related matters.

If the Referral box states YES, we will pass your details to Victim Support. If you do not want this to happen, you can tell the person taking this report or telephone **0131-311-3669 (ansaphone)** within 24 hours quoting the Incident Number at the top of this form.

If you want us to pass on your details to Victim Support, please tell the person taking this report. You can also contact the Victim Support Helpline direct on **0845 603 9213**.

ta19 *(11/06)* Lothian and Borders Police

폴리스 리포트 예 : 지역에 따라 양식은 다를 수 있다. 그러나 포함된 내용은 거의 동일하다.

폴리스 리포트를 쓸 때 도난stolen인지 단순분실lost인지를 물어보는데, 이때 가장 조심해야 한다. 왜냐하면 대부분은 도난이기 때문에 'stolen'이라고 경찰관에게 알려줘야 한다. 단순 분실의 경우 본인 과실이기 때문에 여행자보험을 가입했어도 보상받지 못한다. 또한 잃어버린 도시에서 경찰서를 가지 못해 폴리스 리포트를 작성하지 못했다면 여행자보험으로 보상받기 어렵다. 따라서 도난 시에는 꼭 경찰서에 가서 폴리스 리포트를 작성하고 사본을 보관해 두어야 한다.

여행을 끝내고 돌아와서는 보험회사에 전화를 걸어 도난 상황을 이야기한 후, 폴리스 리포트와 해당 보험사의 보험료 청구서, 휴대품신청서, 통장사본과 여권을 보낸다. 도난당한 물품의 구매 영수증은 없어도 상관 없지만 있으면 보상받는 데 도움이 된다.

보상금액은 여행자보험 가입 당시의 최고금액이 결정되어 있어 그 금액 이상은 보상이 어렵다. 보통 최고 50만 원까지 보상받는 보험에 가입하는 것이 일반적이다. 보험회사 심사과에서 보상이 결정되면 보험사에서 전화로 알려준다. 여행자보험의 최대 보상한도는 보험의 가입금액에 따라 다르지만 휴대품 도난은 1개 품목당 최대 20만 원까지, 전체 금액은 80만 원까지 배상이 가능하다. 여러 보험사에 여행자보험을 가입해도 보상은 같다. 그러니 중복 가입은 하지 말자.

크로아티아 도시 이동간 교통

자그레브 교통 시간표

자그레브에서 주요 도시까지 버스 이동 시간

① 자그레브 → 플리트비체 국립공원	약 3시간 30분
② 자그레브 → 자다르	약 3시간 30분
③ 자그레브 → 스플리트	약 5시간
④ 자그레브 → 슬로베니아 류블랴나	약 2시간 30분
⑤ 자그레브 → 두브로브니크 (야간버스)	약 11시간
⑥ 자그레브 → 보스니아 사라예보	약 10시간

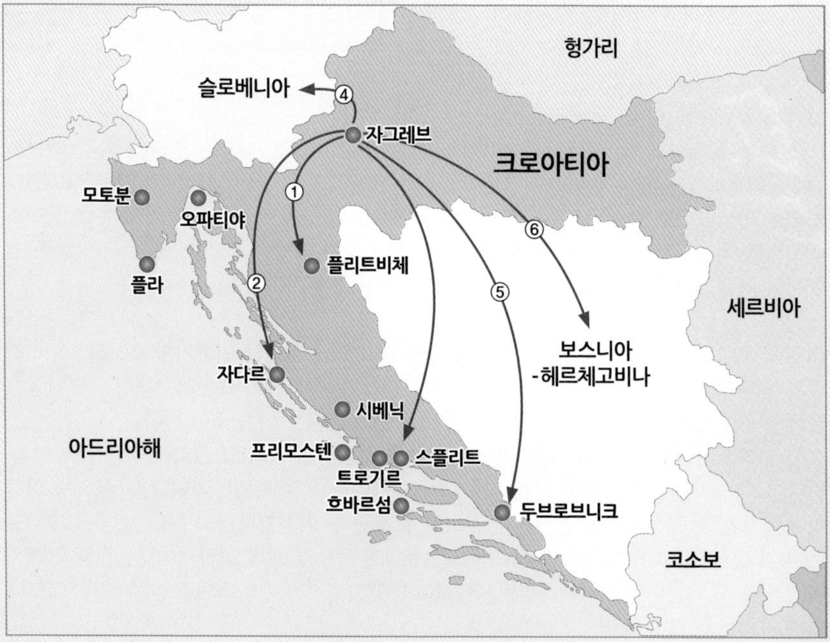

자그레브 철도 시간표

열차 이동 시간

① 자그레브 → 오스트리아 빈	약 6시간 30분
② 자그레브 → 슬로베니아 루블라냐	약 4시간
③ 자그레브 → 헝가리 부다페스트	약 6시간 30분

헝가리
①
③
슬로베니아
②
자그레브
크로아티아
모토분
오파티야
플라
플리트비체
세르비아
보스니아
-헤르체고비나
자다르
시베닉
아드리아해
프리모스텐
스플리트
트로기르
흐바르섬
두브로브니크
코소보

플리트비체 교통 시간표

플리트비체 버스 시간표

자그레브 → 플리트비체 버스 시간표

① 자그레브 ➡ 플리트비체 국립공원		② 플리트비체 ➡ 자그레브			
출 발	도 착	출 발	도 착	출 발	도 착
05 : 45	08 : 15	06 : 50	09 : 30	16 : 45	19 : 00
06 : 30	08 : 55	08 : 30	10 : 50	17 : 15	19 : 05
08 : 15	10 : 20	10 : 15	12 : 30	17 : 15	19 : 50
10 : 30	13 : 00	11 : 00	13 : 30	17 : 50	20 : 20
14 : 15	16 : 45	12 : 50	15 : 10	18 : 05	20 : 50
17 : 45	20 : 00	16 : 15	18 : 20		

플리트비체에서 주요 도시 이동 시간

① 플리트비체 → 자그레브	2시간 30분
② 플리트비체 → 자다르	3시간 30분
③ 플리트비체 → 스플리트	6시간 30분

스플리트 교통 시간표

스플리트 버스 시간표

스플리트 고속버스 시간표

① 스플리트 → 자그레브	약 6~8시간 30분
② 스플리트 → 슬로베니아 루블라냐	약 10시간
③ 스플리트 → 트로기르	약 2~3시간
④ 스플리트 → 자다르	약 2~3시간
⑤ 플리트 → 두브로브니크	약 4~5시간

헝가리
슬로베니아
자그레브
크로아티아
②
모토분
오파티아
①
플라
플리트비체
세르비아
보스니아
-헤르체고비나
자다르
④
시베닉
③
아드리아해
프리모스텐
스플리트
트로기르
흐바르섬
⑤
두브로브니크
코소보

스플리트 페리 시간표

스플리트 → 흐바르 페리 시간표

① 스플리트 → 흐바르				② 흐바르 → 스플리트	
평 일		주 말		출 발	도 착
출 발	도 착	출 발	도 착		
09 : 15	10 : 20	10 : 15	11 : 20	06 : 35	07 : 40
10 : 30	12 : 10	10 : 30	12 : 10	08 : 00	09 : 05
15 : 00	16 : 10	15 : 00	16 : 05	13 : 45	15 : 30
18 : 00	19 : 10	18 : 00	19 : 05	15 : 50	17 : 00

두브로브니크 교통 시간표

두브로브니크 버스 시간표

두브로브니크에서 주요도시 이동 시간

국외

① 두브로브니크 → 모스타르	3시간	150Kn	1일 3회 운행
② 두브로브니크 → 사라예보	5시간	240Kn	1일 2회 운행

국내

③ 두브로브니크 → 자그레브	11시간	280Kn	1일 7~8회 운행
④ 두브로브니크 → 스플리트	4시간 30분	150Kn	1일 19회 운행
⑤ 두브로브니크 → 플리트비체	10시간	360Kn	1일 1회 운행
⑥ 두브로브니크 → 자다르	8시간	200Kn	1일 8회 운행

크로아티아 페리 노선도

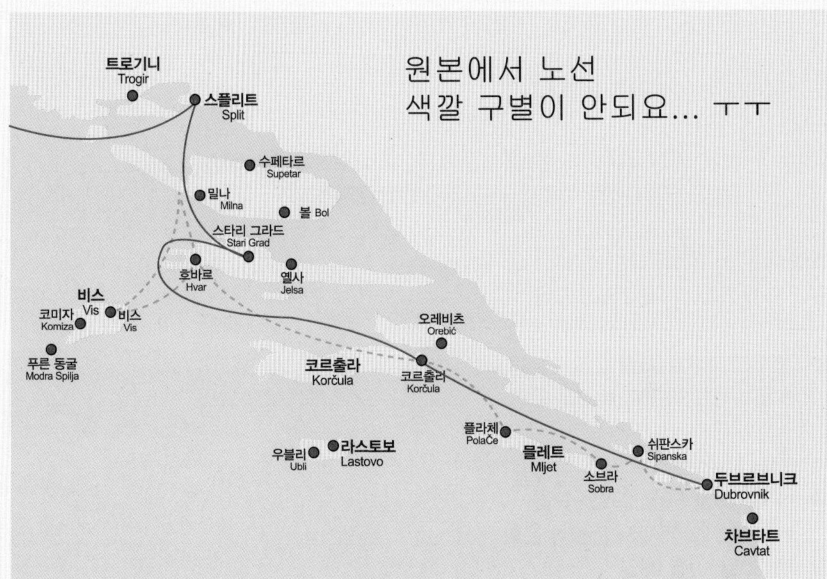

스플리트 – 브라츠 – 호바르 페리 운항 정보

1. 스플리트 ↔ 볼(브라츠)

요금 | 1~5월 29일 / 9월 29일~12월 40Kn
5월 30일~9월 28일 55Kn, 3~12세 일반요금의 50%

스플리트 → 볼(브라츠) → 옐사(호바르)

❶ 1~5월 29일 / 9월 29일~12월
– 월~목 · 토~일 · 공휴일 : 스플리트 16:00 → 볼 17:05/17:10 → 옐사 17:30
– 금 : **스플리트** 16:00 → **볼** 17:35/17:40 → **옐사** 18:00

❷ 5월 30일~9월 28일
스플리트 16:30 → 볼 17:40/17:50 → 옐사 18:10

옐사(호바르) → 볼(브라츠) → 스플리트

❶ 1~5월 29일 / 9월 29일~12월
– 월~토 : 옐사 06:00 → 볼 06:20/06:25 → 스플리트 07:30

– 일 · 공휴일 : 옐사 13:00 → 볼 13:20/13:25 → 스플리트 14:30

❷ 5월 30일~9월 28일

– 월~토 : 옐사 06:00 → 볼 06:20/06:30 → 스플리트 07:40

– 일 · 공휴일 : 옐사 07:00 → 볼 07:20/07:30 → 스플리트 08:40

2. 스플리트 ↔ 수페타르(브라츠)

소요시간 | 50분

요금 | 1~5월 29일 / 9월 29일~12월 : 28Kn, 3~12세 일반요금의 50%

5월 30일~9월 28일 : 33Kn, 3~12세 일반요금의 50%

스플리트 → 수페르타

❶ 1~5월 29일 / 9월 29일~12월

– 16:15~23:59까지 7~9회 운항

❷ 5월 30일~9월 28일

05:15 → 23:59까지 7~9회 운항

수페르타 → 스플리트

❶ 1~5월 29일 / 9월 29일~12월

06:30 → 22:45까지 7~9회 운항

❷ 5월 30일~9월 28일

05:00 → 22:59까지 12~14회 운항

※ 페리 시간과 요금은 달라질 수 있으므로 페리터미널 또는 홈페이지를 통해 다시 한 번 확인하자.
www.jadrolinija.hr

스플리트에서 흐바르 이동 페리

U. T. O 카페탄 루카

U. T. O 카페탄 루카는 시기는 한정적이지만 야드롤리니야보다 빠른 페리를 운행한다.

스플리트 → 두브로브니크 운행시간

운행 | 5월 10일~10월 18일 화 · 목

스플리트 07:30 → 밀나 07:55/08:05 → 흐바르 08:30/08:45 → 코르출라 10:05/10:20 → 두브로브니크 12:00

두브로브니크 16:30 → 코르출라 18:25/18:40 → 흐바르 20:00/20:15 → 밀나 20:45/20:50 → 스플리트 21:15

예약 | www.krilo.hr

구간별 소요시간 및 승선요금

6~9월 요금 및 소요시간	스플리트	밀나	흐바르	코르출라	두브로브니크
스플리트	x	40Kn (25분)	70Kn (1시간)	90Kn (2시간 35분)	170Kn (4시간 30분)
밀나	40Kn	x	70Kn	90Kn	170Kn
흐바르	70Kn	70Kn	x	800Kn	170Kn
코르출라	90Kn	90Kn	80Kn	x	90Kn
두브로브니크	170Kn	170Kn	170Kn	90Kn	x

※ 페리 티켓은 온라인이나 선착장의 매표소 또는 지정 여행사에서 구입이 가능하다.
※ 3~12세 일반의 50%, 3세 미만 무료
※ 페리 요금과 시간표는 변동될 수 있으니 홈페이지를 통해 다시 확인하자.

두브로브니크에서 각 섬 이동 페리

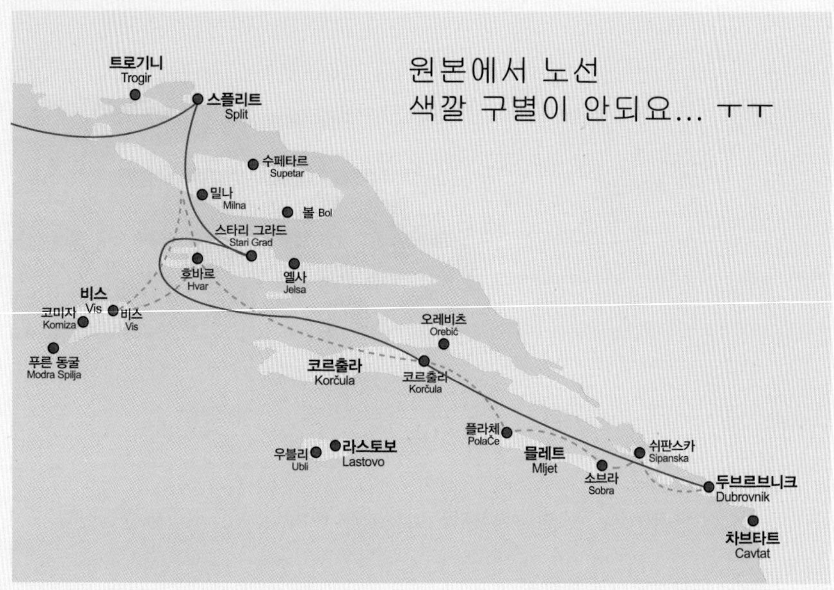

두브로브니크에서 각 섬 이동 페리

	두브로브니크	소브라(믈레트)	플라체(믈레트)	코르출라	우블리(라스토보)
두브로브니크	x	60Kn (45분)	70Kn (1시간 50분)	90Kn (2시간 45분)	95Kn (3시간 56분)
소브라(믈레트)	60Kn	x	35Kn	60Kn	70Kn
플라체(믈레트)	70Kn	35Kn	x	50Kn	70Kn
코르출라	90Kn	60Kn	50Kn	x	60Kn
우블라(라스토보)	95Kn	70Kn	70Kn	60Kn	x

※ 페리 티켓은 온라인이나 선착장의 매표소 또는 지정 여행사에서 구입이 가능하다.
※ 3~12세 일반의 50%, 3세 미만 무료
※ 페리 요금과 시간표는 변동될 수 있으니 홈페이지를 통해 다시 확인하자.
※ 배 시간표 확인 : www.gv-line.hr / raspored.php?line=3&lang=E

1. **두브로브니크 → 소브라(믈레트) → 폴라체(믈레트) → 코르출라**

❶ 1~5월 29일 | 두브로브니크 → 소브라
월~토 : 06:30~07:40, 일: 14:20~15:30

❷ 5월 30일~6월
두브로브니크 09:15 → 소브라 10:15 → 플라체 10:50

❸ 7~8월
월 · 수 · 금~일 : 두브로브니크 09:15/19:10 → 소브라 10:20/20:20 플라체 11:05 → 코르출라 11:50
화 · 목 : 두브로브니크 08:00/19:10 → 소브라 09:05/20:20 → 플라체 09:50 → 코르출라 10:45

❹ 9월 1일~29일
두브로브니크 19:15/18:15 → 소브라 10:15/19:25 → 플라체 10:50

❺ 9월 30일~12월
두브로브니크 14:30 → 소브라 15:40

2. **두브로브니크 → 소브라(믈레트) → 폴라체(믈레트) → 코르출라**

❶ 1~5월 29일 | 소브라 → 두브로브니크
월~토 : 06:30~07:40, 일: 14:20~15:30

❷ 5월 30일~6월
월~토 : 플라체 16:55 → 소보라 06:15/17:35 → 두브로브니크 07:40/18:35
일 : 플라체 16:55 → 소보라 06:30/17:35 → 두브로브니크 07:35/18:35

❸ 7~8월
월 · 금~일 : 코르출라 16:00 → 플라체 16:55 → 소보라 06:15/17:35 → 두브로브니크 07:35/18:35
화 · 목 : 코르출라 16:00→ 플라체 16:55 → 소브라 06:00/17:35 → 두브로브니크 07:20/18:35

❹ 9월 1일~29일
월~토 : 플라체(없음) 16:00 → 소보라 06:15/16:40 → 두브로브니크 07:40/17:40
일 : 플라체(없음) 16:00 → 소보라 06:30/16:40 → 두브로브니크 07:50/17:40

❺ 9월 30일~12월
소보라 06:30 → 두브로브니크 07:40

Zagreb

자그레브

1841

Zagreb
자 그 레 브

크로아티아의 수도인 자그레브, 'Za'는 뒤쪽, 'Greb'는 언덕이라는 뜻으로 뒤쪽에 있는 언덕에 수도가 건설된 셈이다. 자그레브 대성당이 있는 카프톨 언덕, 성 마르코 성당이 있는 그라데츠 언덕의 두 언덕이 자그레브의 중심인 1990년대의 내전을 뒤로 하고 동유럽의 관광대국으로 거듭나고 있는 크로아티아의 수도에서는 많은 건축물과 문화재를 지켜낸 역사의 흔적을 도시 곳곳에서 찾아볼 수 있다.

ZAGREB

자그레브 주는 크로아티아 수도 주변의 푸른 녹색 지역으로 1년 내내 다양한 활동과 역사, 자연의 아름다움을 선사한다. 크로아티아의 녹색 교외 지역을 찾아가 1년 내내 스포츠 활동과, 전통 마을, 산림, 와인 생산지가 즐거움을 선사하는 곳이다. 자그레브 주는 말발굽 모양의 수풀림, 언덕 지역으로 크로아티아의 수도인 자그레브를 둘러싸고 있는 지역이다. 이 지역에는 고대 교회, 성, 전통 마을이 푸르른 녹색 수풀과 산, 포도밭으로 둘러싸여 있다. 와인 여행과 자전거 여행, 고고학 지역, 맛 지역에서 훌륭한 식사도 할 수 있다.
교외 지역에는 전통 마을을 구경하면서 사모보르Samobore에서 바로크식 건축물을 볼 수 있다. 대표 음식인 '크렘니타라Cramnitara'라고 불리는 크림 패스트리 디저트를 베르메 디저트 와인과 함께 맛보는 것으로 인기가 높다. 크리즈의 언덕 마을에 위치한 전통 나무 건축물도 볼 수 있다. 로마 유적지인 벨리카 고리차와 자프레이츠 성과 궁전도 인기 지역이다.

자그레브 주는 비옥한 평야 지대로 포도밭에서 매년 훌륭한 와인을 생산한다. 구불구불한 와인 길을 따라 여행하며 훌륭한 와인도 만나보는 것은 설레는 일이다. 플레이비차 와인 길에는 그라에비나, 리슬링, 소비뇽과 같은 30여 개가 넘는 와인이 생산된다. 사모보르 와인 길에서는 7개의 와이너리가 있다.

자그레브 주에서는 1년 내내 다양한 스포츠도 즐길 수 있는데, 숲을 지나는 승마부터 879m 높이의 야페티츠 언덕에서 즐기는 패러글라이딩도 있다. 크라이츠, 자프레이츠에서 골프도 즐길 수 있다.

크로아티아 여행 잘하는 방법

1. 도착하면 관광안내소(Information Center)를 가자.

어느 도시가 되도 도착하면 해당 도시의 지도를 얻기 위해 관광안내소를 찾는 것이 좋다. 공항에 나오면 중앙에 크게 'i'라는 글자와 함께 보인다. 환전소를 잘 몰라도 문의하면 친절하게 알려준다. 방문기간에 이벤트나 변화, 각종 할인쿠폰이 관광안내소에 비치되어 있을 수 있다. 크로아티아의 수도 자그레브는 공항이 크지 않다. 또한 남부의 유명한 관광도시인 두브로브니크도 공항은 매우 작기 때문에 관광안내소를 찾기는 어렵지 않다.

2. 심카드나 무제한 데이터를 활용하자.

공항에서 시내로 이동을 할 때 택시보다는 공항버스를 이용한다. 저녁에 숙소를 찾아가는 경우에도 구글맵이 있으면 쉽게 숙소도 찾을 수 있어서 스마트폰의 필요한 정보를 활용하려면 데이터가 필요하다. 심Sim카드를 사용하는 것은 매우 쉽다. 매장에 가서 스마트폰을 보여주고 데이터의 크기만 선택하면 매장의 직원이 알아서 다 갈아 끼우고 문자도 확인하여 이상이 없으면 돈을 받는다.

3. 달러나 유로를 '쿠나(kn)'로 환전해야 한다.

공항에서 시내로 이동하려고 할 때 버스를 가장 많이 이용한다. 이때 크로아티아 화폐인 '쿠나(kn)'가 필요하다. 대부분 유로로 환전해 가기 때문에 크로아티아 화폐인 쿠나(kn)로 공항에서 필요한 돈을 환전하여야 한다. 여행 중에 사용할 전체 금액을 환전하기 싫다고 해도 일부는 환전해야 한다. 시내 환전소에서 환전하는 것이 더 저렴하다는 이야기도 있지만 금액이 크지 않을 때에는 큰 금액의 차이가 없다.

크로아티아 화폐로 환전

크로아티아는 '쿠나(kn)'라는 독자적인 화폐 단위를 사용하고 있다. 크로아티아 화폐 '쿠나'는 현지 크로아티아는 쿠나를 사용하기 때문에 크로아티아 여행을 위해서는 쿠나(kn)로 환전을 해야 한다. 우리나라에선 쿠나(kn)로 환전이 불가능하기 때문에 대부분의 여행객들은 유로로 환전한 후 그 금액을 다시 쿠나(kn)로 다시 환전한다.

환율과 수수료를 생각하면 좋은 방법은 아니다. 수수료가 낮은 국제 카드를 가져가 크로티아 현지 ATM에서 쿠나(kn)로 인출하는 것이 보다 편리하고 합리적이다. 공항 ATM기는 수하물 찾는 곳에서 입국장 나가기 전 오른쪽 벤치와 입국장을 나와 출구의 왼쪽에 위치해 있다. 처음으로 인출하는 쿠나kn는 ATM의 최대금액으로 인출하는 것이 편리하다. 최대 금액으로 인출해도 여행하는 중간에 한 번 더 인출하게 되는 경우가 많다.

▶쿠나 환율 확인 : www.xe.com/currency/hrk-croatian-kuna

ATM 사용하는 방법

1. 카드넣고 언어 선택하기 (English)
2. 비밀번호 6자리 누르기(한국에서 정한 비밀번호 뒤에 00 누르기)
3. '현금인출' 선택
4. 금액선택 (공항,은행 내 ATM기 최대인출금액 2000kn, 그 외는 1600kn)
5. 완료

쿠나(kn) 다시 환전

크로아티아 화폐 쿠나(kn)는 대한민국뿐만 아니라 유럽의 다른 나라에서도 사용할 수 없으므로, 남기면 활용이 어렵다. 다시 환전을 하기에는 수수료 비용이 커서 계획된 돈 외에는 직불카드나 신용카드를 사용하는 것도 좋다. 단, 체크카드의 경우는 간혹 은행 점검시간에는 결제가 안 되는 경우도 발생할 수 있고, 카드별 수수료의 차이도 있으니 비교해서 사용해야 한다.

4. 자그레브 공항에서 시내 이동 방법

공항을 나와 출입구 쪽에 있는 노란색 버스와 택시의 그림이 보인다. 시내로 가는 공항버스 정류장은 문을 나가서 오른쪽으로 이동하면 된다. 향해 가야 합니다. 시간이 맞으면 공항버스가 대기하고 있기도 하다. 버스(50 쿠나)는 30분에 한대씩 출발하고 22시 30분이 마지막 출발하는 버스이다. 버스비는 버스 탑승할 때 운전기사에게 구입한다. 짐은 수화물칸에 직접 싣는다.

공항버스는 버스터미널까지만 이동하고 올드 타운으로는 각자 알아서 이동해야 하는 단점이 있다. 버스터미널에서 올드 타운으로는 트램을 타고 이동을 하면 된다. 자그레브 버스터미널에 도착을 하면 아마 버스 승객 모두가 내리기 때문에 같이 하차하면 된다.

2층에 있는 티삭TISAK에서 트램 티켓을 구입하여 탑승한다. 1층 버스터미널 내부의 버스를 타는 정류장에 티삭TISAK이 있다. 하지만 이런 과정이 처음 도착해 이동하는 관광객에게는 복잡한 과정이므로 트램 기사(30분 사용 가능한 1회권 5쿠나)에게 구매하는 것이 가장 편한 방법이다.

버스터미널에서 올드 타운의 반 옐라치치 광장까지 이동하는 6번 트램을 타고 이동하자. 트램을 탑승하면 트램 안의 단말기에 반드시 펀칭해야 한다. 티켓을 넣으면 펀칭이 되어 나온다. 5번째 정류장에서 광장이 나오는 데, 그곳이 반 옐라치치 광장이다.

고르니 그라드
Gornji Gead
크로아타
성 마르크 성당
돌의 문
실연 박물관
혜시계
케이블카와
로트르슈차크 탑
자그레브 대성당
데즈맨 바
돌라치 시장
스웽키 민트
뮐러
반 옐라치치 광장
아트 호텔 라
자그레브 관광청
호텔 두브로브니크
쇼핑 센터르 츠비예트니
토르테 이 투
Klinika za dječje
bolesi Zagreb
공예 박물관
도니 그라드
Dinji Gead
미마라 박물관
The Westin Zsgreb
자그레브 중앙역
니콜라 테슬라 기술 박물관

자그레브 IN

자그레브로 가는 방법

기존의 유럽배낭여행코스에서는 크로아티아로 들어가는 코스가 없었다. 하지만 2012년부터 크로아티아가 알려지기 시작하더니 〈꽃보다 누나〉라는 TV프로그램에 나온 후부터는 유럽의 인기코스가 되어 많이 찾고 있지만, 유럽을 여행하면서 자그레브로 들어가는 것이 쉬운 것은 아니다. 중부유럽 교통의 중심지라고 하지만 유럽의 다른 도시로 이어지기는 쉽지 않은 발칸 반도에 위치해 있기 때문이다.
하지만 저가항공을 이용하여 쉽게 자그레브로 들어갈 수 있으며, 크로아티아는 2008년부터 유레일 패스를 사용할 수 있게 되어 오스트리아 빈이나 헝가리 부다페스트에서 자그레브로 기차로 들어오고 있다. 크로아티아 국내에서는 버스를 이용하여 여행이 가능하다.

공항에서 자그레브 시내 IN

공항 셔틀버스(Pleso prijevoz버스회사)

공항에서 자그레브 시내버스 터미널까지 셔틀버스로 시내버스 터미널Autobusni Kolodvor까지 운행한다. 시내버스 터미널에서 트램 6번을 타고 정류장 3번째를 지나면 중앙역에 도착하고 정류장 5번째를 지나면 구시가의 반 옐라치치 광장에 도착한다.

공항 셔틀버스 정류장은 공항 입국장의 출입구로 가서 차를 기다리면 관광객을 보고 쉽게 찾을 수 있다. 티켓은 운전사에게 구입하면 된다.

▶**운행 :** 05:00~20:00(30분 간격)
▶**요금 :** 30Kn
▶**소요시간 :** 30~40분
▶**홈페이지 :** www.plescoprijevoz.hr

택시

택시요금이 비싸지 않지만 공항 택시는 바가지가 심하다. 공항에서 추천하는 콜택시인 라디오 택시Radio Taksi를 이용하는 것은 비싸기 때문에 왠만하면 타지 않는 것이 좋다. 택시 예약은 공항 관광안내소의 도움을 받으면 된다.

▶홈페이지 www.zagreb-airport.hr

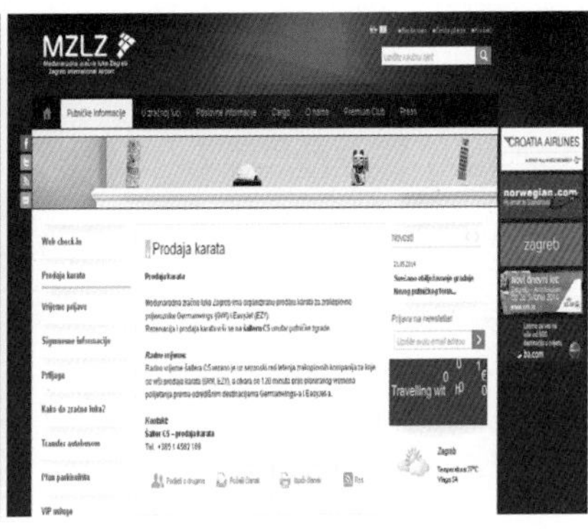

자그레브 버스터미널

▶**라디오 택시 전화 :**
공항에서 01 660 06 71, 01 66 01 235
▶**요금** : 300~350Kn
▶**소요시간** : 20~30분

버스

크로아티아는 전국적으로 버스 노선이 발달해 있어 버스를 잘 사용하면 효율적으로 여행할 수 있다.

▶버스터미널 홈페이지 : www.akz.hr

자그레브에서 주요 도시까지 버스 이동시간

자그레브 ➔ 플리트비체 국립공원	약 3시간 30분
자그레브 ➔ 자다르	약 3시간 30분
자그레브 ➔ 스플리트	약 5시간
자그레브 ➔ 슬로베니아 류블랴나	약 2시간 30분
자그레브 ➔ 두브로브니크 (야간버스)	약 11시간
자그레브 ➔ 보스니아 사라예보	약 10시간

철도

크로아티아는 2008년부터 유레일 패스가 통용되어 자그레브에서 오스트리아 빈, 헝가리 부다페스트, 슬로베니아 류블랴나 등 서유럽 다른 도시로의 이동이 편리해졌다. 베네치아, 뮌헨, 사라예보 구간에서는 야간열차도 운행한다.

국내선은 스플리트 구간 열차가 운행되고 있으나, 편수가 적고 소요시간도 버스보다 길다.
자그레브 중앙역Glavni Kolodvor 정문에서 일직선으로 난 거리를 따라 약 15분 정도 걸어가면 반 옐라치치 광장이 나온다. 중앙역 건너편 트램정류장에서 6번(Crnomerec 방향)이나 13번(Zitnjak 방향)을 타도 반 옐라치치 광장에 도착할 수 있다.

▶중앙역 : www.hznet.hr

열차 이동시간

자그레브 → 오스트리아 빈	약 6시간 30분
자그레브 → 슬로베니아 루블라냐	약 4시간
자그레브 → 헝가리 부다페스트	약 6시간 30분

교통 수단

시내 교통 이용하기

자그레브는 그다지 넓지 않아 걸어서도 여행이 가능하지만 무거운 짐을 가지고 이동할 때는 트램과 버스를 이용해 보자! 자그레브의 대중교통은 ZET에서 관리하고 있다.

승차권 종류
1회권 (Single ticket) / Pojednacne Karte
요금
12Kn (야간 12~4시 20Kn)

자그레브 핵심 도보 여행

자그레브에서 관광을 하려는 부분은 한 곳에 몰려 있지만 하루에 다 보기는 쉽지 않다. 도보로 여행할 정도로 걸어서 다닐 수 있는 장점은 있다. 일리차 거리를 기준으로 위를 업타운Upper Town, 아랫부분을 로워타운Lower Town 이라고 부른다. 첫날에는 업타운을 미술관까지 본다면 하루가 쉽게 지나간다. 다음날 로워타운은 중앙역부터 시작하여 공원을 중심으로 다니게 된다.

베스트 코스 1일차_ 반 옐라치치 광장부터 아침 일찍 시작하는 코스

반 옐라치치광장 → 돌라츠시장→ 성모승천 대성당 → 스톤게이트 → 성 마르크 성당 → 메슈트로비치 아틀리에 → 나이브 아트 미술관 → 로트르슈차크 타워 → 일리차거리를 지나 → 마르살라 티타 광장 → 로세벨토브 광장 → 마주라니체브 광장 → 마르카 라룰리치 광장 → 보타니컬 가든 → 중앙역 → 토미슬라브 광장 → 스트로스마예로브 광장 → 슈비차 즈린스코그 광장 → 반 옐라치치 광장

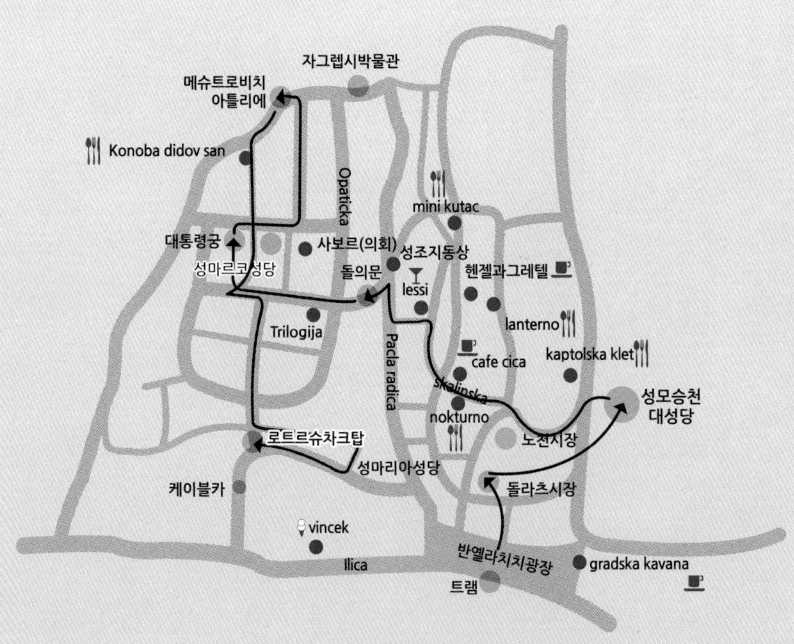

자그레브라는 도시의 상징은 성모승천 대성당이지만, 반 옐라치치광장이 더 자연스럽게 만남의 장소로 이용될지 모른다. 자그레브 시민들의 만남의 장소인 이 곳부터 자그레브 도보여행은 시작된다. 옐라치치장군의 동상을 보고 나면 오른쪽에 만두셰바츠 분수를 확인하고 이동하자. 만두셰바츠 분수는 자그레브라는 이름의 유래가 된 분수로, 자그레브는 샘이라는 뜻에서 시작된 도시로 알려져 있다.

반 옐라치치 동산을 왼쪽으로 끼고 돌아 올라가면 돌라츠 시장이 나온다. 돌라츠 시장은 건물 입구로 들어가면 빵과 고기 등등을 파는 곳이 건물 안으로 들어가 있는데 냉장이나 냉동보관이 필요한 물품들을 팔고 있다. 건물 위로 올라가면 빨간 색의 파라솔로 뒤덮인 과일과 전통물건들을 파는 재래시장인 돌라츠시장이 나온다.
많은 시민들과 관광객들이 자그레브의 활기찬 모습을 볼 수 있지만 여름에 지나가면 더워서 빨리 지나가게 된다. 하지만 아침에 돌라츠 시장을 가게 되면 활기찬 모습과 함께 아침거리를 사서 아침을 숙소에서 해 먹거나 근처에 앉아 산 아침을 먹기에 좋다.

돌라츠 시장

돌라츠 시장을 지나 자그레브 대성당으로 이동하자. 자그레브 대성당이지만 우리에게는 성모승천 대성당이라는 이름으로 더 알려져 있다. 왼쪽 꼭대기의 첨탑이 파괴된 것을 2011년에 복원하여 지금 보이는 첨탑을 구성하고 있고 파괴된 부분은 성당 앞 광장의 오른쪽에 시계와 함께 보도록 되어 있다.

성모승천 대성당은 천년의 세월을 견뎌내면서 변화하면서 지금의 모습을 가지게 되었다. 하나님께 조금 더 가까이 가고자 하는 염원을 담았다고 할 수 있다. 성당만 보고 지나가는 관광객도 많지만, 성당 내부도 유럽의 다른 화려한 성당들과 비교해도 예술성이 떨어지지 않는다.

오른쪽의 캅톨 광장을 건너 카페가 이어진 스칼린스카 거리를 지나 오른쪽으로 올라가서 계단을 올라가 왼쪽으로 돌면 돌로 된 문이 나온다. 여기가 스톤 게이트이다.
1731년 화재로 잿더미가 되었지만 여기의 성모마리아상만 남아 성모의 기적이 일어난 성모마리아의 모습과 기도를 올리는 시민들을 보게 된다. 안으로 들어만 가도 경건한 마음으로 바뀌게 되는 신기한 곳이다.

스톤 게이트를 지나면 맛집으로 유명한 〈트릴로기야Trilogija〉가 나온다. 피곤하고 점심때가 되었다면 코스요리가 싸고 맛있는 이 곳에서 먹고 여행을 계속 하자. 하지만 코스요리로는 가격이 싸지만 배낭여행객에게는 다소 비싸다.
위로 길을 따라 올라가면 커다란 마르코브 광장이 나오는데 이 곳이 성마르크 성당이 있는 곳이다. 성당의 오른쪽에는 사보르인 의회의 건물이 있고 뒤에는 대통령궁이 있다. 그래서 검은 색의 방탄차들과 기자들도 볼 수 있다. 크로아티아의 국기가 그려져 있는 자그레브 성마르크 성당은 특이하게 지붕에 국기가 그려져 있는 성당이지만 촌스럽지 않고 예쁘다.
성 마르크 성당의 뒤쪽으로 나있는 골목을 따라 2블록을 가면 크로아티아의 유명한 조각

가인 메슈트로비치가 살던 집을 개조한 메슈트로비치 아틀리에 미술관이 나온다. 이곳은 자세히 보지 않으면 찾기가 쉽지 않다. 그 옆에 나이브 아트 미술관이 있다. 두 개의 미술관들은 다 봐도 시간이 오래 걸리지는 않을 것이다.

다시 성 마르크 성당으로 돌아와서 정면으로 내려가면 왼쪽에 하얀 색의 조그만 성당이 나온다. 이 성당은 성 마리아 성당으로 왼쪽으로 돌아 내려가면 자그레브 시민들의 데이트 코스가 나온다. 이 곳에서 성모승천 대성당도 보고 시인 마토의 동상에 앉아 쉴 수도 있다. 이 언덕으로 올라가는 곳은 데이트장소로 유명하다. 가끔 웨딩촬영을 하는 모습도 볼 수 있다.

사랑의 자물쇠도 있어 같이 연인이나 부부가 왔다면 사랑의 자물쇠에 사랑을 확인하면 좋은 이벤트가 되지 않을까 싶다.

바로 옆에 있는 자그레브 시내를 한눈에 볼 수 있는 로트르슈차크 타워에 올라가자. 뻥 뚫린 자그레브 시내를 보면 가슴이 탁 트인 기분이 난다. 탑의 남쪽에 일리차(Ilica)거리로 연결되는 케이블카가 운행되고 있다. 로트르슈차크 타워까지 보면 자그레브 시내에서 대부분의 일정은 다 본 것이 된다. 케이블카를 타고 일리차 거리로 가면 페트라 프레라도비

차 광장이 나오는데, 노천 카페나 레스토랑이 많이 있는 활기찬 광장이라 쉬었다가 다음 일정을 해도 좋다. 여름에는 일리차 거리의 유명한 빈책 아이스크림을 먹으며 지나가는 관광객들을 많이 볼 수 있다.

베스트 코스 2일차_ 중앙역부터 시작하는 일정

중앙역 → 보타니컬 가든 → 마르카 라룰리치 광장 → 마주라니체브 광장 → 로세벨토브 광장 → 마르살라 티타 광장 → 성 마르크 성당 →대통령궁 → 메슈트로비치 아틀리에→ 스톤게이트 → 돌라츠 시장 → 성모승천 대성당 → 반 옐라치치광장 → 로트르슈차크 타워 → 슈비차 즈린스코그 광장 → 스트로스마예로브 광장 → 토미슬라브 광장 → 중앙역

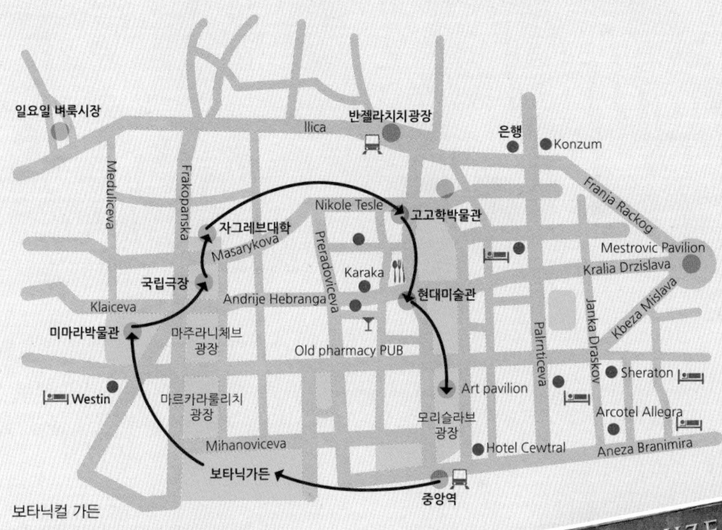

보타닉컬 가든

다음날은 로워타운Lower Town으로 주로 공원을 따라 보게 되는 코스이다. 중앙역 왼쪽에는 보타닉컬 가든이 있다. 관광객은 잘 찾지않지만 새롭게 녹지를 만들어 자그레브 시민에게 돌려주기 위해 만들어진 정원이다.

보타닉컬 가든을 다 보고 위로 올라가면 마르카 라룰리치 광장이 나온다. 이 광장부터 작은 광장들이 로세벨토브 광장과 마르살라 티타 광장이 순서대로 나온다. 그 전에 먼저 미마라 박물관을 보러 가자 자그레브를 대표하는 박물관으로 많은 작품들이 전시되어 있다.
미마라 박물관을 나오면 정면에는 국립극장이 있고 극립극장 정면에 다시 자그레브 대학이 있다. 국립극장은 건물이 아름

나이브 아트 미술관

다워 사진을 찍기에도 좋다. 자그레브 대학을 지나 오른쪽으로 마사니코바 거리로 가자. 마사니코바 거리는 대학생들이 많이 이용하는 젊은이들의 거리로, 위로 계속 올라가면 일리차 거리와도 만난다.

반 옐라치치광장까지 올라가면서 쇼핑을 할 수 있다. 많은 상점들이 활기차게 손님을 맞고 있다. 이 거리를 걸으면서 점심을 먹고 반 옐라치치광장으로 가자.

반 옐라치치광장에서 중앙역쪽으로 계속 직진하면 슈비차 즈린스코그 광장, 스트로스마예로브 광장, 토미슬라브 광장이 나온다. 3개의 광장이 연속해 나오기 때문에 어떤 광장인지는 잘 모르게 된다. 마지막에 토미슬라브 광장의 토미슬라브 동상을 발견하면 건너편에 중앙역이 보여서 다 보고 지나왔다는 사실을 알게 된다.

자그레브는 밤까지 즐기면서 좋은 여행의 추억을 만들 수 있다. 크로아티아는 치안도 좋은 편이기 때문에 걱정하지 않아도 된다. 이렇게 2일을 여행하면 자그레브는 구석구석 다보게 되니 한번 도보로 여행을 시작해 보자.

고르니 그라드
Gornji Grad

'고르니 그라드Gornji Grad'라는 이름으로도 부르는 어퍼 타운Upper Town은 중세 도시의 중심지였다. 높은 언덕 꼭대기에 위치한 이곳에서 현대적인 로워 타운Donji Grad을 내려다볼 수 있다. 자그레브 대성당Zagreb Cathedral, 성 마르코 성당St. Mark's Church 등 중요한 랜드마크가 있는 곳이다. 현대 도시 속의 오래된 도심 형태는 별개의 두 지역이었던 캅톨Kaptol과 그라데츠Gradec가 병합되면서 만들어진 모습이다. 이 오래된 도심의 모습을 보려면 그라데츠Gradec로 들어가는 옛 입구가 돌의 문Stone Gate, Kamenita Vrata이라는 아치 길로 표시된 동쪽을 둘러보면 현재 아치 길은 성모 마리아 성지로 바뀌었다는 것을 알 수 있다. 아치 근처에서 성모 마리아에게 기도하거나 초를 밝히는 순례자들의 모습을 볼 수 있다.

유명한 관광지와 유서 깊은 교회들이 있는 캅톨Kaptol 언덕 꼭대기에 자리하고 있는 인상적인 고딕 양식인 자그레브 대성당을 찾을 수 있다. 다양한 타일 지붕이 특징인 성 마르코 성당과 장식적인 바로크 스타일의 성 캐서린 성당도 주요한 관광지이다. 13세기의 로트르슈차크 탑Lotrščak Tower에서 19세기부터 매일 발사되고 있는 대포 소리도 들어볼 수 있다. 탑의 꼭대기에서 보는 도시 전망은 아름답다.

좀처럼 만나기 힘든 비 오는 날에도 실내에서 즐거움을 만끽할 수 있는 박물관이 있다. 실연한 연인들의 기념품이 전시되어 있는 독특한 실연 박물관Museum of Broken

Relationships과 시립 미술관City Museum에서 다양한 문서, 지도, 예술품, 유물 등을 보면 자그레브의 파란만장한 역사를 알 수 있다. 이 근처는 카페 문화로 유명해서 앉아서 음료를 마실 수 있는 곳을 쉽게 찾을 수 있다. 카페테라스의 의자에 앉아 커피를 마시며 지나가는 사람들을 볼 수 있다. 로어 타운Lower Town에서 어퍼 타운Upper Town으로 갈 때는 행인들을 태우고 가파른 언덕을 올랐던 역사가 깊은 케이블카를 이용할 수도 있다. 버스가 이곳까지 운행하고 있다.

반 옐라치치 광장
Trg Bana Josip Jelacica

자그레브 최고의 번화가로 자그레브여행이 시작되는 곳이기도 하다. 현대적이면서도 고풍스러운 건물들이 상점, 카페등과 같이 늘어서 있다.
1848년 오스트리아-헝가리 제국의 침입을 물리친 영웅 '반 옐라치치'의 이름을 따서 이름지었고 현재 광장 중앙에 그의 기마상이 서 있다. 공산정권시절에는 공화국 광장으로 불렸지만 현재는 예전의 이름을 다시 사용하고 있다.

위치_ 중앙역에서 도보 15분
대부분의 트램이 지난친다.

자그레브 대성당
Zagreb Cathedral

고딕 양식의 쌍둥이 첨탑이 있는 자그레브에 높게 솟은 상징적인 신 고딕양식의 성당은 자그레브에서 가장 눈에 띄는 건축물이다. 캅톨 광장Kaptol Square의 어퍼타운Upper Town에서 눈에 잘 띄는 위치에 있는 자그레브 대성당은 자그레브의 어느 곳에서나 볼 수 있다. 인상적인 신 고딕 건축양식으로 유명하다. 예배 장소로 사용되고 있지만 예배자의 수는 대게 웅장한 건축물을 바라보며 감탄하는 관광객의 수와 맞먹을 정도이다. 상징적인 쌍둥이 탑을 올려다보고 아름다운 스테인드글라스 창문, 정교한 부조, 신 고딕양식의 제단으로 꾸며진 성스러운 내부의 장식을 볼 수 있다.

축복의 '성모마리아 승천 대성당'이라고도 부리는 기념비적인 교회는 지진에 의해 파괴된 옛 건물을 대신하여 19세기 후반에 완공되었다. 재건임무를 맡은 건축

가는 '헤르만 볼레Hermann Bollé'였다. 그는 건물의 대표적인 108m높이의 종탑을 추가했다.

교회 안으로 들어가 5,000명을 수용할 수 있는 넓은 본당을 살펴보면 외부보다는 소박하지만 내부에도 충분히 많은 예술적 요소들이 있다. 특히 신전과 19세기에 만들어진 화려한 스테인드글라스 창은 자세히 살펴볼만한 가치가 있다. 크로아티아의 대주교 알로지에 스테피낙Alojzije Stepinac의 무덤도 꼭 살펴보자.

논란이 많은 그는 제2차 세계대전 당시에 나치 전선의 우스타세Ustaše와 결탁한 혐의로 기소되었으며, 동시에 크로아티아 유대인의 생명을 구하는 데 기여하기도 했다. 그의 무덤은 저명한 크로아티아 조각가 이반 메슈트로비치Ivan Meštrović가 조각한 부조로 장식되어 있다.

교회에는 중요한 종교화도 있다. 성물 안치소에 있는 13세기의 프레스코화와 측면 제단에 있는 독일 르네상스 화가 알브레히트 뒤러Albrecht Dürer의 삼부작을 찾아보고 관광객들도 미사나 가끔 있는 오르간 연주회에 참석할 수 있으므로, 방문하는 시기에 공연이 열리는지 공지사항을 확인하고 참석할 수 있다.

교회는 언덕 꼭대기에 위치해 있고, 첨탑은 도시의 대부분의 지역에서 보이므로 첨탑을 보고 길을 찾아가도 된다.

위치_ 반 옐라치치 광장에서 오른쪽 언덕으로 도보 5분

운영시간_ 10:00~17:00(일 13:00~)

입장료_ 무료

성모승천 대성당 광장 왼쪽의 시계와 조각품은 뭘까?

성모승천 대성당을 다 보고나면 나온 후에 오른쪽에 있는 나무 그늘에 앉아 쉬고 가면 좋다. 나무 그늘 옆에는 탑꼭대기의 모형이 두 개가 있다. 이 모형에 대한 설명과 시계에 대한 이야기가 나온다.

1880년 9월9일 대지진자그레브에는 대지진이 있었는데 자그레브는 성당을 비롯한 대부분이 심각한 피해를 입었다. 성모승천대성당의 시계도 7시 3분 3초에 멈추어 버렸다. 지진 후 150명의 석공들이 성당의 일하여 1901년에 성당은 완공이 되었다. 시간이 지난 후, 공산주의시절에 꼭대기 부분이 마모되고 망가지면서 다시 복원이 되지 못했다.
그러다가 1990년에 다시 복원이 시작되어 2011년 720m의 꼭대기 돌 부분이 완성되었다. 두 개중 왼쪽은 망가진 상태의 꼭대기 부분과 오른쪽에는 새로 복원된 모형이 전시되어 있고 설명이 되어 있다.

돌라츠 시장
Old Dolac Market

1927년부터 시작된 역사가 오래된 시장으로 아침 일찍부터 오후 3시경까지 각종 과일, 야채 등 먹거리와 예쁜 꽃들을 판매하는 재래시장이다. 흥을 돋구는 사람들도 있어 시장의 인간미와 활기를 느낄 수 있다. 시장 입구에 머리에 짐을 이고 있는 아주머니 동상이 있다.

자그레브를 여행할 때 반드시 들러보셔야 할 명소로 신선한 생선, 과일과 꽃다발 등 온갖 물건들을 파는 활기 넘치는 시장에서 현지인들의 삶을 들여다 볼 수 있다. 자그레브 주민들 사이에 섞여 시장 가판대를 둘러보고, 수제 제품을 시음하고 현지의 맛을 경험할 수 있다.

자그레브 주민들의 식탁에 신선한 농산물을 공급하는 돌라치는 80년 이상의 역사를 자랑하는 늘 바쁘고 활력이 넘치는 시장이다. 돌라치는 산지 재배한 농산물, 치즈 등 홈 메이드 음식, 신선한 생선과 유기농 과일과 야채 등을 판매하는 소매상과 농부들이 애용하는 전통 시장이다.

1930년대 시 당국이 최초 설립한 시장은 크로아티아의 정치적 격동과 불안 속에서도 살아남았다. 슈퍼마켓의 수는 날로 증가하고 있지만 넘치는 관광객과 물건을 사러 오는 현지인들로 시장은 문전성시를 이루고 있다.

시장은 실내와 야외, 천막 형태로 펼쳐져 있다. 야외 광장 중앙에서 출발해서 감자와 옥수수, 무화과와 견과류에 이르기까지 형형색색으로 진열된 농산물을 발견할 수 있다. 반 옐라치치 광장으로 통하는 골목에서 우회하면 꽃을 파는 노점상들을 볼 수 있다. 크기와 색이 다양한 꽃과 식물들로 가득한 꽃집들은 시장에서 반

드시 구경할 만한 곳이다.
저녁 준비를 위해 장을 보면서 노점상들과 가격을 놓고 흥정할 수 있다. 즉석에서 먹을 수 있는 길거리 음식도 있다. 노점에서 판매하는 sir i vrhnje(코티지 치즈와 사워 크림)과 다양한 훈제고기를 찾아보자. 시장의 북쪽 끝에는 친구와 가족을 위한 선물, 다양한 기념품과 판매를 위한 기념품뿐만 아니라 맛있는 크로아티아 꿀을 구경할 수 있는 장소가 있다.
돌라츠 시장은 반 옐라치치 광장 북쪽에 있다. 트램을 타고 Trg J. 옐라치치 역에서 하차, 이른 아침부터 대략 15시까지 문을 열고 주말은 오전만 연다.

스톤 게이트(돌의 문)

Kamenita Vrate

돌라츠 시장에서 북쪽으로 그라데츠 언덕의 라디체바Radiceva 거리로 올라가는 골목에 아치형 터널의 스톤 게이트인 돌의 문이 나온다. 반 예라치치광장에서도 보인다.

13세기에는 5개의 문이 있었으나 1731년 화재로 다른 문들은 다 타버리고 성모마리아와 예수 그림이 놓여 있었던 곳만 남았다. 그 이후에 사람들은 작은 제단을 만들어 카톨릭 성지가 되었다. 항상 간절한 기도를 드리는 사람들의 발길로 북적인다.

위치_ 노천시장에서 도보 10분

성 마르코 성당
Crkva Sv.Marka

도시의 상징인 13세기 교회는 사진에 많이 등장하는 형형색색의 지붕 타일로 잘 알려져 있다.
화려한 문장을 묘사한 체크무늬 타일이 있는 성 마르코 성당의 지붕은 시각적으로 매우 인상적이다. 흥미롭게 어우러진 성당의 건축 양식과 여러 중요한 예술 작품들을 자세히 살펴볼 수 있다. 유명한 외관의 사진을 찍고 위병 교대식을 구경하고 칭송 받는 예술가 이반 메슈트로비치Ivan Meštrović의 조각 작품을 감상할 수 있다.
13세기에 지어진 성당은 자그레브에서 가장 오래된 건물 중 하나이다. 처음 건설된 이래로 수 세기 동안 고딕 양식의 아치, 사당, 정문 등 수많은 개량과 증축뿐만 아니라 20세기의 내부 개보수 공사를 거쳤다. 현재의 건물을 둘러보면 종탑의 기반부와 남쪽 벽에 있는 창을 포함하여 원래 건설물의 흔적은 조금 밖에 찾을 수 없다. 성당에 다가가다가 지붕 전체를 볼 수 있는 거리에서 잠시 멈춰 사진을 찍으면서 다가가자. 가까이 다가가 멀리서는 보이지 않는 교회 외관의 세부 장식을 살펴보면 남쪽 문 위의 고딕 양식의 정문은 벽감이 15개이다. 각 벽감에는 14세기의 형상이 정교하게 조각되어 있다. 북서쪽 벽에서 또 다른 문장, 1499년 당시 자그레브의 옛 상징을 찾아볼 수 있다.

성당 문이 열려있으면 내부로 들어가 20세기 재건작업을 확인할 수 있다. 이곳의 벽은 조조 클라코비치Jozo Kljakovic의 프레스코화로 장식되어 있다. 유명한 현대 크로아티아 예술가 이반 메슈트로비치Ivan Meštrović의 조각 작품도 있다.
여름철에는 위병 교대식이 매 주말 정오에 성당 바깥에서 열린다. 성 마르코 성당 입장료는 무료이지만 미사가 열릴 때 방문해야 안으로 들어갈 수 있다. 미사 시간을 미리 확인하고 방문 계획을 세우는 것이 좋다.

타일의 의미

1880년에 다양한 빨간색, 흰색, 파란색 타일을 맞추어 만들어졌으며, 두 개의 상징을 나타내고 있다. 하나는 크로아티아, 달마티아, 슬라보니아의 문장이고 다른 하나는 자그레브 시의 상징이다.

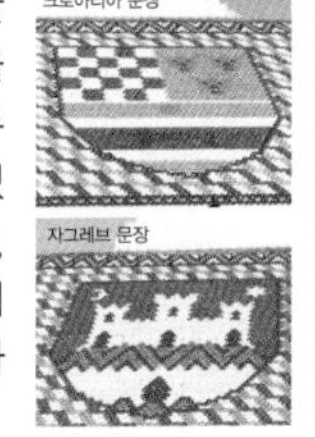

위치_ 스톤게이트에서 도보 7분
운영시간_ 11:00~16:00, 17:30~19:00

사보르(의회)와 대통령궁
Sabor & Banski Dvori

성마르크 성당 앞에 있는 마르코브 광장의 동쪽 측면에는 18세기에 지은 바로크 양식의 건물이 있는데, 1910년 이곳에 의회 건물이 들어섰다. 신고전주의로 지은 이 건물은 성마르크 성당과 잘 어울리지는 않지만 1918년 독립을 선언하여 역사적으로 중요한 건물로 인식되고 있다.

대통령궁은 현재 법원이 들어서 있어 정치적으로 중요한 위치에 3권분립의 중요 건물들이 한 곳에 모여 있다. 그래서 기자들과 방탄차들이 대기하고 있기도 하다.

메슈트로비치 아틀리에
MeštrovićAtelier

크로아티아의 대표적인 조각가 이반 메슈트로비치가 살았던 집을 개조해 만든 미술관으로 조각과, 판화 등의 작품을 전시해 놓았다.
미술관을 들어가지 않더라도 입구만이라도 보고 오자. 입구에도 작품들이 전시되어 볼 수 있도록 해 놓았다.

주소_ Mletaćka ulica 8, 10000, Zagreb

로트르슈차크 타워
Kula Lotrscak

13세기에 지어진 시내에서 가장 오래된 건축물로 멋진 시내 전경을 보기위해 올라가는 탑이다. 아침에 반 예라치치 광장부터 순서대로 보다보면 기다리지 않고 올라가서 시내전경을 감상할 수 있다.

위치_ 성 마르코 성당 근처. 돌의 문에서 도보 7분
운영시간_ 4~10월 화~일 11:00~19:00
입장료_ 10Kn

성 캐서린 성당
Saint Catherine's Cathedral

그냥 지나치기 쉬운 보석인 성 캐서린 성당은 바로크 건축을 잘 보여주는 자그레브에서 가장 오래되고 가장 아름다운 건물로 평가받는다. 하얀 건물의 모습이 순결한 성녀의 모습을 상상하게 만든다. 밖에서 보면 상대적으로 수수한 성 캐서린 성당은 화려한 제단과 매혹적인 착각을 일으키는 그림 등으로 화려하게 장식된 바로크 양식의 내부 장식을 숨기고 있다.
모범적인 바로크 양식의 건축물 안에 보관되어 있는 숨은 보물들을 살펴볼 수 있다. 성당은 원래 1620부터 1632년 사이 예수회에 의해 옛 도미니크회 교회 부지 위에 지어졌다. 원래 예수회의 건물은 지진과 화재로 인해 많은 피해를 입었지만 완벽하게 보수되어 현재는 바로크 양식 교회 건축의 가장 좋은 예 중 하나로 평가받고 있다. 정교하게 장식된 인테리어로 입증되는 장인정신과 예술성에 감탄하게 된다.
하나뿐인 통로가 특징인 작은 교회당 내부를 둘러보면 작은 규모에도 불구하고 구석구석 화려한 장식으로 뒤덮여 있다. 천장과 벽을 돋보이게 하는 호화로운 분홍색과 흰색의 치장 벽토 세공을 볼 수 있다. 이 세공은 원래 있던 장식이 아니라 18세기 초에 추가된 후 장식이다.
가장자리마다 자리해 있는 부속 예배당들 각각에는 바로크 양식의 제단을 세워져 있다. 여섯 개의 제단 중 다섯 개는 나무로, 한 개는 대리석으로 만든 것이다. 성당 뒤편에 있는 착각 그림 기법의 벽화는 놀라운 인위적 원근법 그림의 전형적인 방식이다.
작은 성당이지만 콘서트나 클래식 연주

회가 자주 열리므로 방문 기간 동안 열리는 행사가 있는지 확인하여 아름다운 선율을 들어보자. 또한 평일 저녁과 일요일 아침에 열리는 미사에 참석할 수도 있다.

트롱프뢰유(trompe l'œil)

슬로베니아 화가 프란츠 젤로브섹(Franz Jelovsek)의 작품인 트롱프뢰유(trompe l'œil)는 착각을 주는 기법을 사용한 그림에서 실제로는 2차원에 존재하는 기둥들이 3차원에 존재하는 것처럼 보인다.

위치_ 도니 그라드Donji Grad(Lower Town)에서 카타린인 트라그Katarinin Trg 행 탑승
요금_ 무료

실연 박물관
Museum of Broken Reaationships

혁신적인 아이디어가 담긴 박물관으로 실연당한 연인들이 기증한 인간적인 사랑 이야기를 엿볼 수 있다.

실연 박물관은 사랑의 아픔을 담은 달콤씁사름한 연애편지와도 같다. 이곳의 전시물들은 관계가 끝났을 때와 관련된 감정적인 유물들이다. 각 유물과 관련된 감정적인 이야기를 자세히 알 수 있도록 영어설명이 곁들여 있다.

현지 2명의 예술가가 자신들의 4년 연애를 끝냈을 때, 기발한 박물관의 시작이 되었고 2006년 처음 전시가 시작되었다. 박물관이 있는 웅장한 쿨메르 궁전의 모습을 사진에 담아봐도 좋다. 우아한 외관에는 심플하게 검은 문과 창문이 도드라져 보인다. 안으로 들어가면 실연당한 연인들의 추억으로 가득 찬 박물관이 나온다. 편지와 쪽지들을 구경하고 한때는 행복한 연인이었던 그들의 사진도 볼 수 있

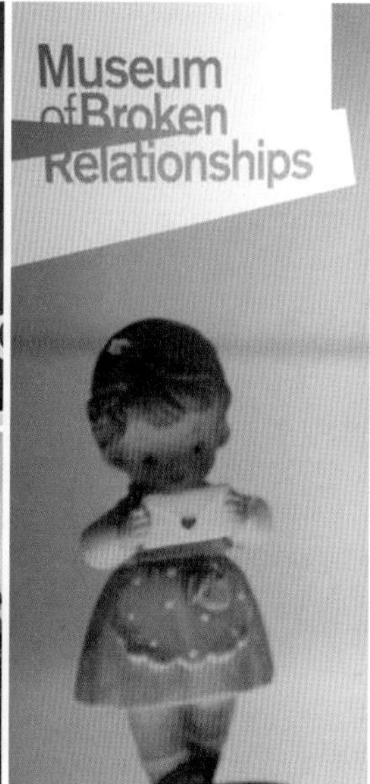

다. 기증자들은 이름을 밝히지 않았지만, 날짜, 위치, 주석 같은 정보들은 남겨주었다. 실연 박물관의 전시물들은 흥미로운 각자의 사연을 갖고 있다. 1990년대 독일에서 3년간의 연애를 추억해 주는 웨딩드레스와 2004년에 1년간의 연애의 종지부를 끝낸 연인들의 핸드폰을 보며 뒷이야기도 읽어보면 사랑이라는 감정을 다시 한 번 생각하게 된다. 2005년, 밝은 오렌지 컬러의 팬티가 왜 이 박물관에 전시되어 있는지 알아보는 것도 흥미롭다.

가상의 웹 전시관에 자신의 추억도 올려 볼 수 있고 사람들의 실연에 대한 자신의 감정을 고백하는 상호작용 비디오도 감상할 수 있다. 자신의 경험을 공유하고, 어떻게 이것이 전시 아이템으로 반영될 수 있는지 확인할 수 있다.

추억에 젖는 동안 브로큰십 카페Brokenships Cafe에서 차 한 잔의 여유도 만끽할 수 있다. 이곳의 기념품 숍에서 'I Love Break Ups'라는 재미있는 글귀가 적힌 티셔츠 등을 가장 많이 구입한다.

실연 박물관 인근에는 성 마르크 교회, 로트르슈타크 탑, 크로아티아 나이브 미술관 등이 있다. 프란코판스카 역까지 트램으로 이동하면 남서쪽의 박물관까지 걸어서 쉽게 올 수 있다.

홈페이지_ www.brokenships.com
위치_ Cirilometodska 2
시간_ 9~21시
전화_ +385-1-4851-021

국립극장

Hrvatsko Narodno Kazaliste

자그레브 최고의 문화적 명소인 거대한 네오 바로크 공연장에서 발레, 오페라, 연극을 관람할 수 있다. 크로아티아 국립극장은 건축학적 명작이자 유명한 공연장이다. 100년도 더 전에 처음 문을 연 이후 세계적으로 유명한 오페라 가수와 발레 댄서들이 공연을 펼쳤다. 외관의 화려함을 감상하고 공연 티켓이나 강당의 화려한 장식을 볼 수도 있다.

자그레브의 아트 파빌리온과 비엔나의 아카데미 극장 등 유명한 건축물들과 동일한 비엔나 건축가 페르디난드 펠너Ferdinand Fellner와 헤르만 헬메르Hermann Helmer가 함께 설계했다.

1895년에 오스트리아 헝가리 제국의 황제 프란츠 요제프 1세에 의해 공식적으로 문을 열었다. 개장식 때 황제는 극장의 완공을 상징적으로 표시하기 위해 은 망치로 벽돌을 치며 마지막 작업을 완료하는

의식을 했다. 지금도 자그레브 시립 박물관에 전시되어 있는 망치를 볼 수 있다.

인상적인 외관과 앞에 서있는 청동상은 세계적으로 유명한 20세기 크로아티아 예술가, 이반 메슈트로비치Ivan Meštrović의 작품으로 인생의 우물Well of Life은 중앙의 우물을 둘러싸고 있는 다양한 인간 군상을 보여준다. 메슈트로비치의 작품 중에서 가장 훌륭한 작품 중 하나로 평가받고 있다.

위치_ 옐라치치 광장에서 도보로 약 10분 거리
트램 Rooseveltov Trg역 하차

미마라 박물관
Mujej Mimara

안테 토피치 미마라Ante Topić Mimara의 개인 소장품을 전시하는 박물관은 1883년에 지어진 멋진 네오르네상스 양식의 학교 건물에 자리하고 있다.
전시관 안에는 기원전 20,000년부터 20세기까지 다양한 지역을 아우르는 3,750점 이상의 귀중한 작품과 전시품들이 있다. 중국 도자기, 델프트 도자기, 유럽의 가구를 감상하고 고야, 르누아, 드가, 마네 등 대가의 작품을 살펴볼 수 있다.

전시관

1, 2층
유럽, 아시아, 중동 지역에서 온 다양한 유리, 도자기 등이 전시되어 있다. 메다르도 로소(Medardo Rosso)와 프랑수아 뒤크누아(François Duquesnoy)의 작품이 전시되어 있는 2층에는 조각 전시품을 볼 수 있다.

3층
각 시대별로 정리된 회화 전시관으로 벨라스케스와 고야의 것으로 여겨지는 작품을 포함하여 벽에 걸려 있는 스페인 대가들의 작품이 있다. 플랑드르, 프랑스와 독일의 대가뿐만 아니라 영국 화가들의 작품들도 볼 수 있다.

위치_ 트램 Marshal Tito Square 하차, 루즈벨트 광장 근처

박물관의 문제

박물관은 부유한 후원자 안테 토피치 미마라(Ante Topić Mimara)의 소장품을 전시하기 위하여 1987년에 설립되었다. 열정적인 크로아티아 태생의 수집가는 수십 년의 해외 생활 후 말년에 자그레브로 돌아왔고 박물관을 만들기 위한 목적으로 자신의 소장품을 도시에 기증했다. 최근 몇 년간 미마라가 소장품을 수집한 수단에 대해 추측이 난무하고 있으며 예술 세계의 많은 작품 중 일부의 신뢰성에 의문이 제기되고 있기도 하다. 이 사실을 유념하면서 둘러보자.

자세한 내용을 알고 싶다면?
스마트폰을 가져와 무료 시청각 가이드를 다운로드하면 편하게 박물관을 볼 수 있도록 제작되어 있어 전시 작품에 대한 자세한 해설을 들을 수도 있다. 무료 WiFi가 지원된다.

나이브 미술관

Croatian Museum of Naive Art

훈련받지 않은 예술가들의 1,500개 이상의 20세기 원시적인 작품과 그림, 도면, 조각, 판화까지 다양하게 전시되어 있다. 크로아티아 나이브 미술관은 특정 학파나 스타일에 속하지 않는 독립 예술가들의 작품을 전시하는 흥미로운 미술관이다. 때문에 이곳의 작품들은 예측불가능하고 매우 독특하다. 비정상적인 구조와 비논리적인 관점으로 완성해낸 사람들이 등장하는 매력적인 그림과 조각상을 찾는다.

크로아티아 국기가 이곳의 큰 나무문 위에서 펄럭이는 것을 볼 수 있는 18세기 라파이 궁에 위치한 나이브 미술관은 노란색과 화이트로 구성된 단순한 외관이 특징이다. 흑백의 벽에 걸려 있는 그림들을 구경하며 내부로 들어간다.

위치_ 자그레브의 역사적인 어퍼 타운에 있는 실연 박물관 옆

주소_ Ulica Sv. Cirila I Metoda

시간_ 화~금요일(월요일 휴관 / 어린이 50% 할인)

전화_ +385-0-485-1911

미술관의 특징

1952년 개관 당시에 "피전트 미술관"으로 알려졌다. 누구나 훌륭한 예술을 창조해 낼 수 있다는 개념을 강조하면서 탄생했다. 이러한 주제를 갖고 있는 세계 최초의 박물관이기도 하다.
엄격한 규칙이 있는 것은 아니지만 대부분의 작품들은 20세기 사실주의에서부터 시작하고 있다. 입체주의, 표현주의, 초현실주의 등의 다양한 운동이 반영된 작품들은 일부 해외 작가들의 작품도 있지만 대부분이 크로아티아 작가들의 작품이다.

가이드 투어

인터넷과 전화로 미리 영어로 된 가이드를 신청하면 나이브 예술의 개별 작품과 주제에 대해서 안내를 받으며 감상할 수 있다.

아트 파빌리온
Art Pavilion(Umjetnicki Paviljon)

대형 전시를 개최할 목적으로 지어진 아르누보식 미술관에서 현대 미술 전시회를 관람할 수 있다. 아트 파빌리온Art Pavilion은 자그레브에서 가장 오래되고 권위 있는 아트 갤러리이다. 도시에서 대규모 예술 전시회를 개최할 목적으로 지어진 유일한 공간으로 자그레브를 상징하는 아르누보 양식의 건물에 자리한 박물관에서 다양한 주제로 진행되는 특별 전시를 감상할 수 있다. 웅장한 건축물을 감상하고 밝은 인테리어를 배경으로 국내,외 예술 전시품을 관람할 수 있다.

아트파빌리온Art Pavilion은 원래 1896년 부다페스트의 밀레니엄 전시회에서 크로아티아 예술가를 홍보하기 위해 임시 구조물로 세워졌다가 전시가 끝난 후 조립식 금속 구조물은 자그레브로 다시 옮겨졌다. 오스트리아 빈의 건축가였던 페르디난트 펠르너와 헤르만 헬르머에게 기존 금속 프레임을 바탕으로 한 신축 건물의 재설계를 의뢰했다.

아트 파빌리온Art Pavilion은 파사드가 밝은 노란색이고 킹 토미슬라브 광장King Tomislave Square 중앙에 위치해 있어 멀리서도 쉽게 알아볼 수 있다. 건물 외관이

다양하고 섬세하게 꾸며져 있으므로 가까이 다가가서 살펴보는 것이 좋다. 파사드Pasade를 자세히 보면 크로아티아와 유럽의 거장이 묘사된 조각상과 흉상이 보인다. 입구 반대편을 보면 파빌리온 건너편 광장에 킹 토미슬라브King Tomislave의 대형 기마상이 서 있다.
과거 파빌리온에서는 미로와 크로아티아 여류화가인 나스타 로흐크 등 유명 예술가들을 중심으로 전시회가 열렸다. 현대 러시아전, 벨라루스, 우크라이나 사진전 등 폭넓은 테마가 전시회의 주제였다.

위치_ 도니 그라드(남부 도시)에서 도보로 이동 가능 / 트램을 타고 자그레브 중앙역(Glavni Kolodvor)에서 하차
주소_ Trg Kralja Tomislava
요금_ 60kn
전화_ +385-1-4841-070

공예미술 박물관
Museum of Arts and Crafts

흡입력 있는 박물관은 의류, 장난감, 가구, 도자기 등 광범위한 컬렉션과 더불어 장식 예술을 집중적으로 전시하고 있다. 특별한 목적을 위해 건립된 웅장한 19세기 건물에 자리 잡은 공예미술 박물관은 광범위한 응용미술 컬렉션으로 방문객들의 호기심을 불러일으킨다. 가구, 악기, 사진 장비, 장난감과 다양한 물건을 소장한 박물관의 진열창에는 과거의 공예품이 진열되어 있다. 크로아티아와 이웃 나라에서 가져온 회화와 조각, 고급 유리잔과 장인이 만든 직물, 시계와 수공예 보물들을 볼 수 있다.

박물관은 대량 생산과 산업화의 시대에 장인과 공예품을 보존하고 활성화시킬 목적으로 1880년에 설립되었다. 안으로 들어가기 전에 도시 내에 특별한 목적을 위해 건립된 몇 안 되는 박물관 중 하나인 독일 르네상스 양식의 건축물을 눈여겨보이게 된다. 자그레브 대성당과 미로고이 묘지 등 여러 다른 유명한 기념비적인 건축물의 건축가인 헤르만 볼레

Hermann Bollé가 설계하여 1882년과 1892년 사이에 건축되었다.

10만 점 이상 되는 4세기부터 현재까지의 소장품 중에서 약 3,000점 정도가 전시되고 있다. 로비에 있는 가이드를 이용하면 커다란 박물관 안에서 어디로 어떻게 이동할지를 계획하는 데 도움이 된다. 약 65,000개의 예술과 공예에 관련된 중요한 내용들이 보관되어 있는 박물관의 도서관에는 가치 있는 고서와 희귀 도서들을 소장하고 있다.
정교한 태피스트리, 목조 와 금동 조각상, 14세기의 종을 만날 수 있는 고딕 양식의 갤러리에서부터 관람을 시작한다. 여기에서는 르네상스, 바로크, 로코코, 신고전주의, 앙피르뿐만 아니라, 아르누보와 아르데코 등 건축 양식이 전시되어 있는 상설 전시관들을 연대순으로 이동하면서 관람하면 된다. 20세기 그래픽 디자인과 제품 디자인을 감상할 수 있는 전시관은 1920년~1990년대까지의 다양한 의자, 유리, 도자기를 볼 수 있다.

홈페이지_ www.muo.hr
위치_ 마샬 티토 광장Marshal Tito Square 안
주소_ Trg Republike Hrvatske 10
시간_ 10~19시(월요일 휴관, 일요일 15시)
전화_ +385-1-4882-111

민속학 박물관
Ethnographic Museum

크로아티아 민족의 문화와 역사를 따라가면 토착민속 의상에서 전통 농기구, 사냥 무기에서 악기에 이르는 다양한 재미있고 인기 있는 일상용품을 구경할 수 있다. 민속학 박물관에서는 시대별로 크로아티아 사람들의 생활상을 보여주고 있다.

1919년에 설립된 민속한 박물관은 그 후로 많은 유물들이 수집되었다. 소장품 대부분은 크로아티아와 인접 국가에서 수집되었지만 일본, 아프리카, 남아메리카 등 먼 지역의 수집품도 있습니다. 80,000점 이상의 소장품 중 일부만이 특정 시기에 전시되고 있다. 전시품을 둘러보면 작은 나라에 있는 지역적, 문화적 다양성에 대해 깊은 통찰력을 가질 수 있다.

크로아티아 전통 의상 전용관인 2층 상설 전시관에서 관람을 시작한다. 소장품은 크로아티아 지역을 중심으로 3가지로 분류된다. 파노니아(내륙 지역), 아드리아 연안 지역과 디나르알프스 산악 지역. 재료, 염료, 장식물 등은 선호하는 지역에 따라 차이가 있다.

폴리네시아, 중국, 아메리카 등지에서 온 해외 유물을 전시하는 1층 전시관은 반드시 구경해야 하는 전시이다. 콩고의 제사용 가면, 일본의 사무라이 무기, 인도의 천, 멜라네시아의 사냥무기 등은 볼 만하다. 수집품 중 대부분은 크로아티아 뱃사람과 탐험가들이 수집한 물건들이 많다.

박물관의 임시 전시회 역시 수집품의 범위가 매우 다양하다. 이전에 개최된 전시회의 주력 수집품은 마케도니아의 민요와 담배에 관한 이야기였다.

홈페이지_ www.mdc.hr
주소_ Mazuranicev trg 14
위치_ 박물관은 트르그 이바나 마주라니카에 위치
시간_ 9~19시(월요일 휴관)
전화_ +385-1-4826-220

현대 갤러리
Moderna Galerija / Modern Gallery

네오 르네상스 궁전에서 상당한 양의 19~21세기 현대 예술 작품 컬렉션을 감상할 수 있는 자그레브 최고의 현대 미술 기관이다. 현대 갤러리는 200년 이상 크로아티아 현대 미술 작품을 전시하고 있다. 수천 점의 작품을 소장한 갤러리는 크로아티아에서 가장 중요한 현대 미술 컬

렉션 중 하나를 보유하고 있다.

드로잉, 회화, 조각에서부터 새로운 미디어 작품에 이르기까지, 상설 전시관에서 750개 이상의 작품을 전시하고 있다. 현대 갤러리에서 작품을 보고 있으면 크로아티아의 사회 변화에 끼친 예술의 영향을 알 수 있게 된다. 몇 시간을 머물면서 크로아티아 현대 미술뿐만 아니라 역사까지 친숙해져 버린다.

박물관은 규모는 작지만 붐비는 일이 거의 없기 때문에 느긋하게 둘러보며 작품에 심취할 수 있는 시간과 공간이 충분하다. 상설 전시를 감상한 후에는 진행 중인 특별 전시를 볼 수 있다. 과거에 박물관에서는 종종 국내와 해외 아티스트의 회고전을 개최했다.

간단한 현대 갤러리의 역사

박물관의 기원은 예술 협회가 계획을 수립하고 작품을 수집하기 시작한 1900년대 초반으로 거슬러 올라간다. 첫 번째 작품을 구입한 것은 1905년이지만 컬렉션은 1914년까지 공개되지 않았다. 당시의 컬렉션은 현재 공예미술 박물관 건물의 전시실 한 곳에 다 전시할 수 있을 정도의 양이었다. 지금은 1934년부터 19세기 후반에 건축된 브라니차니 궁전 안에 자리해 있다.

유명 작품

19세기~21세기 크로아티아 현대 미술이라는 제목의 상설 전시관은 갤러리의 2개 층으로 이어져 있다. 1915년 런던의 빅토리아 알버트 박물관과 1947년 뉴욕의 메트로폴리탄 미술관에서 개인전을 가진 유명한 크로아티아 조각가, 이반 메슈트로비치(Ivan Meštrović)의 작품이 가장 유명하다. 전시되어 있는 다른 저명한 예술가 중에는 프랑코 크리시닉(Frano Krsinić), 미로슬라브 크라례빅(Miroslav Kraljević), 요셉 라치크(Josip Račić) 등도 포함되어 있다. 블라호 부코바츠(Vlaho Bukovac)의 "상여 위의 그리스도(Krist na odru)와 스테판-루피노의 휴식(Resting)"을 포함한 뛰어난 작품들도 꼭 봐야 하는 작품이다.

현대 갤러리는 비오는 오후에 택할 수 있는 최고의 즐길 거리이다. 화창한 여름날에 방문한다면 도시락을 싸와서 인근 즈리네바츠 공원에서 피크닉을 즐기는 것도 좋다. 갤러리는 즈리네바츠 트램 역 옆에 위치해 있기 때문이다.

홈페이지_ www.moderna-gallerija.hr
주소_ Ulica Andrije Hebranga 1
시간_ 11~19시(화~금 / 주말 14시까지 / 월요일 휴관)
요금_ 60kn(어린이, 65세 이상 20kn)
전화_ +385-1-4922-368

자그레브 시립박물관
City Museum

1907년에 지어진 박물관은 현재, 75,000여 점이 넘는 전시품이 있다. 17세기 수도원의 넓은 홀에 기지를 둔 박물관에서 깊이 있는 역사를 알 수 있다. 자그레브 시립박물관에서는 선사시대부터 현재까지의 역사를 접할 수 있는 기회이다. 이전 클라라 수녀회 수도원이었던 17세기의 웅장한 박물관이다. 현지 문화, 경제, 정치에 대한 전시를 보고, 자그레브 커뮤니티를 이해할 수 있는 예술품도 볼 수 있다.
흰색 건물에 붉은색 타일이 있는 심플한 박물관은 배경으로 사진도 이쁘다. 철기

시대 전시관과 같이 주제로 나뉜 전시를 보면 최근에 발견된 보물들이 가득하다. 하나의 전시관에 펼쳐져 있는 19세기 자그레브 마을의 믿을 수 없는 전체 지도도 볼 수 있다. 이곳의 모형 건물은 실제 크기이다.
일리카Ilica 거리에 있던 크로아티아 예술가들의 19세기 숍과 스튜디오를 그대로 재현해 낸 거리를 거닐면 정치적, 종교적 유물들이 전시된 방에서 이전 정치적 운동의 분위기를 느낄 수 있다.
로마 시대 전시관에서 얼마나 크로아티아 지역에 큰 영향을 미쳤는지에 대해서도 알 수 있다. 가난한 여성들을 위한 수녀원이었던 이 박물관의 건물에 대한 전시관도 있다. 자그레브 성당의 재건축에 대해서도 알 수 있는 좋은 기회를 가질 수 있다. 오래된 악기들과 시계들도 구경할 만하다.

홈페이지_ www.mgz.hr
주소_ Opatichka Ulica 20/22
시간_ 9~17시(화~금 / 주말 14시까지 / 월요일 휴관)
요금_ 60kn(어린이, 65세 이상 20kn)
전화_ +385-1-4851-358

기술 박물관
Nicola Tesla Tehnicki Muzej
Technical Museum

독창적인 박물관은 우주선 모델부터 살아 있는 벌을 담은 유리 벌통에 이르는 기술적, 공학적으로 귀중한 전시품을 소장하고 있다. 넓은 공간에 자리한 박물관은 독특하면서 실감나는 작품들을 전시하기 때문에 가족 및 개인 관람객 모두에게 꾸준한 인기를 끌고 있다.

소방과 양봉, 광업과 우주여행까지의 다양한 주제를 비롯해 모든 기술적인 면을 핵심적으로 다루고 있다. 아이들과 함께 흥미진진한 전시관에서 크로아티아의 위대한 과학자인 니콜라 테슬라Nicola Tesla의 기록물을 감상하고 플라네타륨에서 별들

을 관측하며 즐거운 시간을 보낼 수 있다. 박물관은 과학과 공학 기술 관련 분야를 대중들에게 널리 알릴 목적으로 1954년에 설립되었다. 1958년 박물관은 창고 스타일의 목조 건물인 현재의 장소로 이전했다. 원래 자그레브 박람회 유치를 위해 지어진 박물관은 현재의 지위를 유지하고 있지만 실제 귀중한 전시품은 박물관 내부에 보관되어 있다.

박물관 전차를 타고 관람을 하고 방화 전시관에서 불꽃을 억제할 수 있는 여러 방법을 시연해 볼 수 있다. 전시관에는 구형 소방 장비를 비롯해 소방 마차 등 옛날식 소방차가 전시되어 있다. 이곳에서 지질 및 광업 전시관으로 이동하여 과거 광물 및 원석을 채취하는 방법에 대해서도 알 수 있다. 가이드 투어로 박물관 지하 350m 아래로 내려가는 복제 수직 갱도를 둘러보기도 한다.

우주 비행관에 들러 모형 우주선, 로켓 운반 장치와 우주정거장을 보면서 초기 우주여행의 발전 과정을 엿볼 수 있다. 또한 플라네타륨이 있어 반짝이는 별들이 수놓아진 밤하늘을 바라볼 수 있다.

크로아티아 출신 과학자인 니콜라 테슬라의 특별 전시관은 한 번쯤 들러볼 만한 장소이다. 방문 일정을 맞추면 박물관 직원들이 테슬라가 발명한 과학 기구를 사용하여 실험하는 모습을 실시간으로 볼 수 있는 기회도 있다.

위치_ 트램을 타고 Tehnički Muzej에서 하차
주소_ Savska Cesta 18
시간_ 9~17시(화~금 / 주말 13시까지 / 월요일 휴관)
요금_ 20kn(7세 미만 무료)
전화_ +385-1-4844-550

니콜라 테슬라(Nicola Tesla)

세르비아계 미국인 공학기술자이며 테슬라 코일의 개발자이자 교류 전기 보급의 선두주자로 알려져 있다. 그리스 정교 사제인 부모님 밑에서 자라 신학자가 되지 않고 과학자가 된 천재이자 20세기 초 매드 사이언티스트의 전형을 만들어 버린 인물이다.

이름이나 커맨드 앤 컨커 시리즈의 영향인지 러시아 사람으로 오해하는 사람이 많지만 실제로는 러시아에서 공부도 일도 한 적이 없는 세르비아계 오스트리아 제국 출신 미국인이다. 머리도 좋고 말도 잘하고 8개 국어를 하는 언어의 천재이기도 하다 190cm의 장신에 얼굴도 잘생기고 성격도 좋고 옷도 잘 입었다고 전해진다. 음악과 시에도 조예가 깊었다고 하며, 86세까지 오래오래 살았다.

오스트리아 그라츠 종합기술학교에 입학하여 처음에 군 당국으로부터 장학금을 받았으나, 이후에 받지 못하여 졸업을 하지 못하였다. 그 후 프라하 대학을 다녔으나 역시 등록금 문제로 졸업을 하지 못하였다. 미국으로 온 후 에디슨 컴퍼니에서 일했으나, 직류에 올인을 외치는 토머스 에디슨과 대립, 회사를 뛰쳐나와 투자자를 긁어모아 자기 회사를 세운다. 그의 교류 전기에 대한 실험이 성공을 거두고 사람들의 관심을 끌자 많은 투자자들이 몰렸고, 거금의 투자와 특허비 지급을 약속한 웨스팅하우스와 계약을 맺었다. 이후 직류 vs 교류 문제로 에디슨과 엄청나게 싸웠다는 것은 유명한 일로 나중에(1915년) 에디슨과 노벨 물리학상 공동 후보로 올랐을 때 서로 "저 놈이랑 같이 받느니 안 받고 만다"고 악담을 퍼부어 댔다는 루머가 있다.

에디슨과의 관계

테슬라가 에디슨과 여러 모로 대립한 것도 사실이고, 이로 인해 에디슨이 테슬라를 견제하기 위해 전기의자를 제작하고 테슬라의 전기 체계가 위험하다고 주장하고 그것을 실험하는 등 진흙탕 싸움이 있었지만 둘의 갈등에는 부풀려진 면도 적지 않다고 한다.

에디슨이 테슬라와 그가 세운 회사가 자신의 직류전원에 대항하는 교류 전원을 발명하자 그와 그 회사를 비즈니스로 묻어버리려 했으나 에디슨의 라이벌이었던 조지 웨스팅하우스가 그를 받아들인 덕에 실패했던 것은 사실이다. 그런 일 때문에 "에디슨이 뒷 공작으로 테슬라를 몰락시키기 위해 마피아들과 결탁했고 테슬라의 회사를 망하게 할 악의적인 물건을 발명했다"는 소문도 있었고 "전기의자를 만들기 위해 길거리에 돌아다니던 동물들을 싹쓸이했다"는 말도 나돌았을 정도로 험악한 분위기였다.

에디슨과 테슬라는 정작 몇몇 갈등 이후에는 서로 원만한 관계를 유지하고 연락하고 지낸 것으로 밝혀졌다. AC(교류전기)와 DC(직류전기)간의 전류전쟁은 에디슨과 테슬라간의 대립이라기보다는 에디슨과 나중에 테슬라로부터 AC 송전의 특허를 사들인 조지 웨스팅하우스 사이의 대립에 가깝다.

스트로스마예르 거장 갤러리

Strossmayer Promenade

스트로스마예르 거장 갤러리Strossmayer Promenade는 크로아티아 과학예술 아카데미 꼭대기 층에 자리해 있다. 네오르네상스 궁전에 자리한 스트로스마예르 거장 갤러리Strossmayer Promenade에서는 14~20세기 초까지의 유럽 예술을 볼 수 있다. 갤러리에는 우아한 19세기 궁전을 배경으로 고품격 순수 미술작품들이 소장되어 있다. 이탈리아, 프랑스, 스페인, 북유럽, 크로아티아 등지의 화가 작품들을 전시하고 있어 갤러리는 충분한 볼거리를 제공하고 있다. 틴토레토, 소피터 브뢰겔 등 유명 화가들의 작품을 포함해 갤러리의 다양한 소장품이 있다.

갤러리 최초의 컬렉션은 1884년 가톨릭 주교이자 영향력 있는 정치인인 스트로스마예르 주교가 시에 기부한 작품들이다. 묘지공원에 들어서면 유명 조각가 이반 메슈트로비치Ivan Meštrović가 조각한 후원자의 동상을 구경할 수 있다. 스트로스마예르Strossmayer 주교의 최초 기부 이후 작품 후원이 추가적으로 이어졌다. 오늘날 컬렉션은 그림, 조각, 기타 전시물을 포함해서 약 4,000점 정도가 된다. 전시관에 방문하면 200점 이상의 작품이 전시되어 있다.

갤러리가 들어선 건물을 자세히 살펴보면 비엔나 네오르네상스 궁전 양식으로 지어진 건물은 한때 주교의 감독 하에 관리되었다. 아직도 건물에 입주해 있는 크로아티아 과학예술 아카데미를 유치하기 위해 지어졌다.

다양한 유럽 전용관이 마련된 위층에 올라가 갤러리 전시실을 둘러보자. 갤러리는 평소에는 매우 조용하므로 충분한 시간을 갖고 작품을 감상할 수 있다. 벨리니, 안젤리코 등 이탈리아 거장들이 만든 작품들을 보면 감탄이 절로 난다. 플랑드르와 네덜란드, 독일 등지의 화가들이 선보인 작품들과 프랑스, 크로아티아 예술가들의 작품까지 소장되어 있다.

새겨진 돌(Baška Slab)

안뜰의 인테리어를 살펴보면 12세기 글자가 새겨진 돌(Baška Slab)을 발견할 수 있다. 크로아티아 크르크 섬에서 가져온 돌에는 가장 오래된 전형적인 '글라골' 글자가 새겨져 있다. 글라골 문자는 가장 오래된 슬라브 알파벳이다.

홈페이지_ www.hazu.hr
위치_ 즈리네바츠 역 하차
주소_ Trg Nikole Zrinskog 11
시간_ 10~19시(수, 금요일 16시까지 / 주말 13시까지 / 월요일 휴관)
요금_ 30kn
전화_ +385-1-4813-344

자그레브 동주 그라드의 광장과 공원
Dongju Grad

토미슬라브 광장
Tomislav

왕과 이름이 같은 조각상이 웅장하게 서 있는 아름다운 광장에서 도시 전체를 조망해 볼 수 있다. 광장은 공공장소로 서울의 시청광장과 비슷하여 늘 개방되어 있다. 긴 가로수길, 화려한 화단과 인상적인 아트 파빌리온Art Pavilion의 노란색 파사드가 특징인 킹 토미슬라브 광장King Tomislav은 관리가 잘 되어 있는 공공장소이다. 지하 쇼핑몰 근처와 분주한 주요 기차역 건너편에는 사람들이 북새통을 이룬다. 광장 벤치에 앉아서 자그레브 사람들이 서로 어울리는 모습을 지켜볼 수 있는 장소이다.

광장은 프란츠 요제프 1세의 이름을 따서 지어졌다. 오스트리아와 헝가리 제국이 멸망한 후 달마티아와 파노니아 크로아티아를 하나의 크로아티아 왕국으로 통합한 토미슬라브 왕King Tomislav의 이름으로 바뀌었다. 최초의 크로아티아 왕을 기리기 위해 1947년 광장에 웅대한 기념비가 세워지면서 광장이 생겨났다. 광장 남단에 가면 받침대 꼭대기에 말을 탄 왕의 모습이 그려진 거대한 건물을 보게 된다.

광장 북쪽에는 고전적인 건축양식과 아르누보가 혼합된 아름다운 파사드가 있는 아트 파빌리온Art Pavilion이 자리하고 있다. 따뜻하고 햇살이 좋은 여름에 광장에 가서 현지인들과 어울려 잔디밭에서 일광욕과 휴식을 즐기는 모습을 볼 수 있다. 중앙 분수 근처 벤치에 앉아서 또는 한적한

길을 따라 거닐면서 온갖 화사한 꽃들과 잘 손질된 화단을 감상할 수 있다.

광장은 동주 그라드(로어 타운) 주변에 있는 아치 모양의 녹지 지대인 자그레브의 "녹색 말굽"에 자리해 있다. 북쪽이나 서쪽으로 걷다 보면 녹지 지대와 연결되어 있는 다른 공원과 공공장소를 만날 수 있다. 토미슬라브Tomislav 광장은 주요 기차역 근처의 자그레브 광장에서 로어 타운Lower Town에 위치해 있다.

토미슬리브(Tomislav) 광장의 겨울모습

광장에는 스케이트를 탈 수 있는 아이스링크가 개장되고 나무에는 환상적인 축제 분위기에 어울리는 꼬마전구가 매달려 있다. 얼음판 위에서 미끄럼을 타는 사람들을 보면서 축제 분위기를 즐기는 모습을 볼 수 있다. 광장 북단에서 황금 불빛이 밝게 비치는 아트 파빌리온(Art Pavilion)의 웅장한 파사드가 정말 아름답다.

즈리네바츠
Zranjevac

유서 깊은 건물이 자리해 있고 아름다운 분수가 곳곳에 있는 즈리네바츠Zranjevac는 아름다운 조경을 자랑하는 공원으로 현지 주민들이 자주 찾는 휴식처이다. 즈리네바츠Zranjevac는 자그레브 시에 있는 휴양지로 인기가 많다. 로어 타운Loewr Town 한복판에 위치한 즈리네바츠Zranjevac는 깨끗하고 녹음이 푸른 지역으로 곳곳에 수백 년 된 고목들과 분수들이 자리하고 있다.

여름에는 가지가 우거진 나무 그늘 아래에서 내리쬐는 태양을 피할 수 있고 겨울에는 축제 분위기를 한껏 즐길 수 있다.

광장의 공식 이름은 트리 니콜레 수비카 즈린스코그Trg Nikole Šubića Zrinskog이지만 즈리네바츠Zranjevac로 널리 알려져 있으며 길을 물을 때 사용하기에 편한 지명이다. 약 12,500㎡ 규모의 이 아름다운 공원은 휴식을 취하기에 좋은 장소로 도시 여행을 잠시 멈추고 나무가 즐비한 길을 따라 잠시 거닐어 보는 광장이다. 3개의 분수는 구경해 볼만하다. 자그레브 성당을 지은 유명한 건축가인 헤르만 볼레Herman Bole가 이 중 한 개의 분수를 설계했다. '버섯'이라는 애칭을 가진 분수는 독특한 모양 때문에 멀리서도 눈에 띈다.

둘러보다가 공원 북쪽에서 볼레Bole가 설계한 기상 관측 기둥을 볼 수 있다. 공원에 있는 많은 기념비와 같이 부유한 지역 독지가가 기부했다. 기상 관측 기둥은 기온 및 습도 측정에 지금도 사용되고 있다. 기능은 정상이지만 공식 관측한 값과 비교하여 부정확하고 측정값이 달라질 수 있다.

공원 중앙으로 가면 19세기 말에 세워진 뮤직 파빌리온Music Pavilion이 있다. 여름철에는 콘서트가 정기적으로 열리므로 방문 기간 동안 참여할 수 있는 행사가 있는지 확인하는 것도 좋은 경험을 할 수 있다.

일 년 중 공원을 방문하기 가장 좋은 시기는 자그레브 재림절 일정에 따라 상당히 많은 행사가 열리는 겨울이라 할 수 있다. 축제 가판대에서 수공예 장식품과 맛있는 겨울 간식을 구입할 수 있고 파빌리온Pavilion에서 클래식 리사이틀을 라이브로 감상할 수 있다.

위치_ 전차를 타고 즈리네바츠Zranjevac 역에서 하차

즈리네바츠(Zranjevac)의 옛 지명

공원이 들어서기 전에는 뉴 스퀘어(Novi trg)라는 다 무너질 듯한 가축 시장이 들어서 있었다. 19세기 자그레브 시 의회는 시장을 경치 좋은 공원 부지로 옮기고 16세기 크로아티아의 전쟁 영웅인 니콜라 수빅 즈리네스키(Nikola Šubić Zrinski)에게 헌납했다.

자그레브 식물원
Botanički Vrt

그늘진 벤치에 자리를 잡고 앉아 조용하고 평화로운 정원에서 자연을 만끽해 보는 장소이다. 자그레브 식물원에는 10,000여 종의 식물뿐만 아니라 수많은 연못과 화단, 암석정원, 수목원이 있다.
도심에서 사랑스럽고 조용한 공간을 제공하는 잘 조성된 정원은 산책하는 사람, 직장인, 관광객 모두가 평화와 휴식을 얻기 위해 찾아오는 곳이다. 조용히 산책을 즐기고 형형색색의 꽃들을 구경할 수 있다.
정원은 영국의 풍경식 정원 스타일을 바탕으로 1889년에 자그레브 대학의 안툰 헤인즈Antun Heinz 교수에 의해 수립되었다. 1891년에 부지에서 작업에 착수하여 곧 초목을 심기 시작했다. 오늘날의 정원을 거닐면서 영국 풍경 정원 스타일의 전형적인 특징인 자연주의적인 스타일과 불규칙한 선과 모양을 눈여겨볼 수 있다.
부지의 가장 많은 면적을 차지하는 수목원이 있는 정원은 50,000㎢(5Ha)에 가까운 거리에 펼쳐져 있다. 곡선 경로를 따라 걸어가서 잎이 무성한 나무와 관목의 다양한 식물들을 확인할 수 있다. 이중에는 페르시아어 철목, 침엽수, 낙엽송, 회화 나무 등이 있다. 특히 찾아볼만한 또 다른 구역으로는 귀중한 크로아티아 토착 식물 컬렉션이 있는 3개의 암석정원이 있다.
수련 잎이 수면에 떠 있는 목가적인 연못 근처의 벤치에서 빈자리를 찾아서 앉아 수련을 보면 마치 모네의 수련을 보는 것 같다. 주위를 둘러보다 보면 종종 다양한 꽃과 나무, 관목의 아름다운 색상과 질감, 무늬를 담기 위해 찾은 화가와 사진작가들을 볼 수 있다. 공원 안에는 대학에서 사용하는 여러 온실도 자리해 있지만 이곳은 일반에 공개되어 있지 않다. 1년 중 가장 좋은 방문 시기는 정원의 빛깔이 특히 더 화려해지는 봄과 가을이다.

암석정원

자그레브의 인기 있는 Eating 베스트 5

트릴로기야(Trilogija - Vino & Kuhinja)

돌의 문을 지나면 바로 발견할 수 있는 식당으로, 대부분의 메뉴가 고르게 맛있고 직원이 친절하여 한국 관광객들에게 인기가 있는 음식점이다.

신선하고 질 좋은 음식을 선별해 제공하는 곳이지만, 특별한 맛집이기 보다는 기분 좋게 식사하기에 좋은 레스토랑이다. 스테이크가 가장 호평을 받는 곳으로 한국인들은 참치나 소고기 스테이크, 그릴치즈를 시키는 편이다.

홈페이지_ trilogija.com **주소_** Kamenita ul. 5 **위치_** 돌의 문 인근
영업시간_ 월~토 11:00~23:00 / 일요일 11:00~17:00
요금_ 에피타이저 80kn~ / 메인요리 96kn~ **전화_** 01-4851-394

녹투르노(Nokturno)

돌라츠 시장에서 내려가는 골목에 레스토랑이 몰려 있는 장소에 있어서 저녁에 분위기 있는 식사를 하고 싶은 관광객에게 인기가 높다. 아침 8시부터 오픈하였지만 최근에는 10시는 되야 문을 열고 있다. 양이 많은 리조또가 유명하다.
현지인들보다는 관광객을 대상으로 영업을 하고 있다. 대부분의 손님들은 피자와 리조또, 파스타를 주로 먹는다. 종업원도 친절하고 가격도 비싸지 않은 레스토랑이다.

주소_ Skalinska 4, Zagreb
위치_ 돌라츠 시장 뒷골목 경사진 거리
영업시간_ 월-토 10:00~23:00 / 일요일 11:00~17:00
요금_ 메인 요리 80kn~

카푸치네르(Capuciner)

동일한 메뉴를 파는 자그레브의 다른 식당들에 비해 저렴한 식당. 식당도 깔끔하고 분위기 좋은 곳으로 기분 좋게 식사할 수 있는 곳이다. 바깥쪽에서는 피자를 판매하고, 안쪽에서는 스테이크를 판매하는 곳으로 나누어져있다.

대단한 맛집까지는 아니지만 맛 좋게 식사할 수 있는 음식점으로, 피자나 스테이크 모두 양이 많은 편이라 만족도가 높은 곳이다. 한국인 입맛에 맞는 메뉴는 트러플 소스 비프 스테이크나 립아이 스테이크, 스테이크 꼬치 등이므로 주문 시 참고하자.

홈페이지_ capuciner.hr **주소_** Kaptol ul. 6 **위치_** 오토 앤 프랭크에서 도보 약 3분
영업시간_ 월~토 10:00~24:00 / 일요일 12:00~23:00
요금_ 피자류 55kn~ / 스테이크류 145kn~ **전화_** 01-4810-487

로켓 버거(Rocket Buger)

자그레브의 맛있는 수제버거 전문점으로 현지인들이 좋아하고 자주 찾는 곳이다. 육즙이 살아있는 100퍼센트 소고기 패티, 홈메이드 피클을 사용한 맛있는 햄버거와 친절한 직원들이 있는 곳으로 재방문율도 높다. 배부르게 먹기엔 약간 작기 때문에 배가 좀 고프다면 10kn를 추가하여 더블로 바꾸자. 가볍게 끼니를 때우거나 허기를 면하고 싶을 때 추천하는 곳으로, 인기가 있는 메뉴는 클래식버거와 로켓버거다.

홈페이지_ facebook.com/rocketburgerzagreb/ **주소_** Ul. Ivana Tkalčića 50
위치_ 오토 앤 프랭크에서 도보 약 2분
영업시간_ 11:30~23:00 **요금_** 클래식버거 45kn~ / 로켓버거 55kn / 프렌치프라이 20kn~
전화_ 01-4845-386

두브라브킨 풋(Dubravkin put)

2018년에 미슐랭 가이드에 소개된 식당으로 영국의 언론사 가디언에서 선정한 자그레브 최고의 레스토랑 10곳에 선정된 곳이다. 단품 요리와 코스 요리 모두 판매하는 레스토랑으로, 특별히 눈여겨볼만한 점은 코스 요리를 제공하는 자그레브의 다른 식당에 비하여 저렴한 가격에 코스 요리를 맛볼 수 있다는 것이다. 메인 메뉴는 스테이크나 파스타가 좋으며, 디저트가 맛있는 곳으로 소문이 나있으므로 디저트도 하나쯤 시켜 먹으며 식사를 완벽하게 마무리해보자.

홈페이지_ dubravkin-put.com **주소_** Dubravkin put 2
위치_ 성 마르카교회에서 도보로 약 10분
영업시간_ 11:00~24:00 / 일요일 휴무 **요금_** 런치 메인요리 120kn~ / 디너 메인요리 165kn~ / 5코스 445kn
전화_ 01-4834-975

빈첵 슬라스틱차르니사(Vincek slasti arnica)

자그레브를 방문한 관광객들에게 젤라또 맛집으로 유명한 디저트 카페. 자그레브 내에만 여러 개의 매점이 있을 정도로 인기가 있는 곳이며, 일리차 거리에 있는 지점이 가장 방문하기 쉽다.

언제나 사람들의 대기 줄로 가득한 이곳은 40여 가지가 넘는 젤라또가 있으며 케이크 맛도 좋은 편이다. 추천하는 아이스크림 메뉴는 가게 이름을 딴 시그니처 아이스크림인 빈첵(초코맛)맛과 레몬맛, 딸기맛이며, 케이크는 크림 케이크를 꼭 먹어보자.

홈페이지_ vincek.com.hr **주소_** Ilica 18
위치_ 바탁 그릴에서 도보 약 3분
요금_ 아이스크림 9kn~ / 케이크 10kn~ **영업시간_** 08:00~24:00
전화_ 020-321-724

EATING

진판델스 레스토랑
Zinfandel's Restaurant

중앙역에서 가까운 자그레브 럭셔리 호텔 에스플라나드 자그레브 호텔의 메인 레스토랑이다. 크로아티아의 최고 셰프로 손꼽히는 아나 그라기체가 수석 셰프로 있는 곳으로 세계 유명 인사들이 즐겨 찾는 곳이다.

코스 요리 뿐만 아니라 단품 메뉴도 준비돼있으며, 크로아티아 전통 요리를 현대적으로 재해석해 아름답게 꾸며낸 음식들은 눈도 입도 즐거울 것. 음식은 해산물 요리가 좋으며, 와인과 디저트가 맛있는 곳으로 꼭 맛보기를 추천한다.

홈페이지_ zinfandels.hr
주소_ Ul. Antuna Mihanovića 1
위치_ 자그레브 중앙역에서 도보 약 5분, 에스플라나드 자그레브 호텔 내 위치
영업시간_ 월~토 06:00~23:00
일요일 06:30~23:00
요금_ 스타터 145kn~ / 메인요리 240kn~
4코스 620kn
전화_ 01-456-6644

프리 즈본쿠
Pri zvoncu

맛있는 고기를 원없이 먹고 싶을 때 가장 추천하는 레스토랑. 현지인들이 자주 가고 맛집으로 추천하는 이 식당은 구사가지 관광지와 다소 떨어져있지만 맛과 양으로 봤을 때 방문 가치가 충분한 곳이다. 돼지고기와 소고기부터 시작해 닭고기, 양고기, 칠면조까지 고기란 고기는 다 맛볼 수 있는 곳으로 메뉴가 굉장히 다양하다. 혼자 방문했다면 원하는 고기 중 메뉴를 추천받아 먹거나, 2명 이상 방문했다면 2인용 메뉴를 시켜 여러 가지 고기를 먹어보자.

홈페이지_ prizvoncu.com
주소_ Ul. Vrbik XII 1
위치_ OMMA에서 도보 약 12분
영업시간_ 11:00~23:00
요금_ 요리류 75kn~ / 2인용 믹스 그릴 122kn~
전화_ 091-6198-473

비 041
b 041

현지인들이 좋아하고 추천하는 디저트 카페이다. 젤라또 맛도 괜찮지만 케이크가 맛있기로 유명해 현지인들이 자주 방문하는 곳이다.
커피류 뿐만 아니라 쉐이크, 프라페, 스무디 등의 카페음료도 판매하고 있으며 깔끔하고 세련된 2층 규모의 널찍한 매장은 이야기를 나누기도, 편하게 쉬기도 좋다. 초코류가 맛있는 가게기 때문에 이곳에 방문했다면 초코 아이스크림이나 초코 브라우니, 초코케이크 중 하나쯤은 꼭 먹어보기를 추천한다.

주소_ Masarykova ul. 25
위치_ 국립극장에서 도보 약 2분
영업시간_ 09:15~24:00
요금_ 젤라또 1스쿱 11kn / 케이크 10kn~
전화_ 01-4855-382

비노돌
VINODOL

구시가지 중앙에 위치한 자그레브의 인기 식당. 현지인들도 방문하지만 관광객에게 좀 더 유명한 곳으로 분위기도 좋고 규모도 꽤 큰 식당이지만, 점심이든 저녁이든 사람이 가득 차있기 때문에 반드시 예약하고 방문하는 것을 추천한다.
맛집으로 유명하다기보다는 큰 고민 없이 적당히 식사할 수 있는 레스토랑이며, 고기요리를 괜찮게 하지만 커틀릿 류는 추천하지 않는다. 한국인 입맛에 잘 맞는 요리로는 소고기 스테이크나 트러플 파스타를 추천한다.

홈페이지_ vinodol-zg.hr
주소_ Uska ul. 5
위치_ 반 옐라치치 광장에서 도보 약 5분
영업시간_ 11:30~24:00
요금_ 스타터 75kn~ / 메인요리 80kn
전화_ 01-481-1427

엄마

OMMA(온새미)

맛이 비슷한 지중해 요리에 지쳐 한식이 그립다면, 과감히 자그레브 구시가지 반대편으로 내려가자. 중앙역에서 가까운 곳에 위치한 한식당 엄마는 해외의 다른 한식당과 달리 보다 저렴한 가격으로 운영 중이며 덮밥, 비빔밥, 찌개 · 탕, 면류 등 다양한 한식 요리가 준비된 곳이다. 한국인뿐만 아니라 현지인들도 좋아하는 곳이며, 직원이 한국인이 아닐 때도 있지만 당황하지 말자. 한국어 메뉴판이 매우 잘 돼있다. 추천메뉴는 밥이 들어간 비빔밥이나 덮밥 메뉴이며, 불고기 비빔밥이 가장 인기가 있다.

홈페이지_ omma.eatbu.com
주소_ Unska ul. 2B
위치_ 자그레브 중앙역에서 도보 약 10분
영업시간_ 11:00~21:00 / 일요일 휴무
요금_ 요리류 40kn~
전화_ 099-467-0701

바탁 그릴 Centar Cvjetni 쇼핑몰점

Batak grill Centar Cvjetni

현지인들도 자주 방문할 정도로 인기가 있는 레스토랑이지만, 자그레브를 방문한 한국인들에게 더 맛집으로 소문난 바비큐 전문점이다. 자그레브 내에 지점이 여러 개 있으며 어느 지점이나 평이하게 맛있는 맛을 자랑한다.
구시가지 중앙에 있는 츠브예트니쇼핑몰 Centar Cvjetni 안쪽에 있는 바탁 그릴이 가장 접근하기 쉽다. 저렴한 가격에 푸짐한 양, 맛있는 고기에 친절한 직원의 서비스 덕분에 한국 여행자들의 호평을 받는 곳. 혼자 방문한다면 립아이 스테이크가 좋고, 두명 이상이 방문한다면 바탁 플래터나 고메 플래터를 주문해보자.

홈페이지_ http://batak-grill.hr/lokacije/centar-cvjetni/
주소_ Trg Petra Preradovića 6
위치_ 비노돌에서 도보 약 3분, Centar Cvjetni 쇼핑몰 내
영업시간_ 11:00~23:00
전화_ 01-4833-370
요금_ 립아이스테이크 39kn~ / 플래터 150kn~

서브마린 버거 프란코판스카
Submarine Burger Frankopanska

자그레브에만 4개의 지점을 가지고 있는 햄버거 체인점이다. 크로아티아의 유기농 농산물과 유해 음식은 전혀 먹지 않고 풀만 먹고 자란 소의 고기로 만든 100% 소고기 패티, 홈메이드식 번과 소스를 조합한 최고 품질의 햄버거를 고집하는 곳으로, 그야말로 요리된 햄버거를 제공하는 곳이다. 햄버거와 함께 트러플 소스를 뿌린 감자튀김은 반드시 먹어볼 것. 구시가지 중앙에 있는 보고비쎄바Bogovićeva 점은 너무 정신없는 편이므로 조금만 더 걸어가 프란코판스카 점을 이용하는 것을 추천한다.

홈페이지_ submarineburger.com
주소_ Frankopanska ul. 11
위치_ 바탁 그릴에서 도보 약 3분
영업시간_ 월~목 11:00~23:00 / 금, 토 11:00~24:00
일요일 13:00~21:00
전화_ 01-4831-500
요금_ 오리지날버거 44kn / 트러플 감자튀김 28kn

플랙 키친 앤 그릴
Plac Kitchen & Grill

100% 크로아티아 소고기를 사용하는 고기요리 전문점으로 현지인들과 현지 가이드가 추천하는 곳이다. 크로아티아 전통 고기요리와 햄버거를 주 메뉴로 판매하며, 특히 햄버거 메뉴는 빨간색 번의 칠리 버거, 초록색 번의 베지 버거, 검은색 번의 플랙 버거와 치즈버거 등 신기한 버거 색깔로도 유명하다.
대부분의 요리가 맛있는데다 저렴하기까지한 곳으로, 고기요리는 고소한 크로아티아 지역 맥주와 함께하는 것을 추천한다.

홈페이지_ plac-zagreb.com
주소_ Dolac 2
위치_ 빈첵 슬라스티챠르니사에서 도보 약 5분
영업시간_ 09:00~23:00
전화_ 01-4876-761
요금_ 체바피류 42kn~ / 버거류 38kn

오토 앤 프랭크

Otto & Frank

아침 일찍부터 늦은 밤까지 운영하는 비스트로 햄버거를 필두로 튀김이나 빵과 함께 먹는 샐러드 메뉴처럼 가벼운 식사 메뉴를 판매하여 허기가 질 때면 언제든 방문해 가볍게 식사하기 좋은 곳이다.

대부분의 메뉴가 저렴한데다 맛있는 것으로 호평이며, 한국인들에게는 브런치 맛집으로 소문났다. 이곳을 방문한 한국인 관광객들은 자그레브 블랙퍼스트와 써니사이드업을 필수로 시키는 편이므로 주문 시 참고하자.

홈페이지_ otto-frank.com
주소_ Ul. Ivana Tkalčića 20
위치_ 플랙 키친 앤 그릴에서 도보 약 3분
영업시간_ 월~목 08:00~24:00
금,토 08:00~25:00 / 일 08:00~23:00
요금_ 아침메뉴 300kn~ / 런치, 디너 600kn~
전화_ 01-4824-288

SLEEPING

자그레브는 한인 민박이 없어서 배낭여행객들이 불편하였지만 최근에 1개의 민박이 운영되고 있다. 호텔은 별로 없지만 아파트를 대여하는 숙소가 일반화되어 성수기를 빼면 숙박시설이 부족하지는 않다.

하우스 호스텔
The House Hostel

직원들이 매우 친절하고 시설이 깨끗하여 인기가 많은 YHA이다. 취사가 가능하고 아침이 포함되어 있다. 공동화장실(샤워실)이 있고 무료 와이파이를 이용할 수 있어 편리하다. 버스 터미널에서 가깝지만 주변이 주택가라 크게 떠들면 안 된다. 공항까지 가기에도 편리하여 이용이 편리하다.

홈페이지_ http://www.hfhs.hr/en/hostels
주소_ Petrinjska 77
위치_ 자그레브 버스터미널에서 나와서 오른쪽 큰 사거리를 대각선으로 건넌다. 두번째 골목으로 들어가 오른쪽으로 돌면 나온다.
요금_ 6인 도미토리 €17~
(유스호스텔증 미소지시 추가 €1.35)
전화_ 01 484 1261

팔머스 롯지 호스텔
The Palmers Lodge Hostel

호스텔이 3곳이 한꺼번에 몰려 있는 호스텔 중의 하나로 직원이 친절하다. 룸이 10개정도의 아담한 YHA이지만 작아서 여행객들이 서로 친해지는 경우가 많다.
아침식사는 제공하지 않고 조리실은 있다. 룸에 샤워부스와 세면대가 있는 화장실과 복도에 세면대만 있는 화장실로 두 가지 종류가 있다. 도보 5분 거리에 기차역이 있어 편리하다.

홈페이지_ www.palmerslodge.com.hr
주소_ Branimirova 26 Zagreb
위치_ 자그레브 버스 터미널에서 도보 10~15분
요금_ 4인 도미토리 €14~
(유스호스텔증 미소지시 추가 €1.35)
전화_ 18 892868, 91 5954513

YHA 라빈체
Youth Hostel Ravince

구시가지에서 떨어져 있어 교통이 불편하지만 최신 건물이라 여행객들의 인기가 많은 호스텔로 수건과 시트, 와이파이가 무료이고 플리트비체 국립공원의 당일 버스도 호스텔에서 탈 수 있어 편리하다.

홈페이지_ www.ravnice-youth-hostel.hr
주소_ Ravnice 38d
위치_ 중앙역에서 도보 10분. 센트럴 호텔을 끼고 돌면 Petrinjska거리를 따라 가면 나온다.
요금_ 6인 도미토리 €13.50~
(유스호스텔증 미소지시 추가 €1.35)
전화_ 01 233 2325

아르코텔 알레그라 호텔
Arcotel Allegra Hotel

호텔객실이 151개인 중급정도의 호텔로 우리나라 패키지여행상품에서 가장 많이 사용하는 호텔이다.

현대적이고 밝은 분위기의 이탈리아 스타일로 장식되어 있고, 욕실도 깨끗하다. 외관은 6각 형태의 현대식 6층 건물이다. 휴식 공간이 있는 넓은 규모의 로비는 현대식 장식에 밝고 다채로운 색상으로 꾸며져 있다.

주소_ Branimirova 29 10000
위치_ 자그렙 쇼핑 지역으로 브라니미어 센터가 있는 도심에 위치 구시가지 보행자 전용도로에서 가까움
요금_ 약 22만원~
전화_ +1 385 1 4696 000 (096)

자그레브 OUT

크로아티아 내에서는 버스를 주로 이용하지만 유레일패스를 이용하여 오스트리아 빈이나 헝가리 부다페스트에서 기차로 들어오고 있다. 저가항공을 이용하여 유럽내 다른 도시로 이동이 가능하다.

비행기

크로아티아 에어라인(www.croatia airlines.hr)이 자그레브에서 출발하는 노선을 운영하고 있다. 우리나라에서 출발하는 대한항공 직항편이 있다. 저가항공의 예약은 이지젯 등의 다른 항공사를 이용해도 된다.

버스

자그레브, 자다르, 두브로브니크 등의 도시에서 플리트비체행 버스를 이용하면 된다. 플리트비체에 발착하는 버스 시간표는 미리 홈페이지에서 확인하고, 당일치기로 방문했다면 돌아가는 버스를 예약하거나 시간표를 알아두는 것이 좋다. 시간표는 있지만 자주 변경이 자주되어 항상 출발전에 확인하는 것이 좋다.

유레일로 자그레브에서 주요도시 이동 시간

자그레브 → 오스트리아 빈	6시간 30분	470Kn	1일 2회운행
자그레브 → 슬로베니아 류블랴나	2시간 30분	140Kn	1일 6회운행
자그레브 → 헝가리 부다페스트	6시간 30분	240Kn	1일 2회운행
자그레브 → 독일 뮌헨	8시간 30분	740Kn	1일 2회운행
자그레브 → 이탈리아 베네치아	11시간 30분	450Kn	1일 2회운행

버스로 자그레브에서 주요도시 이동 시간

국 내

자그레브 → 오스트리아 빈	5~6시간	250Kn	1일 3회운행
자그레브 → 독일 뮌헨	9시간 30분	390Kn	1일 2회운행
자그레브 → 이탈리아 피렌체	11시간	490Kn	주1회운행

국 외

자그레브 → 풀라	4~5시간	110~200Kn	1일 20회운행
자그레브 → 플리트비체	2~3시간	100~110Kn	1일 11회운행
자그레브 → 자다르	4~5시간	110~145Kn	1일 31회운행
자그레브 → 스플리트	6~8시간30분	130~220Kn	1일 32회운행
자그레브 → 두브로브니크	10~11시간	210~250Kn	1일 12회운행
자그레브 → 로비니	5~6시간	160~200Kn	1일 9회운행

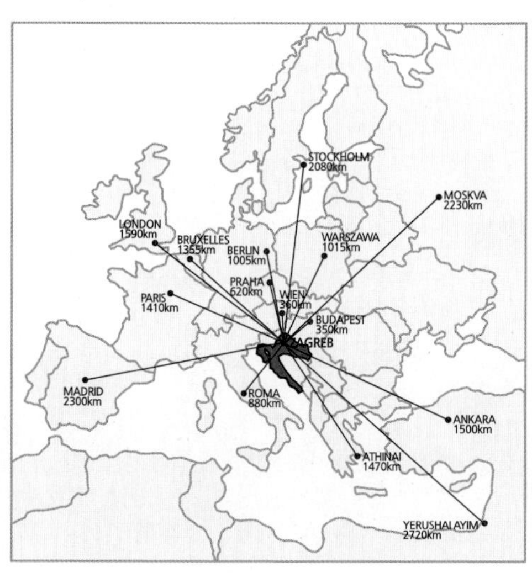

자그레브 → 플리트비체 국립공원 자동차로 이동하기

자그레브에서 여행을 마치고 렌트카를 인수하여 여행을 할때는 먼저 네비게이션에 플리트비체 국립공원을 입력하여 가는 길을 확인하고 출발해야 한다. 플리트비체 국립공원은 영어로는 Plitvice Lakes National Park이지만 영어로 입력하면 가민 네비게이션은 지역을 인식하지 못한다. 크로아티아 언어인 'Plitvicka jezera'로 입력을 하면 인식하고 길을 안내해 준다.

▶ 이동도로 일정

중앙역 → 고속도로 통행 요금소 → A1고속도로 → Karlovac에서 나옴 → E71, E59국도타고 플리트비체 국립공원까지 이동

크로아티아에서 렌트카를 타고 자동차여행을 할 때 처음이라 긴장할 수 있지만 플리트비체 국립공원까지 이동하는 것은 어렵지 않다. 앞서 이야기한대로 크로아티아는 도로가 복잡하지 않고 차량이 많지 않아 우리나라에서 운전을 하는 것과 다를 것이 거의 없다.

1. 대부분의 여행자들이 중앙역 근처의 숙소에서 지내고 있고 렌트카업체들도 중앙역근처에서 차량을 인수해 주고 있다. 가민네비에서 플리트비체 국립공원까지 입력한 후 경로가 탐색되면 출발하면 된다.
(가민 네비게이션의 위도, 경도로 입력하는 방법과 지명으로 입력하는 방법을 사용해서 목적지를 찾고 난 후에 이동하도록 한다.) 간혹 네비게이션이 국도를 사용하게끔 설정되어 있다. 국도로만 갈 경우 시간이 많이 걸리므로, 되도록 고속도를 이용하도록 하자. 고속도로로 가는 표지판이 잘 되어 있어서, 고속도로를 타기는 어렵지 않다.

2. 중앙역에서 라운드 어바웃을 두 번 지나면 Desinec와 Draganic를 거쳐 스플리트쪽으로 이동을 계속하면 A1고속도로 통행요금소가 나온다. 우리나라 고속도로에 진입하는 것처럼 통행권을 왼쪽의 기계에서 뽑고 지나가면 된다. A1고속도로를 진입하면 네비에서 나오는 곳까지 따라가면 된다.

3. 카르로바크Karlovac에서 통행료를 내고 나오면 이제 E59, E71번 국도를 따라 가면 된다. A1고속도로에서 국도로 나오지 못해도 오글린Ogulin에서 나오면 되기 때문에 국도로 진입을 못했다고 초조해하지 말고 다시 네비에서 안내하는 대로 이동하면 문제가 없다.

국도는 80㎞까지 속도를 낼 수 있지만 플리트비체 국립공원까지 이동하는 국도는 경사가 심하든지 굴곡이 심하지 않아 보통은 100㎞까지 속도가 난다. 이때 너무 속도를 내지 말고 속도에 맞추어 이동해도 2시간이면 플리트비체 국립공원까지 이동하게 된다.

4. 플리트비체 국립공원에 가까이 가면 속도를 줄이고 숙소까지 천천히 이동한다. 플리트비체 국립공원안에는 호텔이 비싸서 대부분은 무키네 마을에서 숙소를 해결하기 때문에 무키네 마을까지 진입하면 되지만, 무키네마을에서 숙소를 찾기가 쉽지가 않다. 이때에는 위도와 경도를 이용해 숙소의 정확한 위치를 입력하여 숙소로 가야 헤매지 않고 이동할 수 있다. 그래서 처음 자그레브에서 위도와 경도로 정확히 숙소의 위치를 입력하여 이동하는 것이 편리하다.

5. 플리트비체 국립공원은 입구1, 또는 입구 2의 주차장에 주차하고 플리트비체 국립공원을 보고 다시 주차장으로 돌아와 다음 목적지까지 이동해야 한다. 물론 숙소에서 걸어서 이동해도 되지만 거리가 멀어 대부분 입구1, 2의 주차장에 주차하고 플리트비체 국립공원을 보러간다.

ISTRIA
이스트리아

Pula
풀라

오래된 유적지가 많은 활기찬 항구 도시는 로마 원형 극장이 있는 곳으로 유명하다. 이스트리아Istria 반도에서 가장 큰 도시인 풀라는 과거와 현재가 공존하는 흥미로운 곳으로, 수많은 로마 유적이 남아 있다. 여러 해변에서 느긋하게 쉬어도 좋고, 오랜 역사가 깃든 유적과 가족끼리 가기 좋은 레스토랑과 해변의 바Bar도 많다.

풀라Pula는 지중해성 기후라서 해변에서 시간을 보내기에 좋다. 풀라Pula에서 남쪽에 위치한 푼타 베루델라 반도의 만에 가보면 한적한 야생 지역에는 아름답지만 사람의 발길이 많이 닿지 않는 한적한 해변이 많다. 여기서 수영, 일광욕, 스쿠버 다이빙 등을 즐기시면 좋다.

풀라(Pula)의 과거 모습 느껴보기

원래 작은 정착촌을 지었던 일리리아 인들은 기원전 200년경 로마인들에 의해 쫓겨났다. 로마인들은 도시를 급속히 확장시켰고 중요한 건물들이 지어졌다. 고대 건축물과 유적에서 로마인들이 살았던 풀라Pula의 과거 모습을 엿볼 수 있다.
아우구스투스 신전, 세르기우스 개선문, 고고학 박물관과 로만 포럼 유적의 광장, 풀라 대성당, 제2차 세계대전 당시 창고와 대피 목적으로 만들어진 지하 미로 터널인 제로스트라세가 있다.

풀라 원형 경기장
Pula's Roman Amphitheater

풀라의 가장 중요한 랜드마크인 웅장한 로마 원형 극장은 크로아티아에서 가장 훌륭하게 보전된 고대 건축물이다. 풀라 원형 경기장은 인상적인 정면 외관이 놀랄 만큼 훌륭하게 보존되어 있다.
풀라 원형 경기장은 현재까지 보전되어 있는 가장 큰 로마 원형 극장이다. 낮에는 이 역사적인 랜드마크를 구석구석 돌아볼 수 있으며 밤에는 영화, 콘서트, 오페라나 발레 공연을 관람할 수 있다.
극장 지하 구역으로 내려가면 검투사와

사자가 결투 전에 대기하고 있던 장소가 나온다. 현재 지하 구역에는 로마 시대에 이스트리아Istria에서 번창한 올리브유와 와인 생산 역사를 소개하는 박물관이 있다. 풀라 아레나에서 여름에는 다양한 음악 콘서트와 풀라 영화제가 열린다.

간략한 역사와 특징

1세기에 베스파시아누스 황제의 명에 따라 건설되었다. 그는 현재 세계적인 명성을 자랑하는 더 큰 규모의 로마 콜로세움 건설을 명한 인물이기도 하다. 15세기에 풀라 아레나 내부에서 빼온 석회석 중 일부가 현지 주택가의 건축 자재로 사용되기도 했지만 외관은 현재까지도 완벽에 가까운 상태로 보전되어 있다.

원형 극장의 타원형 외관은 로마의 원형 극장에서 쉽게 볼 수 있는 계단식 아치 디자인으로 되어 있다. 외벽과 연결되어 있는 4개의 탑들은 풀라 아레나에서만 볼 수 있는 특징으로 로마의 다른 원형 극장들과 차별화되는 요소이기도 하다.

아우구스투스 신전
Temple of Augustus)

아우구스투스 신전은 풀라Pula의 옛 로마 포럼에서 지금까지 남아 있는 유일한 건물이다. 한때 로마의 중요하고 영향력 있는 정착지였던 풀라의 고대 역사를 볼 수 있는 중요한 장소이다. 청동, 석조 조각상이 전시되어 있는 신전 박물관에서 로마에 대해 생각해 볼 수 있다.

아우그스투스 신전 간략한 역사

기원전 2년~기원후 14년에 로마 여신과 당시 로마를 통치했던 아우구스투스 황제에게 바쳐진 신전이었다. 로마 제국의 멸망 후 성당으로 개조되었다가 나중에는 한동안 곡식 창고로 이용되기도 했다. 신전 건물은 제2차 세계대전 당시 공습으로 인해 파괴되었다가 이후에 완벽하게 재건축되었다.

특징

왕족 관람석, 주랑현관과 코린트식 기둥은 모두 로마의 건축 양식에서 쉽게 볼 수 있는 특징이다. 입구 위쪽의 정교한 프리즈에 묘사되어 있는 꼬인 아칸서스 덩굴손, 과일과 새들 역시 로마의 신전 건축 양식의 요소이다.

원래 구조물은 3개의 건물 중 하나였을 것으로 여겨지고 있다. 가장 큰 신전은 지금은 사라지고 없지만 나머지 한 신전의 잔해는 지금도 남아 있다. 코뮤날 팰리스(Palace of Konunal) 뒤로는 다이아나 신전(Temple of Diana) 뒤편의 모습이 보인다. 현재 다이아나 신전은 현대식 건물에 있다.

Rovinj
로 비 니

이탈리아와 크로아티아 문화가 혼합된 로비니Rovinj는 이스트리아Istria 반도에서 고급스러운 리조트 타운 손꼽히는 도시여서 많은 요트와 여유로운 여행자를 볼 수 있는 곳이다. 독특한 매력에 이끌려 많은 사람들이 찾는 항구 도시는 자그마한 타원형 반도에 자리한 중심가는 아담하고 약간 비좁은 듯 매력을 풍긴다. 해안을 따라 있는 작은 시장과 유서 깊은 유적지는 여유로운 마음을 가지고 천천히 둘러보게 만든다.

ROVINJ

간략한 역사

로비니는 일리리아 부족의 정착지로 도시가 형성되었다. 나중에 로마인들이 정착하면서 루기늄Ruginium과 루비늄Ruvinium이라고 불렀다. 비잔틴 제국으로 600년 동안 있다가 봉건 영주의 통치를 받았다. 1209년부터 아퀼레리아 총 대주교가 통치하던 시기도 있었다.

1283~1797년까지 로비니는 베네치아 공화국에서 일부로 있으면서 지금의 형태를 갖추기 시작했다. 도시는 3개의 성문이 있는 2줄의 성벽으로 강화되었다. 부두에서 가까운 곳에는 1680 년에 지어진 구시가 게이트 발비 아치Balbi 's Arch와 르네상스 후기 시계탑이 있다.

베니치아가 함락되고 나폴레옹이 점령하고 제 1차 세계 대전까지 오스트리아 제국의 일부였다. 그 후 1918~1947 년까지 이탈리아에 속했지만 2차 세계대전 후에 유고슬라비아로 넘어가면서 이탈리아 영토에서 분리되었다.

로비니의 매력 포인트

로비니Rovinj는 작아서 쉽게 걸어 다닐 수 있는 도시이다. 차 없는 보행자 전용 거리와 베네치아 스타일의 집들 사이로 미로처럼 나 있는 골목을 둘러보면 한때 성곽 도시의 주요 관문이었던 발비 아치가 보인다. 그리시아 거리에는 수많은 갤러리가 즐비하고, 현지 아티스트들이 자신의 작품을 공개한 것들을 볼 수 있다. 좁다란 그리시아 거리를 따라 언덕을 올라가면 성 에우페미아 교회가 나온다. 삐걱거리는 계단을 따라 종탑을 올라가면 탁 트인 아드리아 해와 반도의 풍경을 즐길 수 있다.

로비니의 매력에는 맛있는 음식도 큰 몫을 차지한다. 이탈리아의 영향으로 이탈리아와 같은 해산물 요리를 즐길 수 있어서 더욱 만족스럽다. 항구 주변에는 트러플, 오일, 타프나드 등을 파는 식료품 시장이 있고, 이탈리아 스타일의 파스타를 먹을 수 있는 레스토랑도 쉽게 찾을 수 있다.

올드 타운
Old Town

구시가는 중세 벽으로 둘러싸인 섬으로 생활이 시작되었다. 도시에는 7개의 성문이 있었는데 아직도 성 베네딕트 문, 포르티카, 성 십자가 문의 3개는 보존되어 있다. 최초의 고고학적 삶의 흔적은 청동기 시대부터 시작된다. 도시는 3세기에 로마가 정착하면서 발전하기 시작했다. 제한된 공간으로 인해 좁은 집들과 거리, 작은 광장으로 조절했다.

도시에서 가장 큰 기념비인 성 유페미아 교회Saint Euphemia Church는 1725~1736년에 베네치아 바로크 양식의 교회를 복원한 것이다. 벨 타워는 베네치아의 성 마크 교회의 복제품으로 밀라노 건축가인 알레산드로 모노폴라가 설계했다. 탑 공사는 1651년에 시작되어 26년 동안 지속되었다. 탑의 꼭대기에는 천상으로 나무 조각상이 파괴된 후 1758년에 세워진 성 유페미아Euphemia의 큰 구리 조각상으로 복원되었다.

올드 타운에는 시계와 작은 분수가 광장에 있는데, 시계는 한때 이전 도시 벽의 남쪽 모서리에 있는 탑을 이용하였다. 12세기에 건축된 타워는 여러 번 복구되었다. 19세기 중반, 세레니 시마의 상징인 베네치아 사자가 있는 도시의 시계는 캘리피 궁전Califfi Palace 근처의 요새에 문이 있다.

마르살라 티타 광장
Marsala Tita

항구를 향해 펼쳐진 광장은 바다 너머로 보이는 카타리나 섬과 레드 아일랜드 섬의 아름다운 전망을 선사한다. 광장으로 가려면 성 유페미아 교회Saint Euphemia Church에서 그리시아 거리Gracia Street를 따라 내려가면 된다. 활기 넘치는 광장에서 매력적인 파스텔 톤의 건물과 아름다운 중앙 분수대가 인상적인 로비니의 중심지, 마르살라 티타 광장은 오가는 사람들을 구경하며 여유를 즐길 수 있는 매력적인 장소이다. 카페테라스에 앉아 커피를 마시거나 중앙 분수대와 유서 깊은 건축물을 구경하며 커피를 즐겨보자.

광장은 유고슬라비아의 전 독재자로서 1944~1980년까지 정권을 유지했던 요시프 브로즈 티토Josip Broz Tito에게서 이름을 따 왔다. 약속 장소로 자주 이용되는 광장 중앙의 분수대로 걸어가 보면 분수대에서는 물고기를 들고 있는 한 소년의 모습을 볼 수 있다. 주 조각상 아래에는 입으로 물을 뿜어내는 작은 물고기들이 있다.

광장과 경계를 이루고 있는 불그스름한 17세기의 로비니 문화유산 박물관Rovinj Heritage Museum 건물은 칼리피Califfi 백작이 소유했던 바로크식 궁전이었다. 이곳에는 크로아티아 미술품과 다양한 고고학 유물이 보관되어 있다.

광장 북쪽에는 발비스 아치Valbis Arch가 있다. 바로크식 대문으로 로비니에 있는 옛 베네치아 마을의 입구를 나타내는 장소이다. 발비스 아치Valbis Arch 위쪽에서 발

비 가문의 문장과 베네치아를 상징하는 성 마가의 날개 달린 사자를 묘사한 정교한 조각을 볼 수 있다. 광장 북단은 조그만 농산물 시장인 트리 발리보라Tri Valdibora로 연결된다.

성 유페미아 교회
Saint Euphemia Church

이스트리아 반도Istrian Peninsula의 서쪽 언덕에 우뚝 서 있는 성 유페미아 교회Saint Euphemia Church는 로비니에서 가장 유명한 건물로, 도시의 어느 곳에서든 보인다. 1725~1736년 로비니 수호성인의 유해를 보관하기 위해 이전에 있던 교회를 허물고 건축되었다. 화려하고 아름답게 장식된 내부를 둘러보거나 웅장한 바로크식 교회의 종탑에 올라 멋진 도시의 전경을 감상할 수 있다.

내부

교회 안에 있는 성 유페미아Saint Euphemia의 유물은 석관이 다가 아니다. 입구 오른편에는 로비니를 두 팔로 품고 있는 수호성인의 모습을 담고 있는 판화가 보인다. 종탑 위에는 유페미아의 청동 조각상이 서 있고, 석관 근처의 두 벽화에도 그녀의 모습이 묘사되어 있다. 벽화 중 하나에는 성 유페미아를 사자 굴에 집어 던지는 로마인들의 모습이 담겨 있으며 나머지 하나에는 로비니로 떠내려 온 그녀의 석관이 묘사되어 있다.

첨탑의 전망

높이가 61m에 달하는 성당 종탑 위로 올라가면 첨탑이 보인다. 디자인은 베네치아의 성 마르코 성당 광장에 있는 성 마르코 성당 종탑에서 착안되었다. 계단은 협

소하지만 종탑 꼭대기에서 보이는 탁 트인 전망은 아름답다. 서쪽으로 보이는 아드리아 해와 해안 지역은 물론 동쪽으로 보이는 크로아티아의 들쭉날쭉한 내륙지역까지 모두 보인다. 힘겹게 올라간 후에 교회 앞쪽의 쾌적한 광장에 앉아 바다 경치를 감상하는 것도 좋다.

전설

로마의 순교자였던 성 유페미아(Saint Euphemia)는 기독교 신앙을 고집하다가 서기 303년에 사형을 선고 받았다. 전설에 따르면 서기 800년경에 콘스탄티노플에서 갑자기 사라진 그녀의 유해가 담긴 석관이 신기하게도 로비니 해안으로 떠내려 왔다고 한다. 이 대리석 석관은 현재 교회 제단 뒤편에 보관되어 있다.

Plitvice

플리체비체

플리트비체 IN

플리트비체로 가는 방법

자그레브, 자다르, 두브로브니크 등의 도시에서 플리트비체행 버스를 이용하면 된다. 플리트비체에 발착하는 버스 시간표는 미리 홈페이지에서 확인하고, 당일치기로 방문했다면 돌아가는 버스를 예약하거나 시간표를 알아두는 것이 좋다. 시간표는 있지만 변경이 자주되어 항상 출발전에 확인하는 것이 좋다.

자그레브 →플리트비체 버스 시간표

자그레브 → 플리트비체 국립공원	
출 발	도 착
05 : 45	08 : 15
06 : 30	08 : 55
08 : 15	10 : 20
10 : 30	13 : 00
14 : 15	16 : 45
17 : 45	20 : 00

플리트비체 → 자그레브			
출 발	도 착	출 발	도 착
06 : 50	09 : 30	16 : 45	19 : 00
08 : 30	10 : 50	17 : 15	19 : 05
10 : 15	12 : 30	17 : 15	19 : 50
11 : 00	13 : 30	17 : 50	20 : 20
12 : 50	15 : 10	18 : 05	20 : 50
16 : 15	18 : 20		

플리트비체 입구전경

플리트비체 호수공원은 입구 ULAZ 1과 ULAZ 2로 두 곳이 있다. 미리 운전사에게 어디에 내릴지 물어보면 된다. 플리트비체 버스정류장은 숲 속 한가운데 있는 도로에 있다. 내려서 육교가 보이는 쪽으로 걸어가면 ULAZ 1과 ULAZ 2 입구를 찾을 수 있다. ULAZ 1과 ULAZ 2는 도보로 10분 정도 떨어져 있으며, ULAZ 1에는 국립공원 관광안내소와 매표소가, ULAZ 2에는 중앙 관광안내소와 매표소, 호텔, 레스토랑 등이 있다.

플리트비체에서 주요도시 이동 시간

플리트비체 → 자그레브	2시간 30분
플리트비체 → 자다르	3시간 30분
플리트비체 → 스플리트	6시간 30분

폴리트비체 공원 입장료

	11~3월	
	1일권	2일권
플리트비체	90Kn	140Kn
	4~10월	
	1일권	2일권
	110Kn	180Kn

플리트비체 베스트 코스

플리트비체 국립공원의 관광은 자그레브와 자다르에서 당일로 여행을 많이 하지만 스플리트나 자다르로 내려가는 여행객들은 자그레브에서 플리트비체 국립공원을 보고 자다르나 스플리트로 내려가기도 한다. 하지만 플리트비체 국립공원은 1박2일로 여행하면 좋다. 아침에 일찍 일어나 플리트비체 국립공원의 비경을 본다면 풍경을 본 자신을 평생 기억할 것이다.

폴리트비체 국립공원은 봄부터 가을까지 가장 돌아보기가 좋다. 겨울인 11월부터 3월까지가 비수기인데 안개가 뒤덮이고 호수가 얼어 붙기도 해 플리트비체의 아름다운 절경을 일부만 감상할 수 있어 관광객들은 거의 없다.

사전 숙지사항

1. 입구는 ULAZ 1, ULAZ 2개가 있는데, 관광안내소,호텔, 레스토랑은 ULAZ 2에 위치한다.
2. 공원 입장료에는 유람선과 순환버스 요금이 포함되어 있으니 자유롭게 유람선은 타도 된다.
3. 공원 안에서 하루 종일 있으려면 반드시 사전에 먹거리를 구입하여 들어가자. 워낙에 큰 국립공원이라 먹거리를 살 곳도 별로 없고 P3지점에 푸드코트가 있으나 가격이 비싸서 의외로 비용을 많이 사용하게 된다.
4. 한여름에도 기온이 24℃를 넘지 않아서 반드시 사전에 긴팔 외투나 바람막이 점퍼를 준비해야 한다.
5. 비가 오는 날에는 매우 미끄럽기 때문에 구두를 신지 말고 런닝화나 등산화를 신고 가야 다치지 않는다.

플리트비체 국립공원은 최소 2시간 정도부터 2일까지 관람할 수 있다. 도보순환버스, 유람선을 이용할 수 있는 다양한 코스가 있으니 개인적인 여건을 고려하여 관람하면 된다. 코스별로 유람선 선착장(P)과 버스정류장(ST)이 표시된 지도는 관광안내소에서 20Kn의 가격으로 판매하고 있다. 하지만, 지도를 구입하지 않아도 유람선 선착장(P)과 버스 정류장(ST)표지판만 잘 따라가면 쉽게 돌아볼 수 있다.

2시간 코스 (하층부)

플리트비체 국립공원의 핵심 부분인 하층부를 구경하면 3시간정도면 가능하다. 입구(ULAZ 1)에서 하차하여 매표소에서 티켓을 구입하여 입장한다. 입장하면 왼쪽 ST1 표지판을 따라 가면 절벽 전망대가 있다.

절벽 전망대에서 우리가 많이 보는 사진의 한 장면을 찍고 하층부의 호수 방향으로 계단을 따라 내려가면 계단식 호수와 폭포수를 감상할 수 있다. 관람을 마치면 원위치로 돌아와도 되고, P3선착장으로 가서 전기보트를 타고 P1에서 내려 입구 2(ULAZ 2)로 나가도 된다.

1시간 코스 (하층부 * 상흥부)
입구 2(ULAZ 2)로 내려가서 상 → 중 → 하 코스 순서대로 둘러보면 하루가 소요된다. 입구 2(ULAZ 2)로 가서 ST2에서 셔틀버스를 타고 ST4에서 내리면 상층부의 호수부터 중층부까지 볼 수 있다. 셔틀버스를 타지않고 걸어서만 다 보아도 되지만, 여름에는 더워서 힘들기 때문에 대부분 셔틀버스를 타고 관람한다.

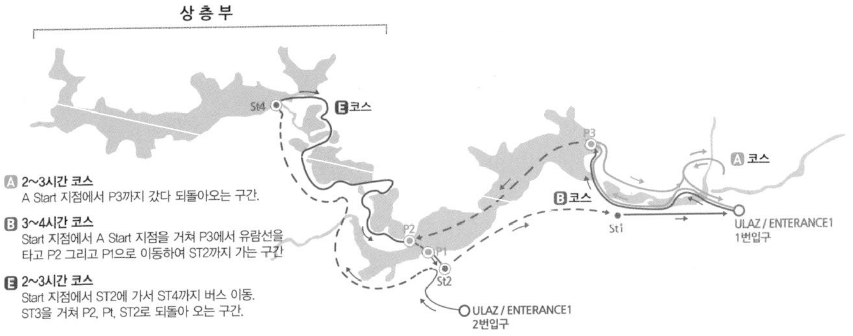

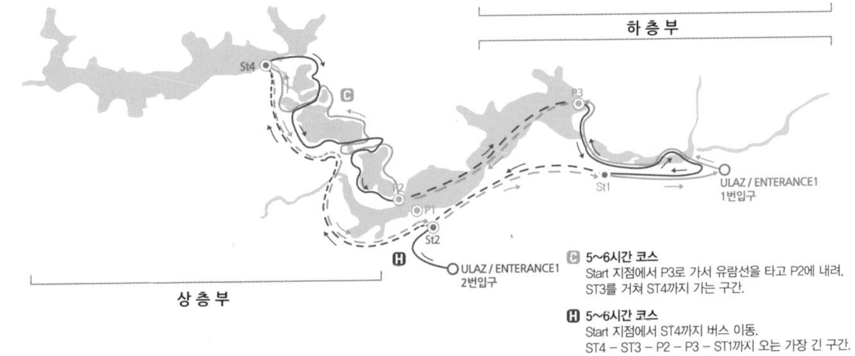

상층부

St4
E 코스
P3
A 코스
B 코스
Sti
ULAZ / ENTERANCE1
1번입구
P2
P1
St2
ULAZ / ENTERANCE1
2번입구

A 2~3시간 코스
A Start 지점에서 P3까지 갔다 되돌아오는 구간.

B 3~4시간 코스
Start 지점에서 A Start 지점을 거쳐 P3에서 유람선을 타고 P2 그리고 P1으로 이동하여 ST2까지 가는 구간

E 2~3시간 코스
Start 지점에서 ST2에 가서 ST4까지 버스 이동.
ST3을 거쳐 P2, Pt, ST2로 되돌아 오는 구간.

하층부

St4
C
P3
St1
ULAZ / ENTERANCE1
1번입구
P2
P1
St2
H
ULAZ / ENTERANCE1
2번입구

상층부

C 5~6시간 코스
Start 지점에서 P3로 가서 유람선을 타고 P2에 내려, ST3를 거쳐 ST4까지 가는 구간.

H 5~6시간 코스
Start 지점에서 ST4까지 버스 이동.
ST4 – ST3 – P2 – P3 – ST1까지 오는 가장 긴 구간.

플리체비체 호수국립공원 핵심 도보 여행

크로아티아여행에서 플리트비체 국립공원은 반드시 가봐야 하는 곳이다. 자그레브에서 자다르로 가는 버스가 중간에 플리트비체 국립공원에 들르기 때문에 중간에 내려서 플리트비체국립공원에 내리는 버스로 갈아타야 한다. 자그레브에서 플리트비체 국립공원까지는 보통 2시간 30분정도가 소요된다.

자그레브에서 타고 오는 버스에서 내리면 1번입구에서 내리게 되고, 스플리트에서 타고 오는 버스에서 내리면 2번입구에서 내리게 된다. 대부분 자그레브에서 버스를 타고 플리트비체 국립공원을 여행하기 때문에 입구 1부터 도보여행을 설명하려고 한다.

입구 1은 하층부Lower Lakes부터 상층부Upper Lakes로 올라가는 코스로 여행하게 된다. 입구1에서 할 수 있는 코스는 A, B, C, K, G2의 총 5개로 되어 있는데, A코스는 2~3시간 정도, B코스는 3~4시간 정도, C코스는 4~6시간 정도, K코스는 6~8시간 정도 소요된다. 보통은 C코스로 반나절정도를 여행하고 스플리트로 이동하는 코스를 선호한다.

당연히 스플리트에서 도착하는 입구2부터 여행한다면 상층부부터 하층부로 올라가는 반대코스로 여행할 것이다. 입구에서는 F, H코스를 여행할 수 있는데 F코스는 2~3시간 정도, H코스는 4~6시간 정도 소요된다. 입구2에서는 보통 H코스를 여행하고 자그레브로 이동한다.

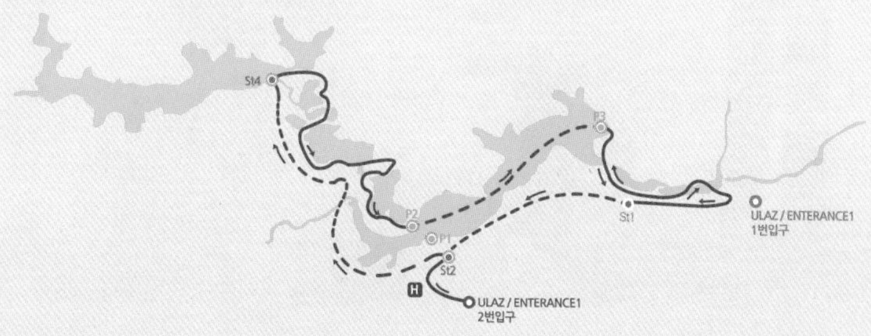

플리트비체 국립공원 코스지도를 보다가 'P'라고 씌여 있는 곳이 3군데가 나오는데, 이곳은 호수를 건너는 배를 탈 수 있는 곳을 의미한다. St는 플리트비체 국립공원을 도는 셔틀버스를 타는 곳이다. 이것만 알면 플리트비체 국립공원을 여행하는데 큰 문제는 없다. 지도도 솔직히 필요 없다. 숲속을 다니기 때문에 내가 어디를 여행하는지는 잘 모르는 경우가 대부분이다.

일정

입구1(St 1)→ 하층부(Lower Lakes) → P3 → P2 → 점심식사 → 상층부(Upper Lakes) → St4

표지판을 따라 들어가면 바로 큰 폭포가 나온다. 여름에는 많은 물줄기가 폭포에서 쏟아져 나오기 때문에 아름답다. 크로아티아를 에메랄드 빛이라는 이야기를 듣는데, 이는 석회암의 침전물이 햇빛에 반사되어 보이는 플리트비체 국립공원에서 보는 색을 이야기하는 것 같다. 폭포를 지나가면 다리가 나온다. 사진에서 나오는 나무로 된 다리인데, 수많은 송어들을 보면서 감탄을 지으며 관광객들이 지나간다.
하층부의 첫 호수의 이름은 코즈야크 호수Kozjak Lakes이다. 호수에는 물의 깊이가 얕아 에메랄드 물빛 안의 송어들을 신기하게 쳐다보게 된다.
1979년부터 국립공원으로 지정되어 보존되고 있어 물고기 먹이를 팔지도 않고 먹이를 주는 사람들도 없이 자연상태로 보존되어 더 아름답다. 점점 깊은 곳으로 가면 에메랄드 빛이 조금씩 달라지는 것을 볼 수 있다.

에메랄드 빛을 보면서 여기가 정말 호수가 아니라 바다가 아닌가?라는 생각이 들기도 했다. 햇빛에 비치는 석회암 침전물이 다른 에메랄드 빛을 내고 있는 것이다.
석회암과 백악Chalk 위로 흐르는 물이 수천년에 걸쳐 석회 침전물을 쌓아 나무들 사이로 자연적인 댐을 만드는 카르스트지형을 만들고 지질학적인 현상을 통해 플리트비체의 아름다운 호수와 폭포들을 만들어 냈다고 한다. 지금도 같은 현상들이 반복되어 만들어지고 있기 때문에 국립공원으로 지정되고 유네스코 세계유산으로 지정되었다고 한다.
호수를 건너면 다시 호수가 나오기 때문에 처음에는 감탄을 자아내다가 점점 감탄없이 빨리 지나간다. 오르막길을 거슬러 올라가면 조그만 폭포들이 나온다. 동굴이 하나 나오는데 동굴까지 나무다리가 연결되어 있다. 걷는 도중 다단계식으로 조그만 폭포들이 계속해 나와서, 물 위에 있는 나무다리에서 가깝게 보게 된다. 플리트비체 국립공원에는 총16개의 크고 작은호수들이 있다고 하는데, 하층부에는 5개의 호수들을 볼 수 있다. 각 호수에는 표지판에 호수의 이름과 호수의 위치를 표시해 주고 있다.

상층부 호수

그라딘스코 호수(Gradinsko Lake) 갈로바츠 호수(Galovac Lake)
오크루글랴크 호수(Okrugljak Lake) 치기노바츠 호수(Ciginovac Lake)
프로슈찬스코 호수(Proscansko Lake)

하층부호수

코즈야크 호수(Kozjak Lake) 밀라노바츠 호수(Milanovac Lake),
가바노바츠 호수(Gavanovac Lake) 슈플랴라 동굴(Supljara)
칼루제로바츠 호수(Kaluderovac Lake) 벨리키 슬라프 폭포(Veliki Slap)

하층부 호수를 구경하며 걷다보면 P3선착장에 도착하게 된다. P3선착장 근처에는 휴식을 취할 수 있도록 화장실과 레스토랑, 치킨집 등이 있어 점심식사는 P3선착장에서 먹고 상층부로 이동하면 된다.

배낭여행객들은 오전에 먹을 수 있는 샌드위치 정도를 싸와서 P3선착장에서 먹고 쉬었다가 이동한다면 점심비용을 아낄 수 있다. 레스토랑은 대체로 비싸서 먹거리를 싸오는 것이 좋다.

P3선착장에서 배는 30분 간격으로 오고가기 때문에 배시간을 잘 보고 이동하지 않으면 스플리트로 가는 여행객들은 버스시간 때문에 플리트비체를 다 보지 못할 수 있다. 플리트비체 국립공원의 호수들을 보면 항상 송어들이 떼로 모여 있다. 우리나라라면 다 잡아 먹어버릴 것 같다.

P3선착장에서 배를 타면 P2선착장으로 이동하여 호수 하나를 건너면 하층부Lower Lakes부터 상층부Upper Lakes로 이동하게 된다. 상층부의 호수들은 넓고 깊으며 폭포들도 크기 때문에 물줄기의 물의 수량도 많고 소리도 크다. 가까이 다가가면 시원하게 떨어지는 물줄기에서 뛰어나오는 수증기들로 인해 뿌옇게 보인다. 크로아티아 사람들에게 플리트비체 국립공원은 가족나들이 장소라고 한다. 그래서 아이들이 많이 보였다.

이제부터 위로 올라가기 때문에 호수들을 밑으로 보고 전체적인 조망을 할 수 있게 된다. 숲의 안으로 들어가면 나무들 사이로 물줄기가 나누어지는 물줄기들을 사진찍기도 좋다. 상층부를 올라가다 보면 플리트비체 국립공원에서 항상보던 사진의 장면이 나온다. 여기서는 누구나 카메라를 꺼내 사진을 찍기 바쁘다.

상층부를 다 보고 나오면 플리트비체 국립공원 앞 버스 정류장으로 나오게 된다. 여기서 버스를 기다리면 스플리트, 자그레브로 이동하는 버스를 탈 수 있다.

플리트비체 국립호수공원
Nacionalni Park Plitvicka Jezera

총 면적 29,482h 중 80%이상이 숲으로 이루어져 있는 플리트비체 국립호수공원은 백운암층으로 이루어진 상층부와 석회암층으로 이루어진 하층부의 16개의 호수가 에메랄드 빛 아름답게 계단을 이루고 있다. 1979년 세계문화유산으로 지정되었으며, 공원의 보존을 위해 18㎞ 길이의 산책로와 쓰레기통, 안내표지판은 나무로 만들어져 있으며, 수영, 취사, 낚시와 애완동물의 출입이 금지되고 있다.

호수는 상층부분과 하층부분으로 나뉜다. 상층부는 계곡과 울창한 숲에 둘러싸여 있고, 하층부의 호수와 계곡은 상층부의 호수에 비해 크기가 더 작고 얕다. 특히 하층 부분은 아기자기한 나무들과 호수 위의 길들이 잘 어울려져 탄성을 자아내곤 한다.

우리 눈에 보이는 물의 색깔은 물안에 들어있는 광물, 유기물, 무기물의 종류와 수심에 따라 하늘색, 밝은 초록색, 청록색, 진한 파란색 등을 띤다. 날씨에 따라서도 물의 색깔이 변한다.

벨리키슬라브폭포(78m)크로아티아에서 두번째로 높은 폭포

벨루키슬라브폭포아래에서 폭포를 맞으며 보는 관광객들

플리트비체 국립공원을 가다 보면 가고 있는 위치를 표시해주는 표지판이 있다.

코스를 선택할 수 있도록 코스가 표시되어 있다.

위에서부터 밀리노바츠 호수 가바노바츠호수 칼라제로바츠 호수

Rastoke

라스토케

RASTOKE

해변이 없으면 폭포라도 끼고 있는 나라가 크로아티아이다. 대부분의 도시들이 해안을 끼고 있는 해안도시이지만 내륙에도 아름다운 관광지가 있다. 크로아티아의 '물의 마을'인 라스토케Rastoke는 푸르른 하늘과 대비되는 물, 붉은 지붕이 인상적이다.
라스토케Rastoke는 계곡 위에 지어진 수상가옥 마을이라고도 부를 수 있을 것 같다. 물 위에 집이 지어져있어서 흔히 생각아는 수상가옥과 달리 아기자기하여 마치 동화 속 '물의 요정'이 살 것만 같은 마을이다.

About 라스토케(Rastoke)

라스토케Rastoke라는 단어는 '하천의 분기'를 의미한다. 라스토케Rastoke에서 슬로냐Slunjčica 강은 계곡을 가로질러 흐르는 작은 강가지 와 작은 폭포를 코라나 강으로 나누고 있다. 라스토케Rastoke는 석회암이 자연적으로 침식과 침강으로 생긴 자연활동의 산물이다. 탄산칼슘이 흐르는 물은 석회석을 녹인다. 입자들이 차례로 계곡을 따라 침강하고 물속의 이산화탄소의 양은 침전과정에서 중요한 역할을 한다. 오랜 세월을 거쳐 강 계곡을 따라 새로운 암석을 만들어 지금의 모습을 갖추게 되었다.

지정학적 위치

라스토케Rastoke는 슬로냐Slunjčica 강으로 알려진 슬로냐Slunj의 역사적인 장소로 라스토케Rastoke에서 코라나Korana 강으로 흘러간다. 라스토케Rastoke는 플리트비체 호수Plitvice Lakes와 비슷한 자연 현상이 일어난다. 그래서 라스토케Rastoke는 '플리트비체Plitvice의 작은 호수'로 알려지기도 했다. 코라나Korana 강에 의해 플리트비체Plitvice 호수와 연결되어 있다. 라스토케Rastoke는 생태학적으로 중요한 의미를 지닌 곳이다.

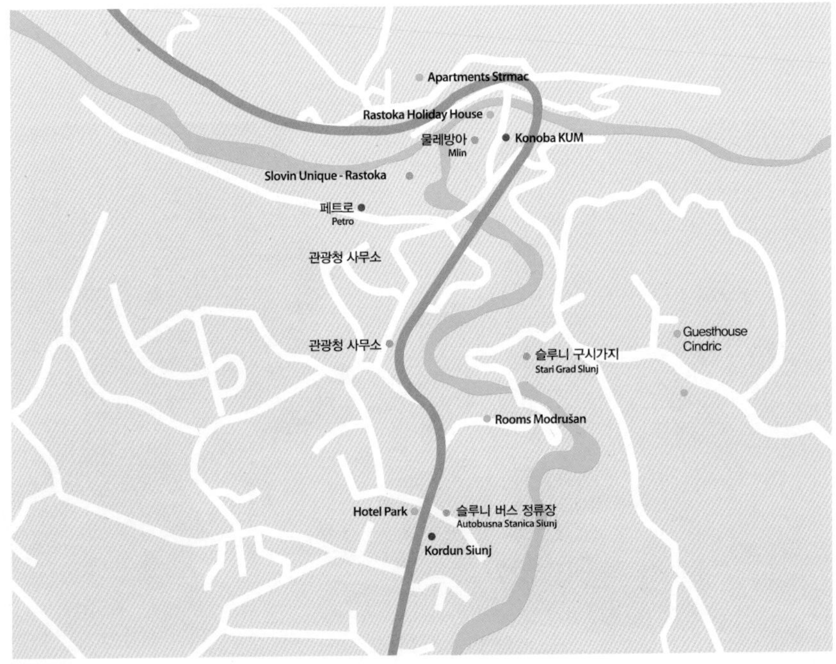

라스토케 IN

자그레브 → 라스토케(79kn)

자그레브Zagreb에서 라스토케Rastoke의 슬루니Slunj에 버스를 타고 약 1시간 40분정도면 도착한다. 첫차는 새벽 5시45분, 막차는 5시 25분에 출발하므로 시간을 확인해야 하며 여름과 겨울의 시즌별로 시간은 달라진다.

▶http://voznired.akz.hr/

자그레브 → 플리트비체(81 ~ 105kn)

매시간 버스로 2시간 정도 지나면 플리트비체 국립공원에 도착한다. 다만 정확한 시간에 운행을 하지 않으므로 운행하는 시간마다 +/- 30분정도는 감안하고 기다리는 것이 좋다. 첫차는 라스토케를 가는 버스와 동일하며 막차가 10시까지 있으므로 쉽게 이동이 가능하다.

▶http://voznired.akz.hr/

작은 마을이지만 꼼꼼히 돌아다니면 라스토케Rastoke의 진면목을 볼 수 있다. 곳곳에 맑은 물이 흐르기 때문에 작은 돌다리나 나무다리를 건너다보면 둘러보는 잔잔한 매력이 넘치는 마을이다.

tvN, '꽃보다 누나'에서 물레방아가 모여 있는 숲속의 요정마을로 묘사된 라스토케Rastoke는 그에 걸맞게 물레방아도 정말 많다. 게다가 크로아티아의 해안도시에서 붉은 지붕과 바다를 많이 즐겼다면 라스토케Rastoke에서는 붉은 벽돌집이 아닌 아기자기한 나무집들이 가득하여 색다른 매력이 있다.

한눈에 파악하는 라스토케의 역사

중세 시대에 슬루니Slunj 지역은 유럽과 오스만 제국 사이의 불확실한 국경 지역이었다. 요새가 1578년에 파괴되었다가 재건되기를 반복하였다. 이후 슬루니Slunj는 1809~1813년까지 프랑스의 지배하에 있었다. 이 시기에 크로아티아어는 지방 언어가 되면서 언어가 통일되었다.
당시의 프랑스정부 총사령관 아우구스트 마르몬트Auguste Marmont의 집이 여전히 남아있다. 제 1, 2차 세계대전 이후 전기제철기가 발명되고 많은 이민이 이루어지면서 라스트 콕의 경제적 중요성은 급격히 감소하고 소규모 마을로 남아있게 되었다.

엑티비티

관광지로 라스토케Rastoke를 개발하고 있는 슬루니Slunj 마을과 코르둔Kordun의 주변지역은 생태학적 관광에서 중요한 역할을 한다.
자연을 보존하면서 즐길 수 있는 수영, 카누, 래프팅, 낚시, 사냥, 산악자전거 타기, 하이킹, 승마 같은 엑티비티를 할 수 있다.

EATING

내셔널 레스토랑 리츠카 쿠차
National Restaurant Lička Kuća

1972년에 개장해 약 50년 된 식당이지만 깔끔하고 깨끗하다. 리카 지방의 전통 가옥 방식으로 짓고 꾸며낸 곳이며, 자리도 약 300여명이 들어갈 수 있을 정도로 널찍해 대기도 별로 없는 편이다.
현지 숙소에서도 추천하는 식당으로 사람들이 많이 찾는 메뉴는 송어요리와 양고기 요리. 양고기 요리는 양고기 특유의 냄새가 약간 나지만 먹을 만한 정도로 스프나 스테이크, 꼬치도 맛있는 편이다.

주소_ Josipa Jovica 19
위치_ 플리트비체 입구 1에서 도보 약 3분
영업시간_ 11:00~22:00
요금_ 스타터 30kn~ / 메인요리 85kn~
전화_ 053-751-014

플리트비체 레이크 페타르
Plitvice Lakes Petar

가격이 저렴하지는 않지만, 플리트비체 국립공원에 있는 다른 식당에 비해 꽤 맛있는 음식을 먹을 수 있는 곳이다.
작은 규모의 식당은 아니지만 성수기 식사시간엔 대기가 있으므로 시간을 넉넉히 잡아 방문할 것. 직원들도 친절하고 요리 품질도 좋은 편이라 만족도가 높은 식당이다. 대부분의 요리가 괜찮지만 특히 고기요리가 맛있는 곳으로, 스테이크는 반드시 시켜볼 것을 추천한다.

주소_ Rastovača 4
위치_ 플리트비체 입구 1에서 도보 약 20분
영업시간_ 07:00~24:00
요금_ 스타터 80kn~
전화_ 092-285-6966

하우스 카트리나
House Katarina

150쿠나라는 저렴한 가격에 에피타이저, 메인, 디저트에 음료까지 포함된 3코스 현지 가정식을 먹을 수 있는 정원식 레스토랑. 식당으로만 운영하는 곳이 아니라 에어비앤비 숙소에서 함께 운영하는 곳으로, 이 곳 말고는 식당이 별로 없기 때문에 인근 숙소의 숙박객들이 거의 이곳에서 식사한다. 자리도 많지 않기 때문에 조금 일찍 방문하는 것을 추천하며, 다른 요리도 다 좋지만 메인을 송어요리로 시킨다면 전혀 후회하지 않을 것이다.

주소_ Rastovača 14
위치_ 플리트비체 입구1에서 도보 약 10분
영업시간_ 매일 상이하나 대체로 18:00~21:00
요금_ 150kn
전화_ 091-585-7896

폴랴나
Poljana

맛집보다는 적당히 식사할 수 있을만한 식당이다. 음식이 담긴 접시를 쟁반에 담아 가져온 만큼만 계산하는 셀프 서비스 식당과 일반적인 레스토랑으로 나눠져 있다. 두 곳의 맛이 큰 차이가 없지만 한국인들은 송어구이나 볼로네제(미트소스) 스파게티를 주로 시키는 편이며, 닭요리도 먹을 만하다.

위치_ 플리트비체 입구 2 인근 Hotel Bellevue 옆
영업시간_ 07:00~23:00
요금_ 음식류 35kn~
전화_ 053-751-015

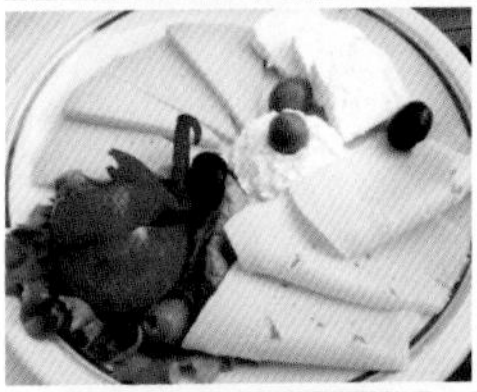

비스트로 코지악스카 드라가
Bistro Kozjačka Draga

식당이라기보다는 빵이나 샌드위치, 햄버거, 소시지나 닭고기 요리 등의 가벼운 음식을 판매하는 간이 음식점이다.
맛있고 푸짐한 음식으로 배를 채우겠다는 생각을 한다면 플리트비체 국립공원 보고 신났던 기분이 싹 가실수도 있다. 적당히 허기를 채운다는 곳으로 식사한다면 딱 좋을 음식점이 될 것이다.

위치_ P3 선착장 맞은편
영업시간_ 08:30~19:00
요금_ 음식류 25kn~

SLEEPING

플리트비체 국립공원 안 입구 2(ULAZ 2) 건너편에는 플리트비체, 벨뷰어, 예제로의 3개호텔이 운영되고 있다. 하지만 저렴한 숙소는 현지인 민박으로, 국립공원에서 도보 20분 거리의 무키네Mukinje와 예체르네Jezerce마을로 가면 되는데 성수기에는 사전에 반드시 예약을 해야 한다. 비성수기에는 버스정류장에 내리면 민박 주인들이 호객행위를 해서 예약을 하지 않았어도 숙소를 잡을 수 있다.

민박 주인들과는 영어로 의사소통이 어려우니 숙박예약은 관광안내소에서 하고 집주인에게 픽업을 요청하는 것이 편리하다. 민박은 주방시설이 있는 대신에 별도 식사는 제공하지 않으므로 미리 무키네 마을 언덕 위에 있는 슈퍼마켓에서 먹거리를 준비해 놓아야 한다. 무키네 마을에 있는 슈퍼마켓은 8시 정도까지 운영한다. 민박집에 예약을 하고 자그레브나 자다르, 스플리트에서 플리트비체로 버스를 타고 온다면 민박집에 짐을 먼저 풀고 플리트비체 공원으로 가야 한다. 짐 때문에 구경을 할 수가 없어 버스에서 내리기 전에 무키네 마을에서 내린다고 기사에게 미리 이야기하고 내려서 짐을 내려놓고 관람을 시작해야 한다.

벨뷰 호텔
Bellevue Hotel

플리트비체 국립공원안에 있어서 이동이 쉽고 , 다음날 재입장이 가능하다. 목재로 이루어진 호텔로 시설이 좋지는 않지만

운치가 있다. 호텔 내에 은행, 카페, 라운지등의 이용이 가능하다.

전화_ +385-53-751-800
주소_ 53231 Plitvicka Jezera CROATIA
위치_ Pleso 공항에서 약 136km 거리에 위치
인근 버스정류장에서 약 200m 거리에 위치

플리트비체 호텔
Plitvice Hotel

플리트비체 국립공원안에 있어서 이동이 쉽고 , 다음날 재입장이 가능하다. 호텔 프런트에서 입장했던 입장권을 재시하면 된다. 객실이 51개로 레스토랑과 바를 운영한다.

홈페이지_ www.np-plitvicka-jezera.hr
주소_ Plitvice Lakes National Park, Plitvicka Jezera
위치_ 국립공원 입구2 건너편에 위치한 호텔
전화_ +385-(0)53-751-100
요금_ 싱글 €55~ 더블 €80~

밀라브라코비치
Milan Brajkovic

집주인이 친절하여 기분좋은 숙소로 유명하다. 픽업도 해주고 슈퍼마켓에도 가끔 직접 태워다 주기도 한다. 다만 영어로 의사소통이 안 된다.

주소_ Jezerce 14
위치_ 예제르체 마을에 위치.
플리트비체 국립공원에서 도보 20분
전화_ +053-53-774-736
요금_ 150Kn(비수기)

빌라 조라
Villa Zora

아늑하고 깔끔한 숙소로 숙소 앞에 표기된 번호를 따라가면 찾을 수 있다.

주소_ Jezerce 12
위치_ 예제르체 마을에 위치.
플리트비체 국립공원에서 도보 20분
전화_ +053-53-774-736
요금_ 140Kn(비수기)

나다
NADA

전문적으로 아파트를 대여하는 집으로 청결한 숙소이다. 슈퍼마켓이 가까워 아파트에서 식사를 해먹기 좋은 위치에 있다.

주소_ Jezerce 14
위치_ 예제르체 마을에 위치.
플리트비체 국립공원에서 도보 20분
전화_ +053-53-774-736
요금_ 150Kn(비수기)

슈퍼마켓
ROBIN CENTER

무키네 마을에 있는 유일한 슈퍼로 꽤 큰 규모로 왠만한 물건들은 다 살 수 있다.

영업시간_ 오전10시~오후8시

플리트비체 국립공원 → 자다르, 스플리트로 이동하기

플리트비체 국립공원에서 스플리트로 이동하는 것이 일반적 루트이나, 중간에 자다르를 거쳐 스플리트로 향하기도 한다. 자다르에서 스플리트까지는 약 1시간 30분 정도의 거리이다. 플리트비체 국립공원까지 자동차로 이동을 해보면 자동차로 크로아티아에서 운전을 하는 것이 쉽다는 것을 알 수 있다. 하지만 그렇다고 자만심에 빠져 속도를 높여 운전을 하지 않도록 조심하자. 자다르나 스플리트로 이동하는 구간은 해안도로도 있기 때문에 핸들링이 심하여 속도를 30㎞까지 내려야 하는 구간도 있다는 것을 기억하고 운전을 시작해야 한다. 가민 네비게이션으로 먼저 자다르Zadar나 스플리트Split를 입력하여 이동루트를 확인하고 드라이브를 시작하도록 한다.

자다르 이동도로 일정

플리트비체 국립공원 → E71, E59국도타고 이동 → Gospic 고속도로 통행 요금소 → A1고속도로 → 터널 Sv. Rok통과 → Zadar 1에서 나옴 → Zadar도착

스플리트로 이동한다면

플리트비체 국립공원 → E71, E59국도타고 이동 → Gospic 고속도로 통행 요금소 → A1고속도로 → 터널 Sv. Rok통과→ Zadar 1에서 나오지 않고 계속 A1고속도로 이동 → Dugopolje에서 나옴 → Split 도착

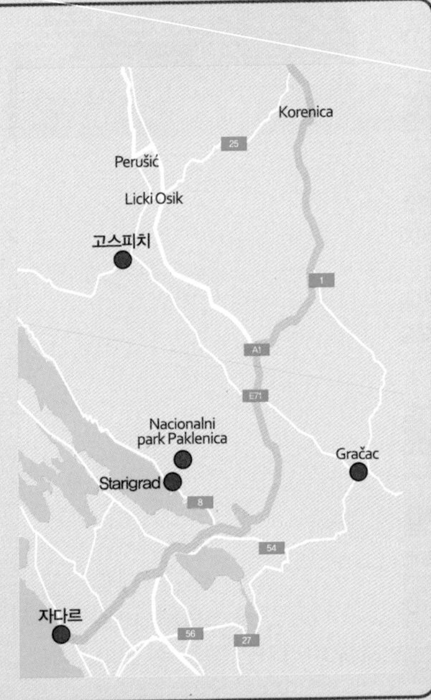

플리트비체 국립공원에서 자다르나 스플리트로 이동하는 구간은 E71, E59국도에서 A1고속도로로 잘 이동하는 것이 중요하다. 네비게이션을 입력하고 나면 반드시 경로를 미리 확인하자.

네비게이션이 A1고속도로로 이동하지 않고 국도만을 이용하여 자다르나 스플리트 구간을 알려주는 경우가 있다. 이 구간의 국도는 산간지형을 지나가기 때문에 도로의 굴곡이 심한

구간에서 속도가 나지 않고, 이동하는 구간의 경치도 아름답지는 않아서 고속도로를 타고 다음도시로 이동하는 것이 좋다.

1. 플리트비체 국립공원에서 E71, E59국도는 어렵지 않다. 다만 네비게이션이 간혹 국도만으로 이동하는 경로를 알려주는데 이때 자다르나 스플리트로 이동하는 시간이 매우 길어진다. 주변의 경치라도 아름답다면 괜찮지만, 그렇게 아름다운 구간도 지나지 않으니 미리 경로를 확인하고 출발하자.
(가민 네비게이션으로 숙소의 위도, 경도를 입력하여 이동하는 것도 하나의 방법이다. 물론 도시(Cities)로 찾아서 자다르나 스플리트로 이동해도 되지만 어차피 이동하고 나서 숙소로 먼저 이동해야 하니 숙소의 위도, 경도를 여행출발 전에 미리 확인하여 가도록 한다.)

2. Gospic 고속도로 통행 요금소로 들어가면 이전에 했던 방법처럼 통행권을 뽑아서 A1고속도로를 이용하면 된다. 130km까지 속도를 낼 수 있기 때문에 제한속도보다 더 빨리 운전을 하는 경우가 있지만 해외에서는 사고에 주의해야 한다.

3. 터널 Sv. Rok은 길지않고 터널을 만든지 얼마 안되어 내부도 밝은 편이다.

4. Zadar 1에서 통행료를 내고 나오면 이제 국도를 타게 되는데 얼마 안되어 자다르가 나온다. Zadar 1에서 나오지 못하면 상당히 이동하여 자다르로 이동하는 데 시간이 많이 걸린다. 터널을 통과한 후에 도시 표지판을 잘 보고 나와야 한다. 스플리트로 간다면 Zadar 1에서 나오지 말고 계속 고속도로로 이동하여 Dugopolje로 나와서 스플리트로 이동한다. 이때도 네비게이션을 잘 보면서 국도로 진입하는 곳을 지나치지 않도록 주의 한다.

5. 국도로 나오면 자다르까지 20분내에 진입하기 때문에 숙소로 먼저 이동하여 주차장에 주차하고 자다르 관광을 시작한다. (주차장 이용방법은 렌트카 이용하기 참조)
스플리트도 국도로 진입하면 얼마 안되어 도시내부로 들어가는데, 센터Center라는 표지판의 글자를 보고 들어가서 숙소로 먼저 이동한다. 스플리트의 아파트를 숙소로 이용한다면 주차를 제공해주는 경우가 많다. 그게 아니라면 숙소에서 가까운 주차장을 확인하여야 짐을 숙소로 이동시키는데 고생하지 않는다.

Zadar

자다르

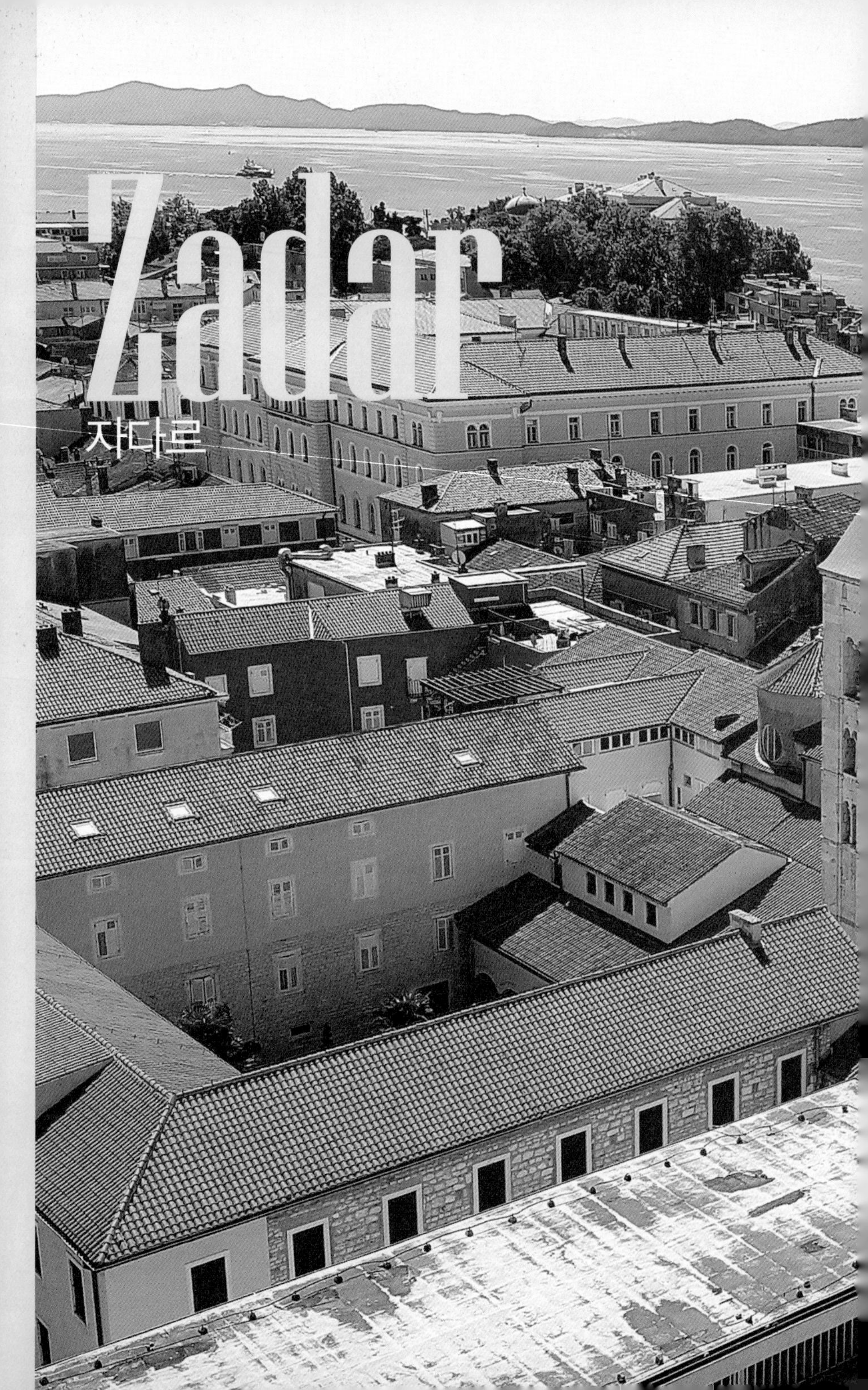

Zadar
자　다　르

자다르Zadar는 크로아티아 서쪽 달마티아지방에 있는 아드리아 해 북부에 위치한 항구도시로 '선물로 지어진 도시'란 뜻의 자다르는 3,000년의 역사를 가지고 있으며 현재는 7만 여 명의 사람들이 살고 있는 도시다. 중세시대 로마교황청의 직속 관리를 받을 정도로 중요한 역할을 했던 곳들이 많았으며 로마시대 광장 유적지가 최대 규모로 남아 있어, 최근 가장 인기 있는 크로아티아의 관광지로 급부상 중이다.

자다르 달마티아 북부에는 약 71,000명이 살고 있다. 인근 도시인 프레코에서 북동쪽 방향으로 6㎞ 정도 떨어져 있으며, 수도인 자그레브에서 남쪽 방향으로 약 190km 정도 떨어져 있다. 남동쪽으로 115㎞ 떨어진 곳에 스플리트가 있다.

ZADAR

한눈에 파악하는 자다르 역사

고대 로마의 식민지가 되기 이전에는 일리리아 인이 세운 도시로 시작되었다. 812년, 아헨 조약으로 비잔틴 제국으로 귀속되었다. 12세기 후반에 헝가리 왕국이 점령했지만, 1202년에 베네치아 공화국 령으로 바뀌게 되었다.

1797년, 나폴레옹에 의해서 베네치아 공화국이 멸망하고 캄포포르미오 조약의 결과로 다른 베네치아 공화국 령의 영토가 프랑스에서 오스트리아로 바뀌게 되었다. 1805년의 프레스부르크 조약에서는 이탈리아 왕국의 일부가 되었다가 나폴레옹이 실각한 뒤에는, 오스트리아로 넘어갔다.

오스트리아-헝가리가 멸망하면서 유고슬라비아 왕국의 일부가 되었지만, 라팔로 조약에 의해 이탈리아 왕국으로 귀속되었다. 제2차 세계 대전이 끝나고 1947년에 이탈리아와 연합국사이의 평화 조약으로 유고슬라비아로 이름이 바뀌었다가, 1991년 크로아티아 독립 전쟁에서는 세르비아군의 공격으로 큰 피해를 입었다.

자다르 in

올드 타운에서 15분 정도 걸으면 버스 터미널과 기차역이 나온다. 자다르 공항은 시내에서 약 30분 정도 떨어져 있는 작은 공항이다. 저가항공으로 자다르로 들어오는 유럽 여행자가 주로 이용하고 있다.

공항에서 시내 IN

공항에서 시내 옆의 항구에 있는 버스터미널까지 30분마다 운행하는 공항버스인 리부르니아Liburnija가 있다. 새벽 5시30분부터 22시 30분까지 운행하는데, 대부분의 항공기 시간에 맞춰서 운행하여 버스로 이동하는 여행자가 대부분이다. 새벽에 출발하는 항공기는 버스 출발시간과 일치하지 않으므로 택시를 이용해야 한다.

자다르 in

스플리트나 자그레브에서 자다르로 이동하는 관광객이 많다. 2015년에만 해도 여름 성수기에도 언제나 버스를 타고 다른 도시로 가는 버스티켓은 쉽게 구할 수 있었다. 하지만 최근에 늘어난 여행자로 인해 성수기 버스 티켓은 사전에 구입해야 한다. 여행 일정이 정해져 있다면 홈페이지(www.liburnija-zadar.hr)에서 예약하는 것이 편리하다.

버스터미널

자그레브나 스플리트에서 출발하면 약 3시간 30분 정도 소요되는데 거리는 스플리트가 가깝지만 해안도로에서 속도를 낼 수 없어서 자그레브에서 출발하는 버스와 소요시간이 비슷하다. (100쿠나kn)
▶주소 : Ante Starcevica 1 ▶전화번호 : 060 305 305

기차

자다르 기차역은 있지만 버스보다 비싸고 이동시간이 오래 걸려서 이용하는 승객은 많지 않다. 버스터미널 옆에 기차역이 같이 있으므로 찾는 것은 어렵지 않다. 자그레브에서 약 7시간, 스플리트에서 약 6시간이 소요된다.

시내교통

자다르는 작은 도시로 외곽에 살고 있는 자다르 시민이 아니면 시내버스를 탈 경우는 거의 없다. 올드 타운과 외곽을 이어주는 12개의 노선이 있어서 편리하게 이용할 수 있다. 시민들은 10회권(2회권씩 5묶음)을 구입해 1주일씩 이용하는 경우가 많다. 버스터미널이나 티삭TISAK에서 구입이 가능하다.

택시

공항에서 4명 정도면 택시 이용이 편리하고 버스이용비용과 차이가 별로 없다. 시내에서 5㎞당 25~40쿠나kn이 비용이라 이용하는 경우가 드물다.

자다르 핵심 도보 여행

자다르는 시로카 대로Siroka Ulica를 따라 관광명소가 양쪽으로 둘러싸여 있어 두브로브니크의 구시가인 성벽과 가장 많이 닮은 곳이기도 하다. 화창한 날씨를 즐기고 싶다면 퀸 젤레나 마디예프카 공원으로 가면 된다. 평화로운 퀸 젤레나 마디예프카 공원에서 친구와 함께 커피 한 잔 하면서 수다를 떨며 여유를 즐기는 모습을 보게 된다.

또 근처의 블라디미르 나조르 공원에서 간단하게 싸온 도시락을 먹고 책을 읽는 시민들을 볼 수 있다. 일상의 여유가 느껴지는 상징적인 장면이다. 이처럼 자다르에서는 평화로운 마음이 자리하게 된다. 정신없는 도시 생활에서 잠시 벗어나고 싶다면 실바, 프레코 항구로 가자. 쿠클리카Kukljica 항구와 살리Sally 항구 등은 소문난 명소이다.

박물관은 주로 구시가지에 몰려 있어 방문하기가 쉽다. 여러 전시물을 관람하는 것도 좋지만 조용하게 사색할 수 있는 분위기를 즐겨보는 것도 좋다. 다양하고 흥미로운 전시물을 볼 수 있는 곳으로 인기가 높은 고대 유리박물관, 자다르 민속박물관도 방문할 좋은 장소이다. 여러 전시물을 둘러보며 여행지의 역사와 문화적 특성을 파악하는 것도 진정한 여행의 묘미이다.

풍부한 볼거리로 가득한 고고학 박물관에 들러서 다양한 전시물을 보면 눈 깜짝할 새에 시간이 지나간다. 시티 갤러리에서 예술의 세계로 떠나고 자다르 국립박물관에서 흥미로운 과거도 살펴보고 유용한 역사 지식도 쌓으면 좋다. 인기가 높은 체인 문에 들러 시간을 거슬러 여행하는 느낌을 받아보자.

과거 모습을 발견할 수 있는 지역 내 여러 기념비와 역사적 건축물부터 랜드 게이트, 포트 게이트에서부터 투어를 시작해 보면 좋을 것이다. 체인 게이트, 로어 게이트에도 지역의 역사와 관련된 볼거리가 가득하다.

성 시몬 교회, 성 크리소고누스 교회, 치유의 성모마리아 교회, 성 엘리아스 교회도 놓치면 안 될 유명한 건축물이다. 기사성에 가면 호화로웠던 옛 지도자의 삶을 확인하고 세인트 마리 교회와 성 아나스타샤 대성당에서는 사색적이고 품격 높은 종교적 분위기를 경험할 수 있다. 성 도나트 교회, 아시시 성 프란시스 수도원도 종교적 색채를 느낄 수 있는 유명한 곳이다.

도시 광장은 때로는 아주 비슷해 보일 수 있지만, 각각의 광장이 품고 있는 이야기와 특징, 건축물로 놀랍고 독특한 개성을 보여준다. 여행하면서 포럼, 다섯 개의 우물 광장, 현지 주민들은 인민 광장도 추천할 것이다.

자다르의 상징적인 바다 오르간은 랜드 마크이다. 자다르의 매력을 제대로 느껴보고 싶다면 바다 오르간에 꼭 들러보자. 세계유일의 바다 오르간Moske Orgulje이 설치되어있어 파도의 움직임에 따라 자연의 음악을 연주한다. 코발트 색 바다로 향하는 돌계단 구석에 구멍을 뚫어 만든 자연의 악기이다.

파이프와 호루라기의 원리를 응용해 최고의 건축가 니콜라 바시치가 디자인한 세계 최대 파이프 오르간이다.

자다르 지역에서 놓칠 수 없는 명소인 그리팅 투 더 선, 스톤 브리지, 구 크로아티아 보트 콘두라에 방문하며 인상 깊은 추억을 만들어 보는 사람들이 많다.
크로아티아 국립극장의 최고 시설과 놀라운 퍼포먼스를 즐기며 잊을 수 없는 자다르의 저녁을 만끽하고, 즐거운 공연을 보고 난 후 가까이 있는 식당이나 바에 들러 일행과 가볍게 식사를 즐기는 것도 좋은 방법이다.

태양의 인사
바다 오르간
더 가든
바스티옹 호텔
자다르 성채
성 프란체스코 아시시 성당
자다르 아세날
Konoba Amore
아파트먼트 도나트
야드몰리타
로만 포룸
성 아나스타샤 대성당
성 도나트 성당
부티크 호스텔 포룸
바다의 문
고고학 박물관
자다르 국립 박물관
성 크리소고누스 성당
자다르 국립 극장
에바 ll 젤라토 오리지널
자다르 시장
부티가 컨셉트 스토어
아트 호텔 칼레라르가
컬트
테타 페타
다리
비트로브 초콜릿
나로드니 광장
티넬
아티나 아파트먼트
고대 유리 박물관
다섯 개 우물 공장
펫 부나라
육지의 문
젤레나 마디예 여와 공원

고대 로마와 중세의 유적이 곳곳에 보존된 오랜 역사를 간직하고 있는 자다르는 중세 상업, 문화의 중심지였다. 14세기 말, 크로아티아 최초의 대학이 자다르에 설립되었고 19세기 후반에는 달마티아 지역 문화국가 재건운동의 중심지가 되기도 했었다.

요새도시
Grad Utvrda

자다르의 구시가지는 성벽으로 둘러싸인 약 3㎞ 정도의 둘레에 위로 튀어나온 작은 반도모양의 요새도시이다. 시내는 고대 로마시대 때부터 요새화되어, 베네치아 공화국 시대에 도시가 완성되어 베네치아 공화국 무역의 기지역할을 하였다. 고풍스러운 고대 로마의 유적과 르네상스 시대의 화려한 로마네스크 건물이 조화를 이루고 있다. 자다르는 시로카 대로Siroka Ulica를 따라 관광명소가 양쪽으로 둘러싸여 있어 두브로브니크의 구시가인 성벽과 가장 많이 닮은 곳이기도 하다.

고대 로마시대부터 이어온 요새 도시는 성벽으로 둘러싸여 있으며 성벽은 과거 베네치아 공화국 당시에 오스만투르크족으로부터 자신들을 지키기 위해 지었다고 전해진다. 구시가를 들어가려면 시티 게이트라고 불리는 4개의 성문을 통해서만 입장할 수 있었으며 현재까지도 2개의 육지의 문Mainland Gate 와 항구의 문Port gate이 남아 자다르 구시가지의 관문 역할을 하고 있다.

육지의 문

opnena Vrata / Mainland Gate

1543년에 건축된 육지의 문은, 자다르에서 가장 아름다운 르네상스 시대의 건축물로 불리며 베네시안 공화국을 상징하는 날개 달린 사자상이 조각되어 있다. 승리를 상징하는 3개의 아치로 구성되어 있으며 구시가로 연결되는 메인 입구로 여전히 사용되고 있다.

주소_ Ante Kuzamanica, 23000 Zadar

바다의 문

Morska Vrata / Sea Gate

성당 바로 옆에 지어져 성 크리소고노의 문이라고 불리기도 하는 바다의 문은 베테치아의 사자가 그려져 항구를 향해 나가기 위해 1573년에 만들었다.
고대 로마의 개선문 양식으로 그리스가 오스만 제국의 물리친 1571년 레판투 전쟁의 승리를 축하하는 글귀가 써 있다.

주소_ Poljana Pape Aleksandra 3, 23000 Zadar

바다의 문

성도나트 성당

Crkva Sv. Donata / St. Donat Church

자다르를 대표하는 건물로, 과거 9세기경에 지어졌다. 로마광장의 폐허 위에 세워졌으며 자다르에서 가장 오래된 교회다. 로마광장이 무너진 후 남은 그 유물들로 재료들로 성당을 건축하였다는 독특한 이력이 있다. 내부구조물도 전부 부서진 석재로 이용하여 만들어진, 재활용된 성당이기도 하다. 틀을 벗어난 유쾌한 발상이 있고 규격화 되지 않은, 전통에서 벗어난 친근하고 재미있는 멋이 있는 곳이다.

주소_ Trg Rimskog Foruma, 23000 Zadar
시간_ 9~22시(9~다음해 6월까지 21시)
요금_ 30kn(65세 이상 15kn, 10세 미만 무료)
전화_ 023316166

성 아나스타샤 대성당
Katedrala Sv. Stosîje / Zadar Cathedral

푸르른 아드리아 해와 자다르의 아름다운 붉은 지붕을 한눈에 바라볼 수 있는 대성당에서는 사색적이고 품격 높은 종교적 분위기를 경험할 수 있다. 자다르의 중심에 있는 로마네스크 양식의 아름다운 성 아나스타샤 대성당을 보게 된다.
12~13세기에 건설된 성당은 3개의 회랑과 2개의 장미창으로 구성되어 있다.
지하에는 도나타 주교가 헌정한 성 아나스타샤의 대리석 석관을 비롯한 그의 유품들이 전시되어 있으며, 이름을 따라 성당의 이름이 지어졌다.
달마티아 지방에서 가장 큰 성당으로 웅장한 대리석 기둥과 파이프 오르간을 보면 사랑할 수밖에 없는 도시이다.

주소_ Trg Sveti Stosije 1,
Ulica Šimuna Kožičića Benje, Zadar 23000
시간_ 6시 30분~19시(월~금 / 토, 일요일 8~9시)

진짜 유명해진 이유

바로 성당의 외관이다. 정면에서 바라보았을 때 한 눈에 들어오는 2개의 동그란 장미모양 창문과 3개의 회랑은 이곳에서만 볼 수 있는 것이기 때문이다. 특히 장미모양으로 만들어진 창문이 핵심이다. 바로 앞 노천카페에 앉아 빛에 따라 시시각각 분위기가 변하는 모습을 감상해보는 것도 좋다

종탑

성당 옆에 위치한 종탑은 네오 로마네스크 양식으로 성당보다 나중에 지어졌는데, 2차 세계대전에서 파괴되었다가 1989년에 다시 지어졌다. 180개의 계단을 따라 올라가면 푸른빛으로 빛나는 아드리아 해와 붉은 지붕으로 둘러싼 자다르를 한눈에 조망할 수 있다.

▶9~22시(월~토)
▶20kn

수치의 기둥

종탑에서 왼쪽으로 돌아가서 보이는 기둥이 '수치의 기둥'이라고 한다. 로마시대에 죄인을 매달아 놓고 사람들이 지나가면서 보게 만들어 부끄럽게 만들었다고 하여 붙여진 이름이다.

종탑에서 내려다 본 모습

로마시대 포럼
Forum

성 도나트 대성당과 고고학 박물관 사이에 있는 광장이다. 과거 로마시대 포럼으로, 집회장이나 시장으로 사용되었던 로마 특유의 장소다. 자다르의 포럼은 AD1~3세기에 로마의 황제 오거스투스Augustus가 세웠다.

면적이 90*45m로 아드리아 해 동부해안에서 가장 큰 로마시대 광장이었으나 2차 세계대전 당시 폭격으로 손상되어 현재까지 복구 중이다. 광장 주변에는 로마시대 유적들이 전시되어 있다.

주소_ Zeleni Trg 23000 Zadar
위치_ 성 도나트 성당 정면 1~2분

5개의 우물
Trg 5 Bunara

16세기 오스만 투르크의 공격을 대비해 베네치아 인들이 만든 식수원이다. 일직선상의 5개 우물이 지금까지도 잘 보존되고 있으며 그 당시에도 예술 작품과 같이 시각적인 면도 중요시했음을 알 수 있다. 우물은 19세기까지 이용 되었다고 한다.

우물을 만든 이유

16세기, 적의 침입을 막기 위해 성벽 주변으로 만든 해자를 덮고 우물을 만들었다. 오스만투르크족의 공격에 대비하여 비상식수원을 확보하는 것이 가장 큰 이유였다. 현재까지도 보존이 잘 되어 물을 길어 올리던 도르래도 남아 있으며, 일렬로 쭉 늘어서 있는 5개의 우물이 인상적이다.

주소_ Trg 5 Bunara, 23000 Zadar
위치_ 유리 박물관에서 4~5분

나로드니 광장
Trg Narodni

구시가 중심의 시로카 대로Siroka Ulica에 중심에 있는 광장이다. 아담한 광장 바닥의 정비가 잘된 하얀 대리석이 언제나 윤이 나며, 두브로브니크 플라차 거리를 연상케 한다.
광장 주위를 시계탑, 시청사, 공개 재판소 등이 둘러싸고 있으며 노천카페가 있어 시민들에게 좋은 휴식처가 되고 있다.

주소_ Narodni Trg, 23000 Zadar

바다오르간
Morske Orgulje

자다르의 상징적인 바다 오르간은 랜드마크이다. 자다르의 매력을 제대로 느껴보고 싶다면 바다 오르간에 꼭 들러보자. 자다르의 명물 바다오르간은 달마티안 석공들과 건축가인 니콜라 바사치의 작품으로 2005년 만들어 졌다.
파이프와 호루라기의 원리를 응용해 최고의 건축가 가 디자인한 세계 최대 파이프 오르간이다.
세계유일의 바다 오르간Moske Orgulje이 설치되어있어 파도의 움직임에 따라 자연의 음악을 연주한다. 코발트 색 바다로 향하는 돌계단 구석에 구멍을 뚫어 만든 자연의 악기이다.
파도의 크기에 따라 바다를 마주하고 있는 보도에 설치된 75m, 35개의 파이프에서 파도의 밀물과 썰물을 이용한 독특한 바다의 연주를 감상할 수 있는 세계 최초의 바다오르간이다.

태양의 인사
Pozdrav Suncu

자다르 시내의 가장 끝 바닷가에 있는 태양의 인사는 300개의 태양열 집열판으로 설치된 조형물이다. 지름은 약22m로 낮에 태양열을 집적하였다가 밤이 되면 공연을 시작한다.
태양계를 시각화한 디자인이 바다 오르간의 연주와 함께 해가 지고 난 후 불이 켜지면 사람들의 탄성과 함께 공연을 시작한다. 성수기에는 관광객이 몰려들어 너무 소란스러워 집중하기가 힘들 정도로 자다르의 대표적인 관광지가 되었다.

시티 라구나
City Laguna

바다 옆에 위치한 작고 아담한 식당이지만 내어주는 음식이 양 많기로 소문났다. 에피타이저는 대부분 맛이 괜찮고, 메인은 파스타를 추천. 요리는 농어나 오징어, 새우가 들어간 요리가 좋다.
통유리창 밖으로 보이는 풍경은 낮 밤 할 것 없이 언제나 평화롭고 아름다우며, 아침 일찍부터 밤 늦게까지 운영하므로 언제 방문해도 좋은 곳. 처음 본 손님도 단골 대하듯 친절하고 정성스럽게 대하는 직원의 서비스는 덤이다.

주소_ Ul. Bartola Kašića 1
위치_ 다섯우물광장에서 도보 약 2분
영업시간_ 08:00~23:00
요금_ 스타터 50kn~ / 메인요리 85kn~
전화_ 095-573-6510

펫 부라나
Pet burana

유기농 재료를 사용한 달마티아 전통 음식을 표방하는 음식점. 지역에서 생산된 제철 재료와 신선한 재료를 사용하여 음식을 만들어 내 만족도가 높은 식당이다. 추천메뉴는 스테이크나 생선요리이며, 디저트도 맛있는 것으로 유명하니 맘에드는 것으로 하나쯤 시켜봐도 좋을 것. 음식 나오는 속도가 조금 느린게 흠이라면 흠이지만, 셰프가 정성스럽게 요리한 음식과 친절하고 세심한 직원들의 서비스로 조금 참아보자.

홈페이지_ petbunara.com
주소_ Stratico ul. 1
위치_ 다섯우물광장 인근
영업시간_ 12:00~23:00
요금_ 스타터 75kn~ / 메인요리 85kn~
전화_ 023-224-010

4 칸투나
4 Kantuna

전형적인 지중해요리 음식점이지만 피자가 맛있는 것으로 유명한 레스토랑. 오븐에서 구워낸 피자는 담백하고 촉촉한데다 어떤 토핑이 들어간 피자를 시켜도 만족스럽게 먹을 수 있는 곳이다.
피자 외의 추천메뉴는 스테이크나 문어요리. 친절한 직원과 맛있는 음식 때문에 저절로 재방문할 수밖에 없는 곳이며, 한국인들은 트러플 파스타와 레몬 맥주를 필수로 시키므로 주문 시 참고하자.

홈페이지_ restaurant4kantuna.com
주소_ Varoška ul. 1
위치_ 펫 부라나에서 도보 약 4분
영업시간_ 11:00~23:00
요금_ 에피타이저 32kn~ / 피자 58kn~
전화_ 091-313-5382

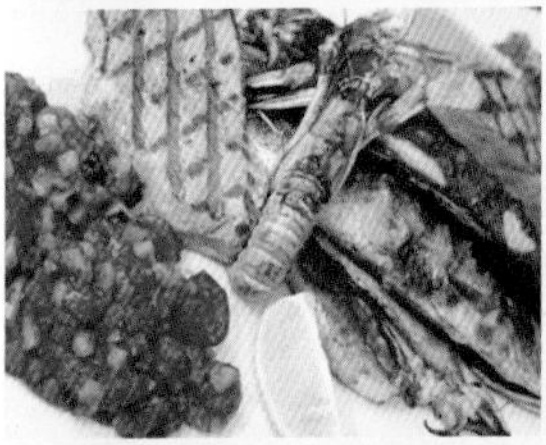

레스토랑 2리바라
Restaurant 2Ribara

자다르의 골목 맛집으로 현지인들이 자주 찾고 추천하는 음식점. 현대적인 인테리어와 깔끔한 분위기에다 직원도 친절하다. 양도 많고 대부분의 메뉴가 맛있어 어떤 것을 시켜도 무리가 없는 맛집이지만, 한국인들에게는 진한 해물맛이 배어있는 오징어 먹물 리조또 맛집으로 알려져있다.

리조또 외에도 스테이크나 생선요리를 시켜도 좋으며, 직원에게 어울리는 와인을 추천받아 음식과 함께하면 꽤 기억에 남을 식사가 될 것이다.

홈페이지_ 2ribara.com
주소_ Ul. Blaža Jurjeva 1
위치_ 4kantuna에서 도보 약 2분
영업시간_ 월~토 11:00~23:00
일요일 11:00~22:00
요금_ 타터 70kn / 메인요리 110kn~
전화_ 023-213-445

더 가든 라운지
The Garden Lounge

겉보기엔 가정집 같은 분위기라 그냥 지나칠 수 있으니 조심하자. 자다르에서 가장 만족할 수 있는 카페를 놓칠수도 있다. 정원식으로 펼쳐진 널찍한 카페는 자다르의 해안을 파노라마로 조망할 수 있으며, 편안한 테이블이나 매트가 깔린 자리도 많아 여유롭게 늘어져 쉴수도 있다. 메뉴는 커피나 주스, 스무디 같은 카페 음료부터 시작해 와인이나 칵테일, 주스, 맥주까지 고르게 판매하고 있다. 허기지거나 당이 필요하다면 건강하고 신선한 채식 요리와 달달한 디저트를 시켜도 좋을 것. 저녁에는 DJ가 만들어내는 템포 강한 음악이 트로피칼한 분위기를 끌어올리므로 취향에 맞는 시간대를 선택해 방문해 보자.

홈페이지_ thegarden.hr
주소_ Liburnska obala 6
위치_ 바다오르간에서 도보 약 5분
영업시간_ 월~토 10:30~25:30
일요일 10:00~24:00
요금_ 음료류 35kn~
전화_ 023-250-631

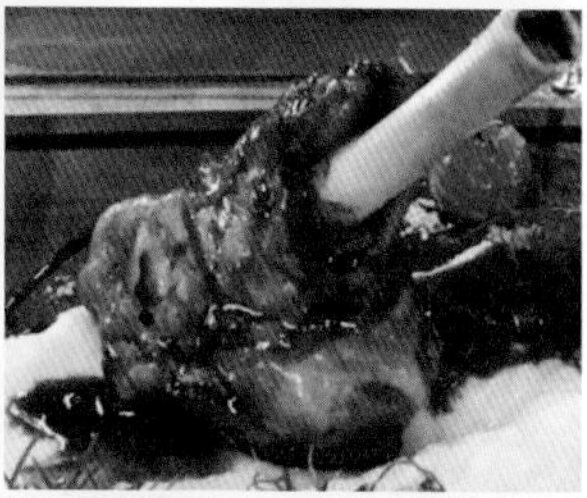

하버 쿡하우스 앤 클럽
Harbor CookHouse & Club

바다 바로 옆에 위치해 전망이 좋은 음식점으로 현지인들도 추천하는 곳이다. 대부분의 음식이 보통 이상의 맛을 자랑하며 친절하고 세심한 직원과 고급진 분위기 덕에 항상 만족도가 높은 식당이다.
파스타나 리조또도 맛있지만, 고기요리를 전문으로 하는 맛집이기 때문에 스테이크나 햄버거는 반드시 시켜먹어볼 것. 바다가 잘 보이는 자리에서 식사하고 싶다면 예약 후 방문하거나 일반적인 식사시간보다 좀 더 이른 시간에 방문하는 것이 좋다.

홈페이지_ harbor.hr
주소_ Obala kneza Branimira 6A
위치_ 다섯우물광장에서 도보 약 10분
영업시간_ 월~토 07:00~26:00
일요일 07:00~24:00
요금_ 스타터 42kn~ / 메인요리 100kn~
전화_ 023-301-520

코노바 라파엘로
Konoba Rafaelo

올드타운에서 꽤 떨어져있는 것이 흠이지만, 자다르에서 잊지 못할 고기요리를 맛보고 싶다면 일단 가보자.
코노바 라파엘로는 현지인들이 좋아하고 추천하는 바비큐요리 맛집으로, 바베큐와 함께 다양한 구운 야채, 산처럼 쌓아올린 감자튀김이 나오는 라파엘로 플래터는 이 곳의 시그니처지만 2명이 먹기도 힘들다. 대부분의 요리가 한명이 먹기 힘든 양이 나오는 편이므로 위를 비워두고 가는 것이 좋을 것이다.

홈페이지_ 24ugo.com
주소_ Obala kneza Trpimira 50
위치_ 하버 쿡하우스 앤 클럽에서 약 3km
영업시간_ 월~토 10:00~24:00
일요일 12:00~24:00
요금_ 스테이크류 115kn~ / 라파엘로 플래터 270kn
전화_ 023-335-349

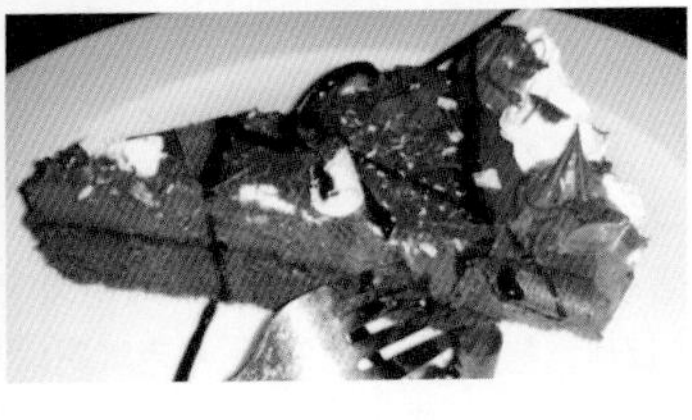

맘마 미아
MAMMA MIA

관광객은 거의 찾아보기가 힘든, 현지인들만 가득찬 진짜 현지 맛집. 평일 주말 할 것 없이 현지인들이 즐겨찾는 곳으로 식사시간에는 웨이팅이 있다. 음식 서빙도 다소 느린 편이기 때문에 식사시간을 피해 방문한다면 쾌적하고 즐겁게 식사할 수 있을 것. 고기요리와 생선요리, 피자와 파스타 등 대부분의 요리가 맛있는 곳이지만, 그릴자국이 선명히 박힌 고기요리와 토핑이 듬뿍 들어간 피자는 반드시 시켜보자.

주소_ Put Dikla 54
위치_ 코노바 라파엘로에서 도보 약 10분
영업시간_ 12:00~24:00
요금_ 피자류 50kn~ / 메인요리 65kn~
전화_ 023-334-246

크르카 국립공원(Krka National Park / Nacionalni Krka)

크로아티아의 8개 국립공원 중 7번째로 1985년에 국립공원으로 지정되었다. 크르카 국립공원Krka National Park은 고대 그리스어인 'Kyrikos'의 이름을 따서 달마티아 중부의 중심부에 위치한 크르카 강Krka River의 중간과 하류코스를 따라 위치한 국립공원이다. 시베니크Šibenik에서 북동쪽으로 조금 떨어진 곳에 위치해 있다. 크르카Krka 강을 보호하기 위해 방문은 과학, 문화, 교육, 관광을 목적으로 제한하고 있다.

About 크르카 국립공원

크로아티아 남동부 시베니크Šibenik의 북동쪽에 있고 면적은 111㎢로 호수와 폭포로 유명하며 크르카 강Krka River이 흐른다. 강물이 석회암 지대를 지나면서 깊이 7㎞ 이상의 깊고 좁은 골짜기를 만들었고 강바닥들이 석회 침전물로 200m이상이 곳곳이 메워지기도 하면서 자연스럽게 절벽을 이루게 되어 폭포를 형성했다. 크르카 국립공원Krka National Park은 크로아티아 환경부 관할 하에 크르카 국립공원Krka National Park 관리공단에서 관리하며 보호, 보존, 홍보를 관리한다. 주요 역사, 문화유산으로 아름다운 건축 뿐 아니라 과거의 지역 경제 활성에 큰 역할을 하고 있다.

크로아티아의 7번째 국립공원 즐기기

크로아티아가 알려지지 않았을 시기에는 크로아티아를 잘 안다는 여행마니아들에게 입소문이 났던 곳이다. 플리트비체 국립공원에 비하면 작아서 실망했다는 소리도 듣지만 더운 여름에 즐거운 추억을 남기기에 크르카Krka 국립공원만의 멋이 있다. 크르카Krka 강을 비롯한 수많은 폭포와 호수가 자리해 매력이 가득한 국립공원이다.

가장 큰 장점은 수영이 가능하다는 것이다. 크르카 국립공원은 플리트비체 국립공원과는 달리 여름에 호수에서 수영을 즐길 수 있는 특징이 있어 관광객에게 인기가 많다. 맑은 폭포에서 시원하게 즐기는 여름의 수영은 최고의 추억을 남긴다. 자연보호를 위해 수영이나 채집 등을 엄격하게 규제하지만 수영복을 챙겨 수영을 즐긴다면 즐거운 추억을 남길 수 있다.

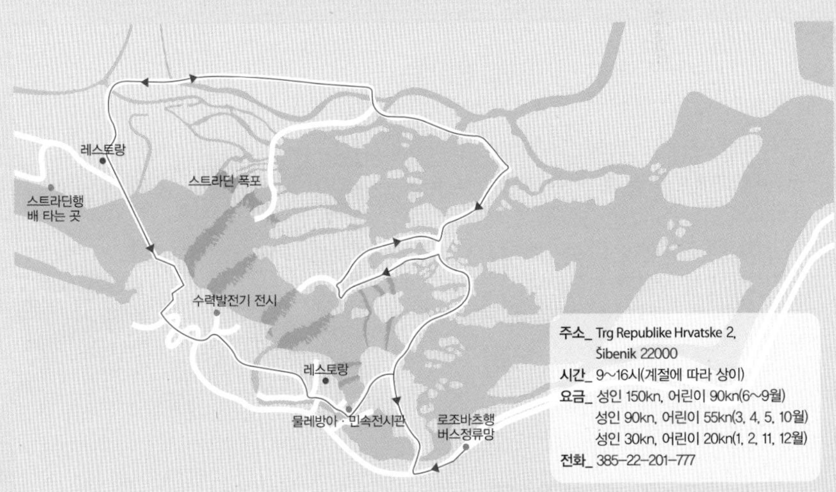

주소_ Trg Republike Hrvatske 2, Šibenik 22000
시간_ 9~16시(계절에 따라 상이)
요금_ 성인 150kn, 어린이 90kn(6~9월)
성인 90kn, 어린이 55kn(3, 4, 5, 10월)
성인 30kn, 어린이 20kn(1, 2, 11, 12월)
전화_ 385-22-201-777

크르카 강(Krka River)

달마티아 지역을 흐르며 72.5km로 상당히 긴 강이다. 크르카 강과 폭포의 기원은 약 10,000년 전으로 거슬러 올라가는 오래되 적물이 쌓여 만들어졌다. 디나라 산Dinara Mountain에서 시작하여 시베니크Sibenik 지역의 바다로 흘러간다.

디나라Dinara 강이 석회암 지대를 지나가면서 석회암을 깎아 협곡을 만들기도 하고 물속에 퇴적되어 협곡을 메워나가기도 한다. 결과적으로 물줄기를 따라 동시에 수많은 장벽이 세워져 현재 크르카 강Krka River에는 일곱 개의 웅장한 폭포가 생기게 되었다. 최근에 속도가 매우 빨라져서 크르카 강Krka River의 지형은 계속해서 바뀌고 있다.

석회암 폭포

입에 강물이 잠긴 부분을 포함하여 크르카 강(Krka River)은 72.5km 길이로 크로아티아에서 22 번째로 긴 강이다. 킨(Knin)에서 북동쪽으로 2.5㎞ 떨어진 디 나라(Dinara) 산맥의 산기슭에 자리 잡고 있다. 7개의 폭포와 242m의 고도에서의 낙하로 만들어진 자연스러운 카르스트 현상이다.

스크라딘스키 폭포(Skradinski Buk)

크르카 국립공원을 대표하는 37.5m 높이의 폭포는 크르카 강에서 가장 높은 폭포이다. 폭포수는 떨어지고 17개의 계단을 거치면서 폭포 아래에 형성된 호수와 강물에서 물놀이를 즐길 수 있다. 강물이 흐르면서 석회가 침전되어 자연스럽게 석회층이 형성되었고 수차를 이용하여 제분소를 만들고 사용하였다. 오늘날에는 과거의 제분소를 개조하여 전통 건축을 재연해 유물을 전시하거나 기념품을 판매하고 있다.

홈페이지_ www.np-krka.hr **주소_** Visovacko jezero

로슈키 계곡(Ro ki slap)

로슈키 계곡Roški slap은 22.5m의 광대한 폭포로 불리며 석회암으로 이루어져 있다. 로슈키 계곡과 오지자나 페치나 동굴Oziđana Pećina사이에는 나무 계단이 있다. 로슈키 계곡에 위치한 제분소는 달마티아에서 가장 흥미롭고 가치가 있는 민속 유산 중 하나이다.

비소바츠 호수(Visovac Lakes)

로슈키 계곡Roški slap과 스크라딘 폭포Skradinski Buk 사이에는 비소바츠 호수Visovac Lakes가 있고 비소바츠 호수Visovac Lakes내의 섬에는 1445년에 지어진 프란치스코회 수도원과 비소바츠 성모 마리아 성당이 있다. 수도원에는 귀중한 고고학 유물 역사적 가치가 높은 교회 장식품과 다양한 고문서를 보관하는 도서관 등이 있다.
수 세기 동안 성모 마리아를 숭배하여 이 섬은 '성모 마리아 섬'으로도 불리기도 한다. 비소바츠Visvac 섬은 루이 1세의 통치기간에 수도원을 설립하였다. 1445년 말 제베치Miljevci마을의 귀족인 프란치스칸에 의해 세워진 로마 가톨릭Visovac 수도원이 있다.

오지자나 페치나 동굴

오지자나 페치나 동굴은 자연 문화 및 역사적으로 중요한 의미를 지닌 곳이다. 고고학 연구 결과에 따르면 이 동굴에는 청동기 초반부터 중기까지의 문화, 아드리아 해 지역의 신석기 문화가 발견되었다. 기원전 5000~1500년 전에 인간이 동굴 안에 존재했다는 기록 또한 발견되었으며 고고학 유물들이 동굴에 전시되어 있다.

크르카 수도원(Manastir Krka)

크르카 수도원은 세르비아 정교회 신앙의 영적 중심지이다. 수도원 옆에는 비잔틴 양식으로 지어진 교회가 있고 교회 아래에는 고대 로마의 지하묘지가 있으며 최근에 공개되었다. 1402년에 처음 언급된 이후 크르카Krka 수도원은 시베니크Šibenik에서 볼 수 있는 달마시안 귀족정치 영적인 중심지로 수도원은 18세기 후반까지 지속적으로 복구되었다.

마노일로바츠 폭포(Manojlovac slap)

마노일로바츠 폭포Manojlovac slap는 크르카 국립공원에서 3번째로 높은 폭포로 59.6m높이의 석회층으로 이루어져 있다. 폭포 주변의 계곡에는 지중해 식물이 무성하게 자라있다. 폭포는 만조 기간에 큰 소리를 내며 충돌하여 무지개 색상의 안개 장막을 만든다.

빌루시차 폭포(Bilrusicha Waterfall)

빌루시차 폭포는 크르카 강에 있는 7개의 폭포 중 첫 번째 폭포로 크닌Knin의 하류에 위치한 협곡에 있다.
빌루시차 폭포 주변에는 폭포의 낙차를 이용해 전기를 얻어 가공하는 많은 제분소가 있었지만 기둥은 사라졌고 현재는 2개의 제분소와 한 개의 기둥만 남아있다.

부르눔(Burnum)

자고라 지역의 중심부에 숨어있는 부르눔은 고대 로마의 군주Burnum의 주둔지였다. 캠프에서 사령부의 유일한 원형극장과 군사 연습장의 벽을 볼 수 있다. 2010년에 개방한 풀랴네에코 캠퍼스Puljane Eco Campus에서는 지역에서 발견된 무기와 도구 등의 고고학 유물을 전시하고 있다. 고고학 유물은 1년 내내 관광객에게 개방되어있다.

크르카 국립공원 투어

크로아티아의 총 8개의 국립공원 중 하나인 크르카 국립공원Krka National Park에서 환상적인 폭포와 맑은 물을 보면서 잊지 못할 추억을 남길 수 있다. 약 9시간을 크르카 국립공원Krka National Park을 걸어서 둘러보기 때문에 체험효과를 극대화하는 투어이다. 국립공원에서 폭포 옆에서 수영을 즐기고 가이드와 함께 국립공원을 둘러보고 스크라딘스키Skradinski 폭포의 아름다운 마을을 보게 된다.

순서

1. 투어는 스플리트Split 시내에서 일찍 시작된다. 투어 가이드를 만나 코치 버스를 탑승해 출발한다.
2. 투어는 크르카Krka 강 입구에 위치한 아름다운 스크라딘Skradin 마을로 이동한다. 스크라딘Skradin에서 약 75분 정도 이동하면 도착한다. 그 동안 투어 가이드는 유용한 역사와 정보를 알려준다.
3. 스크라딘Skradin에서 가이드가 줄을 서서 표를 구입하는 동안 기다리지 않고 공원 입구 티켓을 가져 오는 동안 약간의 휴식을 취한다.
4. 약 25분 동안 로컬 보트에 탑승해 투어를 시작한다. 폭포 수영장에서 수영을 하고, 걷고, 긴장을 풀고, 공원의 독특한 자연에서 멋진 사진을 찍으면 하루를 보낸다. 공원의 아름답고 역사적인 가치를 느낄 수 있다.
5. 4시 정도에 스크라딘Skradin에서 가이드를 다시 만나 버스를 타고 스플리트Split로 약 17시 30분에 도착한다.

KORNATI EXCU

Šibenik

시베니크

Šibenik
시 베 니 크

아드리아 해에 바로 위치한 시베니크는 연중 내내 온화하여 관광하기에 좋다. 중세적인 시베니크Sibenik는 코르나티 섬Kornati Islands으로 들어가는 관문이기도 하다. 미국 드라마 왕좌의 게임Game of Thrones에는 시즌 5의 3번째 에피소드의 장소로 등장했다.

다른 도시와의 차이점

크로아티아의 해안의 도시들은 인기 관광지이다. 하지만 베네치아 공화국이 만든 아드리아 해(Adriatic Sea)의 다른 도시와 다르게 시베니크(Sibenik)는 크로아티아 인들이 건설한 도시로 작고 때가 덜 묻은 관광지이다. 11세기에 건설된 그대로 아름답게 보존된 구시가지는 작아서 방황해도 다시 길을 찾기 쉽다. 대부분의 건물들은 15~16세기의 건축물로 가득하다.

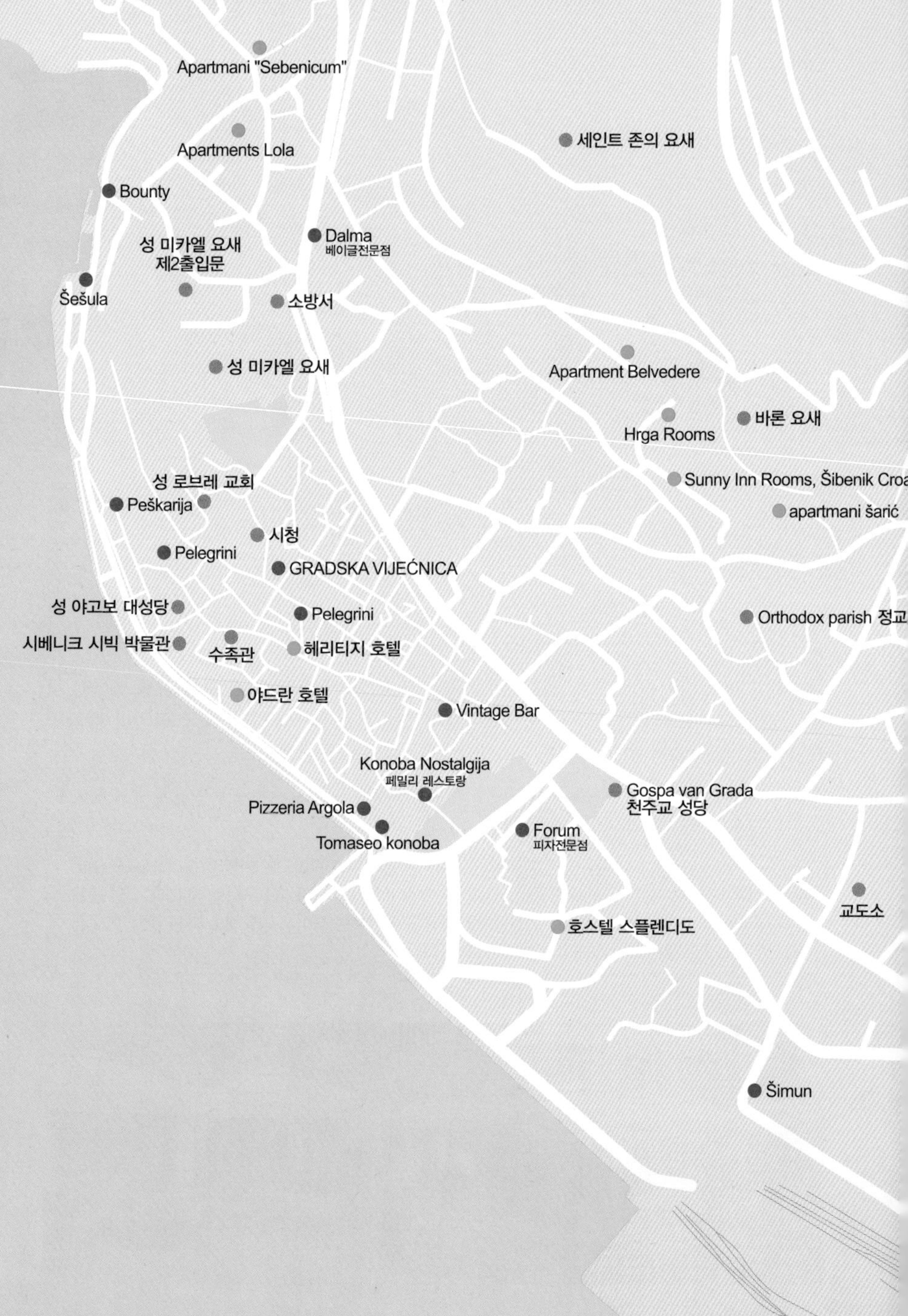

Apartmani "Sebenicum"
Apartments Lola
세인트 존의 요새
Bounty
Dalma
베이글전문점
성 미카엘 요새
제2출입문
Šešula
소방서
성 미카엘 요새
Apartment Belvedere
Hrga Rooms
바론 요새
성 로브레 교회
Peškarija
Sunny Inn Rooms, Šibenik Croa
apartmani šarić
시청
Pelegrini
GRADSKA VIJEĆNICA
성 야고보 대성당
Pelegrini
Orthodox parish 정교
시베니크 시빅 박물관
수족관
헤리티지 호텔
야드란 호텔
Vintage Bar
Konoba Nostalgija
페밀리 레스토랑
Gospa van Grada
천주교 성당
Pizzeria Argola
Tomaseo konoba
Forum
피자전문점
교도소
호스텔 스플렌디도
Šimun

성 제임스 성당
Katedrala Sv Jakova

시베니크 성당이라고 부르기도 하는 성 제임스 성당Katedrala Sv Jakova은 현재 유네스코 세계 문화유산으로 등재된 건축물이다. 15세기 초에 시작된 웅장한 성당은 베네치아 건축가인 안토니오 달레Antonio Dalle의 지시에 따라 완성하는데 100년 이상이 걸렸다. 건축 기간이 길어서 고딕 양식과 르네상스 양식을 포함한 다양한 스타일이 통합되었다.
주목할 만한 특징은 15세기부터 평범한 마을 사람들을 대표하는 70개 이상의 독특한 얼굴을 가진 외부의 부조이다.

주소_ Trg Republike Hrvatske 1
시간_ 9~17시

올드 타운 홀
Gradska vijecnica

대성당에서 광장 건너편에 있는 화려한 오래된 2층의 시베니크Sibenik 시청Gradska vijecnica은 아름다운 대형 기둥, 아치, 난간으로 유명하다. 16세기 중반, 르네상스 건축으로 유명한 건축가 미첼 산미첼리Michele Sanmicheli가 만들었다. 제 2차 세계대전 중 연합군의 공습으로 인해 대부분 파괴되었지만, 전쟁 후 완전히 재건되었다.

주소_ Trg Republike Hrvatske 3

성 바바라 교회
Sv. Barbara

시베니크 성당 바로 뒤에 14~18세기에 이르는 작지만 주목할 만한 조각품과 그림이 있는 성 바바라 성당Sv. Barbara이 있다. 초기 건물이 있던 1600년대 중반에 지어진이 단 하나의 본당은 불규칙한 모양의 입구와 밀라노 보니노의 15세기 성 니콜라스 동상으로 유명하다. 내부에는 2개의 독특한 제단이 있는데, 하나는 원래 교회에서 만든 것과 다른 하나는 나중에 첫 번째 재단을 보완하면서 만들어졌다.

주소_ Kralja Tomislava 19

시민 박물관

Muzej Grada Sibenika

구 시가지에서 가까운 거리에 있는 백작의 궁전Count's Palace은 16세기, 베네치아 통치 기간에 총독의 거주지 역할을 하도록 지어졌다. 현재 궁전은 시민 박물관Muzej Grada Sibenika으로 사용되고 있다. 신석기 시대부터 로마 시대에 이르기까지 조각품, 동전 수집품, 주변 지역의 다양한 고고학적 유물이 있다.

주소_ Gradska Vrata 3
전화_ 22-213-880

시베니크를 보호한 3개의 요새

세인트 존 요새(Tvrdava Sv. Johne)

16세기에 시베니크를 보호하는 5개의 요새는 유럽 최고의 보호 요새 중 하나였다. 세인트 존 요새는 도시에서 가장 높은 요새로 시내 중심에서 115m 떨어진 언덕 꼭대기에 자리 잡고 있다. 구시가지에서 약 10~15 정도 소요된다. 요새는 오스만 투르크의 공격으로부터 보호하기 위해 1646년에 보강공사를 하여 지금에 이르렀다.

주소_ Tijatska 2

성 미카엘 요새(Tvrdava Sv. Michele)

성 미카엘 요새는 시베니크에 있는 5개의 요새 중 하나로 중세 시대에 지어졌으며 구시가지에서 가장 가까운 요새로 언덕 위에 있다. 꼭대기에서 도시 전체와 아드리아 해 Adriatic Sea까지 전망을 즐길 수 있다. 여름에는 콘서트를 야외무대에서 감상할 수 있다.

주소_ Zagradje 21 **전화_** 91-619-6534

성 니콜라스 요새(Tvrdava Sv. Nikole)

성 니콜라스 요새Tvrdava Sv. Nikole는 16세기에 바다에서 오스만 투르크로 부터 시베니크 항구를 방어하기 위해 지어졌다. 요새는 화살촉과 비슷하며 본토의 작은 섬에있는 이전 수도원의 부지에 세워졌다. 베네치아의 대표 건축가 인 히에로니무스 디 산 미카엘라Hieronimus di San Michaela가 설계했으며, 한때 32개의 대포가 인상적이다. 현재 500 년이 넘은이 벽돌과 석조 요새는 수년이 지났음에도 불구하고 비교적 잘 보존되어 있으며 도시의 조직 된 여행의 일부 또는 개인 전세로 볼 수 있다.

주소_ Obala Franje Tudjmana I. Hrv. P. 4 **전화_** 22-338-343

Trogir
트로기르

Trogir
트 로 기 르

트로기르Trogir는 구시가지에 매혹적인 역사적 건축물과 기념물들이 꽉 들어 찬 작은 성곽 도시이다. 그리스, 로마, 여러 민족들이 2,500년 전부터 거주했던 트로기르는 1400년대 초부터 거의 4세기 동안 지배했던 베네치아 인들이다. 그들이 만든 그림 같은 방파제를 따라 낭만적인 산책을 즐기면서 인상적인 역사 유적지이자 유네스코에 등재된 성곽 도시의 자갈이 깔린 좁은 길을 걸어보자.

Trogir

한눈에 트로기르 파악하기

베네치아 인들은 화려한 궁전과 탑, 가옥과 요새들을 건설했다. 오래된 도시의 성벽을 따라 들어서서 베네치아 공화국의 상징인 산 마르코의 날개 달린 사자상의 묘사 등 베네치아 통치 시기의 유물들이 많다. 한때 도시 성벽과 합쳐져 있던 베네치아 인들의 방어용 성채인 도시 서쪽 외곽의 카메를렝고 성Kamerlengo Castle이 해안을 따라 웅장하게 서 있다.

뒤얽혀 복잡한 골목길의 중심에는 시청과 그랜드 시피코 궁전Grand Cipiko Palace, 테라 피르마 관문Gate of Terra Firma 등의 여러 역사적 기념물들이 있다. 도시의 가장 유명한 명소인 성 로렌스 성당Cathedral of St. Lawrence은 트로기르를 상징하는 건축물로 광장 중앙에 자리 잡고 있다. 도시 중심부에는 로마네스크 양식의 정문이 특징인 베네치아식 교회가 있다.

트로기르 IN

매일 37번 버스가 20분 간격으로 스플리트에서 트로기르로 운행한다. 시내버스터미널에서 트로기르로 가는 중간에 스플리트 공항에 들렀다가 트로기르로 이동한다. 기사에게 22Kn를 주고 버스티켓을 구입할 수 있다. 버스터미널에서 돌다리를 건너면 트로기르 구시가의 입구인 북문이 나온다.

▶소요시간

고속버스 40분, 시내버스 1시간

Villa Masline
트로기르 버스 터미널
Hirna pomoc Trogir
북문
포르틴 공원
Palace Derossi
트로기르 시 박물관
치피고 궁전
성 로렌스 성당
Villa Ruzica
시청사
로지아와 시계탑
Konoba Toma
Marijana
돈 디노
로기아
Hotel Trogir
Jambo Bistro Pizzaria
성 마르크 탑
성 베드로 성당
Mirkec
성 도미니트 수도권과 성당
Petae Berislavoc
트로기르 관광 사무소
트로기르 시립 도서관
카메르렝고 요새
Hotel Trogir
Hotel Vila Sikaa

트로기르의 즐거움

연안에 위치한 예쁜 중세 도시인 트로기르는 스플리트에서나 자다르에서 잠시 들렀다 가는 도시이다. 하지만 최근에 트로기르의 작은 골목길을 돌아다니는 맛을 아는 여행자가 늘어나고 있다. 타로드니 광장 근처에 있는 골목길을 따라 걸어가면 어디든 작은 골목길에서 현지인들을 만나서 이야기도 할 수 있고 아기자기한 기념품을 구입할 수도 있다. 힘들면 근처의 작은 카페에 들러 쉬었다가도 좋다. 멋진 고딕 계단과 르네상스 주랑이 아름다운 광장에서 불러주는 아름다운 하모니를 들어도 기분이 좋아진다.

크로아티아의 해안가 도시들은 다 비슷해 보이지만, 작은 마을들마다 특유의 분위기가 있다. 중세 마을 트로기르는 골목골목에 중세건물의 이야기가 조용조용히 묻어나고 해질 무렵, 수평선을 따라 붉게 노을이 피어올라 감동을 주는 숨은 보석이다. 성벽에 둘러싸인 예쁜 골목골목이 모여 동화 같은 편안함을 주는 바닷가의 작은 도시, 트로기르에서 꼭 하룻밤 지내면서 여유를 즐겨보기를 바란다.

트로기르 베스트 코스

먼저 구시가의 시계탑이 있는 이바나 파블라 광장에서 여행을 시작하면 된다. 광장 주변으로 트로기르를 대표하는 성 로렌스 대성당과 종탑, 시청사 등 주요 관광명소들이 모여 있어 힘들지 않게 관광을 할 수 있다. 레스토랑과 기념품점 등이 모여 있어 커피를 마시며 여유를 즐길 수 있다. 구시가에서 해안가 산책로로 나오면 멋진 해변과 치오브 섬이 보인다. 해안선을 따라 걸어가면 옛 베네치아의 해군기지로 사용된 카메를렌고 요새가 나온다.

일정

북문 → 성 로렌스 성당 → 치피코 궁전 → 성 니콜라우스 2세교회 → 시청사 → 카메르렌고 요새 → 치피코 궁전

트로기르 핵심 도보 여행

트로기르는 로마네스크와 르네상스 양식의 건물이 많아 달마티아 지방에서는 독특한 건축양식을 가진 곳으로 유명하다. 1997년에 유네스코 세계문화유산으로 선정되었다. 스플리트에서 트로기르는 보통 30~40분정도가 소요된다.

일정

북문 → 트로기르 박물관 → 성 로렌스 대성당 → 아바나 파블라 광장 → 시계탑 → 치피코 궁전 → 바르바라 교회 → 카르멜 교회 → 카메르렌고 요새 → 항구 대로

트로기르는 우리나라의 여의도처럼 섬이지만 육지로 연결되어 전혀 섬인지 모른다. 기원후 800~1,000년에 도시를 계획하여 만든 중세의 도시로 올드타운에 관광지가 모여 있다.

버스정류장이나 주차장에서 수호성인인 이반오르시니 조각상이 있는 북문으로 들어서면 성 로렌스 대성당을 보게 된다. 크로아티아 건축물 중 손꼽히는 아름다운 성당으로 유명하지만 크기는 작은 편이다.

북문은 라도반이라는 유명한 건축가가 설계했는데, 로마네스크 양식의 정문과 달마티

아 최초의 누드 조각상인 아담과 이브상, 성당 정문 양쪽 기둥에 있는 사자조각이 유명하다. 아담과 이브의 조각은 정교하여 놀라워한다.

북문

아담과 이브의 조각상

성 로렌스 성당 맞은 편에는 시계탑과 시청사가 있다. 시계탑 오른쪽에는 15세기에 건축된 트로기르시 복도가 있고 왼쪽에 시청사가 있다. 복도에는 남성 4명이 노래를 부르는데 이 모습이 스틀리트의 돔에서 노래를 부르는 합창단을 만나기도 한다.

성 로렌스 성당에 있는 종탑에 올라가면 트로기르의 전경이 보인다. 스플리트와같이 성벽 안에서 살아가는 사람들. 성 밖에 접해있는 해안선 등이 크로아티아의 다른 도시들을 떠올리게 한다.

트로기르의 골목길을 둘러보며 식사도 하고 나서 카메르 렝고 요새로 발걸음을 옮기자. 카메르 렝고 요새는 트로기르에서 가장 높이 올라가 있어서 요새 위에서 트로기르의 전체적인 모습을 조망할 수 있다.

성 로렌스 대성당
Katedrala Sv. Lovre XIII

13~15세기에 로마네스크 양식으로 지어진 트로기르를 대표하는 건축물이다.
특히 뛰어난 장인이었던 라도반Radovan이 서쪽의 로마네스크 정문에 새겨놓은 조각은 정교한 묘사로 유명한데 베네치아의 상징인 사자를 새겨 놓았으며, 그 위에는 달마티아 지방에서 가장 오래된 누드 조각 아담과 이브를, 맨 위에는 예수 탄생의 모습을 섬세하고 정교하게 묘사해 놓았다.

또한, 15~17세기 베네치아, 고딕, 르네상스 양식으로 건축된 높이 47m의 종탑에 오르면 아름다운 트로기르 전경을 한눈에 볼 수 있다.

위치_ 북문에서 도보 5분
시간_ 08:00~12:00, 16:00~19:00

시청사
Gradska vijecnica

15세기 니콜라스 프롤렌스가 로마네스크 양식으로 지은 건물로 이바나 파블라 광장 시계탑 왼편에 위치해 있다. 건물 안쪽으로 들어가면 조각가 마테예 고예코비체의 두상이 있으며 중앙에 우물이 있다.

원래 뱃사람들의 수호성인 성세바스티앙을 기념하기 위해 세운 교회였으며, 3층 높이의 시계탑 문 위에는 예수와 성 세바스티앙의 조각이 있다.

위치_ 성 로렌스 대성당 맞은 편

성 도미니크 수도원과 성당
Crkva I samostan Sv. Dominika

14세기에 지은 로마네스크, 고딕 양식 건물로 지금의 모습은 1469년 르네상스 스타일로 재건축한 모습이다.

위치_ 이바나 파블라광장에서 도보 10

시간_ 08:00~12:00, 16:00~19:00

카메르렌고 요새
Kula Kamerlengo

트로기르 섬 해안선을 따라 늘어선 야자수 길이 끝나는 곳에 위치한 요새로, 원래 도시 성벽의 일부였다.
13~15세기에 걸쳐 베네치아인들이 오스만튀르크를 방어하기 위해 쌓아올린 요새로 당시 사령관이던 카메를리우스의 이름을 붙였다고 한다. 탑 위에 올라가면 운하와 성벽으로 둘러싸인 트로기르와 치오보 섬을 내려다볼 수 있으며, 요새 안에는 야외무대가 설치되어 있어 야외극장 및 각종 이벤트 장소로 이용되고 있다.

위치_ 이바나 파블라 광장에서 도보 10분

EATING

레스토랑 반자카
Restaurant VANJAKA

현지인들이 추천하는 식당으로 직원들이 친절하고 세심한 서비스를 제공하는 것으로 칭찬이 자자하다. 레스토랑의 기본인 음식도 맛있는 것으로 평가를 받으면서, 크로아티아 요리에 셰프가 센스를 접목시켜 자신이 있는 음식들을 세련되도록 내놓는다.
다른 식당에 비해 가격이 조금 비싼 편이지만 서비스가 좋아 평가가 좋다. 추천 메뉴는 역시 해산물 요리지만, 특히 농어나 새우 요리가 맛이 좋다. 아침 일찍부터 밤 늦게까지 운영하는 곳으로 언제 방문해도 좋을 것이다.

홈페이지_ restaurant-vanjaka.com
주소_ Radovanov trg 7
위치_ 성 로렌스 성당에서 도보 약 2분
영업시간_ 09:00~23:30
요금_ 스타터 50kn~ / 메인요리 140kn~
전화_ 021-882-527

코노바 티알에스
konoba trs

햇볕이 좋은 날이면 테라스 자리의 포도 덩굴이 햇빛과 만나 연두 빛이 드는 싱그러운 분위기의 레스토랑이다. 많은 한국인들이 트로기르에서 가장 맛있었던 음식으로 인증하는 오징어 먹물 리조또의 평가는 매우 좋다.
트로기르의 인기 음식점으로 손님이 몰릴 때는 음식이 다소 늦게 나오는 것은 염두해 두자. 대부분의 메뉴가 크게 짜지 않고 맛있는 곳이지만, 특히 고기 요리가 괜찮은 식당이므로 스테이크나 고기가 들어간 스타터도 하나쯤 시켜보면 좋을 것이다.

홈페이지_ konoba-trs.com
주소_ Ul. Matije Gupca 14
위치_ 성 로렌스 성당에서 도보 약 3분
영업시간_ 월~토 09:00~23:00
일요일 15:00~23:00
요금_ 스타터 90kn~ / 메인요리 105kn~
전화_ 021-796-956

크리스티안 피자
Kristian Pizza

트로기르의 인기 피자집. 피자뿐만 아니라 파스타나 생선요리, 스테이크 등도 판매하는 곳이며 대부분의 음식이 맛있고 직원들도 친절하기 때문에 재방문율이 높은 식당이다.
식사시간대는 언제나 대기줄이 있기 때문에 5시를 조금 넘긴 시각에 방문한다면 기다리느라 줄 설 필요 없이, 음식이 언제 나오나 기다릴 필요 없이 기분 좋게 식사할 수 있을 것. 피자 메뉴는 마르게리따나 마레, 프로슈토 풍기를 추천한다.

주소_ Ul. Blaženog Augustina Kažotića 9
위치_ 코노바 티알에스에서 도보 약 4분
영업시간_ 08:00~24:00
요금_ 에피타이저 45kn~ / 피자 70kn~
전화_ 021-885-172

젤라또 바 벨라
Gelato Bar Bella

트로기르의 젤라또 맛집으로 인기가 있는 곳으로 현지인들과 현지 가이드가 추천하는 젤라또 집이다. 아이스크림뿐만 아니라 커피나 스무디, 쉐이크 등의 음료도 신선하고 훌륭한 맛을 자랑하며 직원들도 친절하다.
한 번도 안 가본 사람은 있어도 한번만 가본 사람은 없다고 할 정도로 재방문율이 높다. 어떤 아이스크림을 먹어도 실패하지 않겠지만 꼭 먹어봐야할 아이스크림으로 추천하는 것은 피스타치오, 리코타&무화과, 레몬이다.

홈페이지_ gelato-bar-bella.business.site
주소_ Ul. Blaža Jurjeva Trogiranina 5
위치_ 레스토랑 반자카에서 도보 약 2분
영업시간_ 08:00~24:00
요금_ 아이스크림 10kn / 음료류 30kn~
전화_ 091-799-2880

라운지 바
Lounge Bar

바다 바로 옆에 위치한 음식점으로, 찰랑이는 아드리아 해에 떠있는 보트와 넓은 하늘과 그 뒤에 펼쳐진 본섬까지 볼 수 있는 곳이다.

이름은 라운지 바지만 커피나 스무디 같은 카페음료부터 햄버거나 샌드위치 같이 간단한 음식, 또 끼니를 떼울 수 있는 생선이나 고기요리에 와인이나 맥주, 칵테일 등의 주류까지 있다. 오전과 한낮에는 바다 한복판의 거실처럼 꾸며놓은 자리에서 아드리아 해를 감상하며 휴식을 취하고, 늦은 저녁부터 밤까지는 트로피칼하고 신나는 분위기에 취해보자.

주소_ Put Cumbrijana 10
위치_ 세인트 도미닉 교회에서 도보 약 10분
영업시간_ 07:00~23:00
요금_ 음료류 30kn~
전화_ 053-751-014

Split

스플리트

Split
스 플 리 트

달마티안 해변의 스플리트Split는 로마 황제 디오클레티아누스의 궁전 주변으로 발달한 도시이다. 크로아티아의 가장 중요한 문화유산지역과 문화 기관이 있는 눈부신 아드리아 해에 위치한 스플리트Split는 가장 아름다운 도시 중 하나이다. 유럽 여행객들이 가장 많이 찾는 도시로도 유명하다.

SPLIT

한눈에 스플리트 파악하기

역사와 건축을 좋아한다면 디오클레티아누스의 궁전을 절대 빠뜨릴 수 없다. 유럽에서 가장 잘 보존된 로마식 궁전으로 1979년 세계문화유산으로 지정되었다. 디오클레시아누스의 무덤에서 변형된 문화유산이다. 문과 정원을 구경하며 지하의 통로를 지나 성 돔니우스의 성당과 종탑도 올라가 종탑 위에서 도시와 주변 경관도 감상해 볼 수 있다.
구 시가지를 거닐며 수 세기에 걸쳐 유지되어 온 건축물을 보면서 나로드니 광장에 들러 오래된 시계탑과 길거리 음식을 먹으면서 천천히 스플리트를 볼 수 있다. 오래된 교회들과 벨리 바로스 거리를 지나 도시에서 가장 아름다운 공공 광장인 프로쿠라티베에 도착하게 된다. 도시에서 가장 유명한 해안 도로인 리바를 방문하면 스플리트에 반하지 않을 수 없다.

시립 박물관에서 스플리트의 역사에 대해 알아보고, 고고학 박물관에서 크로아티아의 매력적인 과거 유물을 확인할 수 있다. 여기에는 수많은 동전들과 오래된 무기, 동상들이 전시되어 있다. 예술작품을 좋아한다면 미술관에 방문해 고전과 현대 작품들을, 이반 메스트로비체 갤러리에서 크로아티아 20세기 거장들의 조각품들도 볼 수 있다.

숙박

스플리트에는 호텔 베슈티불 팔라체 및 래디슨 블루 리조트 스플리트 등의 고급스러운 호텔이 있으며 저가 호텔로는 스티판 아파트먼트 및 디자인 호스텔 골리 & 보시 등이 있다. 디오클레티안 궁전에서 걸어갈 수 있는 거리에 숙박을 원하면 대략 0.2㎞ 거리에 있는 리바 럭셔리 스위트 선택하면 된다.

스플리트 IN

스플리트로 가는 방법

기차, 버스를 이용하여 갈 수 있고 요즈음 렌트를 이용하여 플리트비체를 거쳐 스플리트를 가는 경우가 많아졌다. 흐바르에서는, 페리를 이용하여 스플리트를 올 수 있다. 크로아티아 내에서 이용할 경우 버스를 주로 사용한다.

버스

크로아티아 모든 도시의 버스는 스플리트를 운행한다. 스플리트 버스터미널 Autobusna Kolodvor은 작은 시골의 버스역 같은 느낌이다. 버스터미널에서 구시가까지는 걸어서 약 10분 정도면 도착하기 때문에 시내버스를 탈 필요는 없다.

스플리트 고속버스

(www.croatiabus.hr www.autotrans.hr)

스플리트 → 자그레브	약 6~8시간 30분
스플리트 → 슬로베니아 루블라냐	약 10시간
스플리트 → 트로기르	약 2~3시간
스플리트 → 자다르	약 2~3시간
스플리트 → 두브로브니크	약 4~5시간

페리

스플리트에서는 아름다운 인근 섬 중에 흐바르를 가기 위해 페리를 많이 이용하며, 이탈리아 앙코나, 바리를 오가는 페리도 있다. 스플리트에서 가까운 흐바르 섬과 코르출라 섬으로 가는 페리는 매일 운항하지만, 날씨에 따라 운항 여부가 결정되어 운행여부는 매표소에서 확인해야 한다. 항구는 버스터미널과 기차역 맞은편에 있고 티켓은 페리 터미널과 항구에 있는 매표소에서 구입할 수 있다.

▶블루라인 www.blueline-ferries.com

스플리트 → 흐바르 페리 시간표

스플리트 → 흐바르				흐바르 → 스플리트	
평 일		주 말			
출 발	도 착	출 발	도 착	출 발	도 착
09 : 15	10 : 20	10 : 15	11 : 20	06 : 35	07 : 40
10 : 30	12 : 10	10 : 30	12 : 10	08 : 00	09 : 05
15 : 00	16 : 10	15 : 00	16 : 05	13 : 45	15 : 30
18 : 00	19 : 10	18 : 00	19 : 05	15 : 50	17 : 00

관광안내소

중앙관광안내소

무료지도는 물론 근교 여행정보와 숙박정보 등을 얻을 수 있다.

▶운영 : 월~토 09:00~20:30,
일 08:00~13:00

▶위치 : 디오클레티아누스 궁전 내

＊관광안내소에 비치된 무료 가이드북(Visit: Split)에는 시내 지도는 물론 여행, 레스토랑, 쇼핑 정보와 페리, 버스 시각표 등이 실려 있으니 참고하자.

▶스플리트 관광청(www.visitsplit.com)

환전

구시가 곳곳에 환전소와 은행이 있고, 여행사나 우체국에서도 환전이 가능하다. 환율은 은행이 가장 좋은 편이다.

우체국

▶운영 : 월~금 07:00~21:00,
토 07:30~14:00

▶주소_ Kralja Tomislava 9

슈퍼마켓

▶TOMY

영업시간_ 월~금 10:00~20:00

위치_ 리바거리 왼쪽 끝, FIFE가는 길

▶KONSUM

영업시간_ 월~금 10:00~20:00

주소_ Poljisanska 3(디오클레티아누스 궁전 동문에서 10분)

스플리트 베스트코스

스플리트에서는 디오클레티아누스 궁전을 보는 것이 스플리트 여행의 핵심이다. 시장을 통해 은의 문으로 들어가면 스플리트 여행을 할 수 있는 베스트코스는 아래의 코스라는 것을 쉽게 알 수 있다.

특별히 코스를 정하지 않아도 반나절이면 다 둘러볼 수 있다. 스플리트에서 교통비는 들지 않는다. 왜냐하면 도보 30분이내의 거리에 볼거리가 다 모여있기 때문이다.

▶코스순서

그레고리우스 닌 동상 → 시립박물관 → 페리스틸 광장 → 프로티론(Protiron) → 성 돔니우스 대성당 → 주피터 신전 → 현관 → 지하궁전홀 → 리바거리

점심식시는 디오클레티아누스 궁전주변에 있는 카페나 리바거리에서 먹고 해안 산책로를 거닐거나 벤치에 앉아서 지는 아드리아 해의 석양을 바라보면 하루의 여행이 낭만있게 끝이 난다.

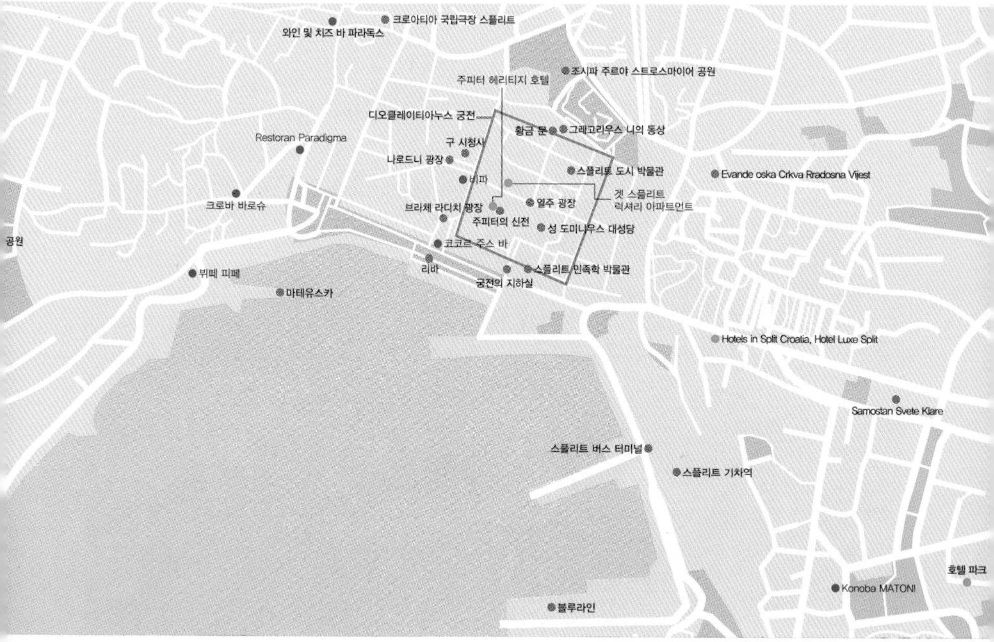

크로아티아 국립극장 스플리트
와인 및 치즈 바 파라독스
주피터 헤리티지 호텔
조시파 주르야 스트로스마이어 공원
디오클레이티아누스 궁전
Restoran Paradigma
구 시청사
황금 문
그레고리우스 닌의 동상
나로드니 광장
스플리트 도시 박물관
비파
Evande oska Crkva Rradosna Vijest
겟 스플리트 럭셔리 아파트먼트
크로바 바로슈
브라체 라디치 광장
열주 광장
주피터의 신전
성 도미니우스 대성당
공원
코코르 주스 바
리바
스플리트 민족학 박물관
궁전의 지하실
뷔페 피페
마테유스카
Hotels in Split Croatia, Hotel Luxe Split
Samostan Svete Klare
스플리트 버스 터미널
스플리트 기차역
호텔 파크
Konoba MATONI
블루라인

스플리트 핵심 도보 여행

스플리트의 여행은 로마황제인 디오클레티아누스가 황제를 그만두고 남은 여생을 지내기 위해 만든 궁전을 둘러보는 것이 핵심여행코스이다.

디오클레티아누스 황제는 노예출신으로 황제까지 오른 입지전적인 인물로, 로마를 동, 서로 나누고 다시 2등분하여 4두정치를 실시해 로마의 위기를 극복했으며 기독교 박해를 심하게 실시한 것으로 알려져 있다. 디오클레티아누스 궁전은 정사각형 모양으로 자리잡고 있다. 버스터미널이나 기차역에서 디오클레티아누스 궁전까지 걸어서 10분이면 도착할 수 있다.

일정

그레고리우스 닌의 동상 → 북문→ 시립 박물관 → 페리스틸광장(열주광장) → 프로티론 →성 돔니우스 대성당 종탑 → 성 돔니우스 대성당 → 주피터신전 → 현관 → 지하궁전홀 → 리바거리

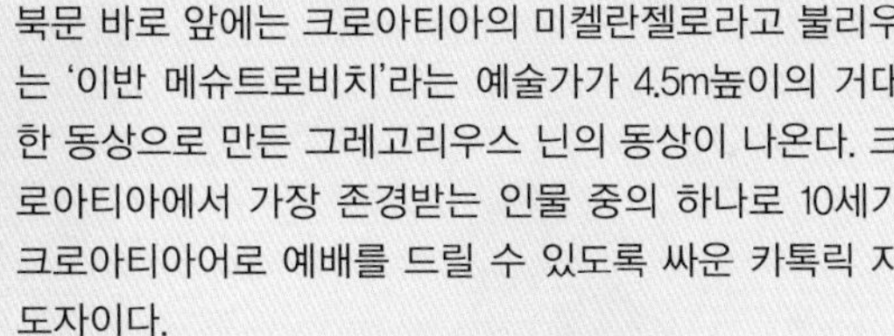

북문 바로 앞에는 크로아티아의 미켈란젤로라고 불리우는 '이반 메슈트로비치'라는 예술가가 4.5m높이의 거대한 동상으로 만든 그레고리우스 닌의 동상이 나온다. 크로아티아에서 가장 존경받는 인물 중의 하나로 10세기 크로아티아어로 예배를 드릴 수 있도록 싸운 카톨릭 지도자이다.

그레고리우스 닌 동상의 엄지발가락을 만지면 소원이 이루어진다는 설이 있어서 그레고리우스 닌의 동상의 발을 잘 보면 엄지발가락이 반짝이는 것을 볼 수 있다. 현재는 복원공사를 해서 전체의 크기만 볼 수 있을 뿐 제대로 된 동상은 보지 못하고 있다. 북원공사중이지만 관광객들을 위해 발 앞부분만은 공개하고 있다. 줄을 서서 발 앞부분을 만지며 사진을 찍는 장면이 매일 연출된다.

북문으로 들어서기 전에 디오클레티아누스 궁전의 각 문에 대해 알고 있을 필요가 있다. 아드리아해를 볼 수 있는 문은 남문으로 "청동의 문"으로 불리운다. 남문을 등으로 대고 북문을 보면 북문은 "황금의 문"이라 부르고, 동문은 "은의 문", 서문은 "철의 문"으로 부른다.

▲ 돔니우스 대성당 종탑

▲ 돔니우스 대성당 종탑 철제계단

북문으로 들어서면 아름다운 골목길의 모습들이 나타나고, 양쪽에는 조그만 가게들이 물건들을 팔고 있다. 조금만 가서 왼쪽으로 보면 스플리트의 시립박물관이 있다. 시립 박물관은 작지만 스플리트에 대한 내용을 알 수 있어 알찬 박물관이다. 북문에서 직진하면 조그만 광장이 나오는데. 왼쪽(동문쪽)으로 돌아가면 바로 페리스틸광장(열주광장)에 들어선다.

디오클레티아누스 궁전에서 열주광장이 가장 크다고 하는데 의외로 작은 크기의 광장이다. 황제가 행사를 주관한 광장으로, 16개의 대리석 기둥이 있는 열주광장의 60m높이의 성 돔니우스 대성당 종탑이 유명하다. 열주광장이 크지는 않아 종탑을 못보고 지나가기도 하니 위로 바라보고 확인해야 한다.

이 성 돔니우스 대성당 종탑에 올라가려면 철제 계단을 올라가는데 비가 오는 날에는 미끄러워서 조심해야 할 거 같다. 외부가 보이는 상태의 철제 계단이라 위험하다고 올라가지 않는 관광객들도 있다. 이 종탑에 올라가면 스플리트의 시내와 아름다운 아드리아해를 볼 수 있다.

성 돔니우스 대성당 종탑 옆에 육각형 기둥모양의 건물이 성 돔니우스 대성당이다. 디오클레티아누스 황제에게 기독교 박해를 당해 순교한 성 돔니우스를 위해 세운 성당이다.

디오클레티아 궁전인데 황제의 묘는 없고 성 돔니우스의 묘가 있는 게 이상했다. 이야기를 들어보니 어느날 디오클레티아누스 황제의 묘가 사라지자 후대에 성 돔니우스 묘를 두게 되어 성 돔니우스 대성당으로 불리우고 있다고 한다.

은의 문인 동문으로 나가면 재래시장이 나온다. 노점상들이 한쪽을 점령하고 물건을 파는데 전혀 어색하지 않은 게 이상하다. 디오클레티아누스 황제의 궁전이 지금은 일부를 빼면 실제로 사람들이 사용하는 삶의 장소였다. 궁전이 회손되고 있다는 생각도 들지만 궁전을 편안하게 구경한다는 생각도 든다. 철의 문인 서문쪽에는 1층에 기념품가게와 다양한 상점들이 있는데 여름에는 세일기간이라 관광객들이 많다. 저녁부터 광장부터 많은 상점들과 레스토랑이 운영되고 있어 밤을 즐기기에 좋다.

궁전이 회손되고 있다는 생각도 들지만 궁전을 편안하게 구경한다는 생각도 든다. 철의 문인 서문쪽에는 1층에 기념품가게와 다양한 상점들이 있는데 여름에는 세일기간이라 관광객들이 많다. 저녁부터 광장부터 많은 상점들과 레스토랑이 운영되고 있어 밤을 즐기기에 좋다.

창고를 주로 사용한 지하를 구경하고 기념품점을 지나 나오면 천장이 뻥뚫려 있는 돔을 보게 된다. 이 돔은 '베스트 비올VESTIBULE'라는 곳으로 신분이 높은 손님을 만나기 위해 대기하던 곳이다. 처음 지어졌을때는 아름다웠겠지만 지금은 세월의 무게 때문에 아름답지는 않다. 날씨가 좋을 때 뚫린 원구멍을 통해 보는 하늘 빛이 오히려 더 아름답다. 돔의 소리울림은 매우 좋아서 노래를 부르는 사람도 볼 수 있고 깜짝 공연이 열리기도 한다.

청동의 문인 남문으로 들어가면 지하로 연결이 된다. 베이스먼트 홀(지하궁전)Basement Halls이지만 처음에 궁전이 지어질때는 1층이었는데, 세월이 지나면서 매몰되어 모르고 있다가 1900년대에 잘견되어 복구되었다고 한다. 입구가 나오고 30kn(쿠나)를 내면 입장할 수 있다.

대리석으로 되어 있는 라바거리에는 스플리트의 모습을 모형으로 만들어 놓은 곳을 지난다. 스플리트를 도보여행하고 나서 모형지도를 보면 위치를 알 수 있게 된다. 리바거리는 아침부터 햇빛이 뜨거워 낮에는 사람들이 별로 없고 저녁부터 사람들이 모여든다.

서문으로 다시 이동해 나로도니 광장으로 나가면 아이스크림 가게들을 많이 보게 된다. 아이스크림이 싸고 맛있어 하나 사들고 베네치아와 바로크 양식의 건물들이 많은 나로도니 광장으로 가서 점심이나 저녁을 먹으면 좋다. 현대적인 쇼핑가와 노천 카페들이 즐비해 있어 밤에는 더 운치있게 즐길 수 있는 곳이다.

동문으로 나가서 더 해변으로 직진하면 버스터미널로 갈 수 있다. 만약 버스를 타고 버스터미널에 도착했다면 터미널근처에는 숙소에 관한 정보들을 볼 수 있다. 숙소를 구하지 못했다면, 빨리 도착하자마자 숙소를 버스터미널 인근에서 구해서 이동할 수도 있다.

옆으로 지나가면 해변이 나온다. 여름에 해변에는 정말 많은 스플리트 시민들이 해수욕을 즐기고 있는 모습을 볼 수 있어, 같이 수영을 즐기다 숙소로 이동해 샤워를 하고 저녁에 나바로니 광장이나 라바거리로 이동해 저녁을 먹고 밤에 들어오면 스플리트여행이 끝이 날 것이다.

디오클레티아누스 궁전
Dioklecijanova Palaca

스플리트 도시의 진원지였던 로마 유적지는 스플리트의 핵심유적이다. 디오클레티아누스 궁전에는 가장 주목할 만한 로마 유적지들이 모여 있다. 강력했던 황제가 직위에서 내려온 후에 머물렀던 고대 요새는 스플리트의 구 시가지로 발전했다. 현재 구시가지 안에는 약 3,000명의 주민이 거주하고 있다. 좁은 길을 따라 거닐며 옛 궁전과 요새의 흔적을 찾아가는 것이 스플리트 여행의 주 여정이다.

궁전은 로마 황제 디오클레티아누스가 서기 305년에 황위에서 물러난 후에 건축한 곳이다. 건강상의 이유로 퇴위를 감

행한 디오클레티아누스는 본인의 의사에 따라 왕위를 포기한 로마 최초의 황제였다. 그는 이곳에서 생의 마지막 10년을 보냈다. 궁전은 4개의 대문 중 하나를 통해서 들어갈 수 있다. 안으로 들어서면 사방

디오클레티아누스 궁전 구경하는 방법

디오클레티아누스 궁전의 서문은 번화가인 나로드니 광장과 연결되어 있고, 북문은 그레고리우스 닌 동상과 연결되어 있다. 남문으로 들어가 오른쪽으로 돌아가면 지하 궁전 홀이 나오는데, 더 직진하여 계단을 올라가면 황제의 아파트 현관으로 들어갈 수 있다. 남문에서 광장을 보면 성 도미니우스 대성당 종탑을 볼 수 있다. 종탑을 올라가면 아드리아해의 에메랄드 블루빛 바다와 시가지내의 붉은 지붕과 하얀 벽돌을 볼 수 있다. 4개의 문은 입장료도 없고 운영시간도 없어 아무 때나 구경할 수 있다.

디오클레티아누스 Diocletianus, Gajus Aurelius Valerius[245~316]

병사에서 시작해 황제까지 오른 대단한 인물로 284년 황제가 되었다. 하지만 당시 로마는 3세기동안 20명 이상의 황제가 바뀔 만큼 불안한 로마였는데 이 위기를 수습하고 통치권을 강화한 황제이다.

디오클레티아누스 황제는 로마제국이 커다란 영토를 동, 서로 나누어 2명의 황제와 2명의 부 황제를 뽑아 분할통치하여 4명의 통치권자가 각각의 영토를 담당하도록 하였고 군제, 세제, 화폐제도의 개혁을 단행하였다. 또한 303년에는 기독교 탄압을 시작해 교회의 성전을 파괴하고, 저항하는 사제와 주교들을 순교시켰다. 하지만 305년에 갑자기 황제를 그만두고 남은 여생을 스플리트에서 보냈다.

을 덮고 있는 반짝이는 하얀 대리석에 할 말을 잃게 된다. 디오클레티아누스 황제가 직접 공급한 대리석은 인접한 브라치 Bra 섬에서 나온 것이다.

고대 로마황제 디오클레티아누스가 황제를 그만두고 여생을 보내기 위해 293년경 부터 약 10년간 지은 궁전은 동서 215m, 남북 181m, 높이 25m의 성벽으로 둘러싸 여 있는 요새의 형태를 갖춘 건물이다. 석회암과 대리석을 사용하여 궁전을 지었기 때문에 당시 로마제국 건축기술을 잘 나타냈다.

궁전으로 통하는 출구는 은 의 문(동), 철의 문(서), 황금의 문(북), 청동의 문(남)으로 나있다. 디오클레티아누스 황제가 죽은 후, 주로 쫓겨난 로마황제 들이 머물기도 했다. 현재는 일반인들의 주거지로 사

용되고 있지만 열주광장, 주피터 신전, 황제의 아파트와 지하 궁전, 성 돔니우스 대성당 등은 유적지로 남아 관광객을 끌어모으고 있다. 골목 곳곳에는 레스토랑과 카 페 등이 많다.

구불구불한 길을 따라 걷다 보면 대부분 중세 시대에 조성된 상가와 주택 외관을 마주하게 된다. 중세 시대에 건축되었지만 이 건물들은 기둥과 같은 로마시대의 건축 요소를 지니고 있다. 디오클레티아

누스 황제가 이집트에서 수입해 온 스핑크스 석상도 입구에서 볼 수 있다.

열주 회랑이 있는 야외 중앙광장은 한때 디오클레티아누스의 개인 거처와 연결되어 있었다. 광장 남쪽 끝에 있는 삼각형 형태의 프로티론Protiron 현관은 한때 황제의 방으로 이어져 있었다. 광장 동쪽에는 성 돔니우스 대성당이 서 있다. 원래 묘지였던 이곳에는 디오클레티아누스의 유해가 보관되어 있으며 나중에는 교회로 개조되었다. 종탑 꼭대기로 올라가면 스플리트의 멋진 전망을 볼 수 있다.

열주 회랑에서 서쪽으로 이동하면 주피터 신전이 나온다. 3개의 신전 중 유일하게 남은 주피터 신전은 중세시대에 세례 장소로 바뀌었다. 정교한 대문 장식을 살펴본 후 안으로 들어가 중세의 돌무덤을 볼 수 있다.

디오클레티아누스 궁전은 해안에서 내륙으로 이어져 있으며 걸어서 둘러보는 것이 가장 좋다. 궁전 단지는 무료로 둘러볼 수 있지만 주피터 신전과 성 돔니우스 대성당 등의 특정 건물 안으로 들어가려면 요금을 내야 한다.

주소_ Dioklecijanova ul. 1, 21000, Split
시간_ 24시간 영업
전화_ +385 98 251 610

열주광장
Trg Peristil

웅장한 16개의 열주기둥에 둘러싸여 있는 작은 광장이다. 디오클레티아누스 궁전 안에 있는 가장 넓은 광장이지만 크지는 않다. 황제가 회의나 행사를 하기위해 만들었다. 광장에는 성 돔니우스 대성당과 이집트에서 가져온 스핑크스가 있다.

성 돔니우스 대성당
Cathedral of St. Domnius

디오클레티아누스의 영묘였던 자리에 로마네스크 양식으로 지어진 유럽성당에서는 오래된 건축물이다. 디오클레티아누스 황제는 기독교를 박해했는데, 황제에게 죽임을 당한 성 도미니우스를 위해 7세기 중반 지은 성당이라는 것이 아이러니하다.
내부는 로마네스크와 베네치아 고딕양식으로 장식되었으며 코린트 양식의 기둥이 돔은 받치고 있다. 성당 안에는 성 도미니우스의 관이 안치되어 있고 2층 보물관에는 성서와 십자가, 성모상, 돔니우

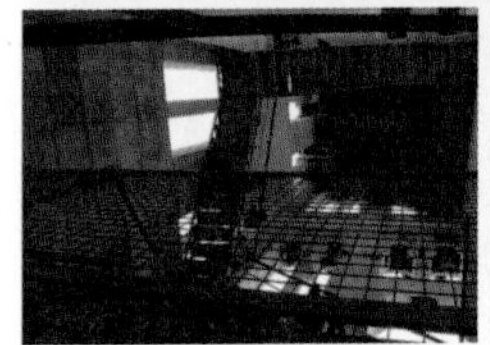

주소_ Podrum Dioklecijanova
위치_ 열주광장 옆
운영시간_ 월~토요일 06:30~19:30 휴관 - 일요일
입장료_ 성주와 보물관 성인 25Kn, 종탑 성인 12Kn

황제의 아파트
Emperor Apartment

광장에서 남문으로 계단을 올라가면 황제의 앞파트 현관이 나온다. 황제를 알현하기 위해 신하들이 대기하던 장소였다고 한다. 입구에 가면 천장이 뚫려있어 하늘을 보면 흥미로운 장면이 나온다.

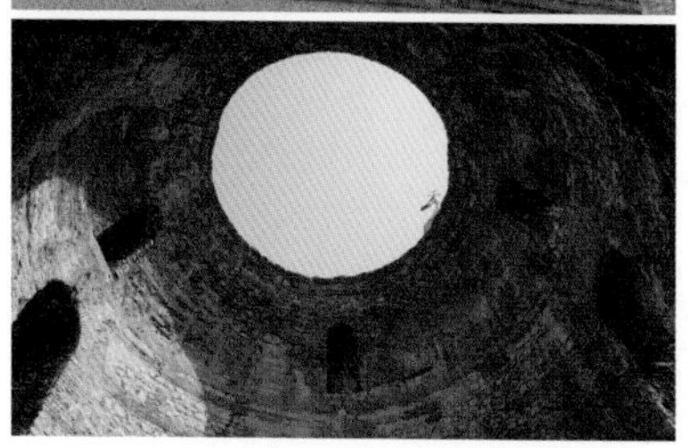

지하 궁전홀
Sale Sotterranee

궁전의 지하 저장고는 궁전의 외벽과 함께 가장 잘 보존되어 있다. 바다를 마주하고 있는 남문으로 내려가면 나온다. 19세기부터 발굴을 시작해 1995년부터 남문, 둥문중의 일부는 일반인에게 공개하여 관광객들이 볼 수 있게 되었다. 지하궁전은 관광객들을 대상으로 기념품을 파는 상점들이 들어서 있다.

위치_ 디오클레티아누스 궁전 남문 입구
운영시간_ 매일 10:00~18:00
입장료_ 성인 45Kn, 학생 30Kn

주피터 신전
Quadrangular Temple

열주광장에서 대성당 건너편의 좁은 골목길에 들어가면 주피터 신전을 볼 수 있다. 주피터와 야누스를 숭배한 신전이었으나,

지금은 기독교 세례당으로 사용하고 있다. 신전 앞 계단위에 있는 머리없는 스핑크스는 5세기에 이집트에서 가져왔다.

위치_ 열주광장 근처
운영시간_ 월~토요일 08:30~19:00
일요일 12:00~18:30
입장료_ 10Kn

그레고리우스 닌 동상
Gregorius Nin Statue

황금의 북문을 나가면 바로 보이는 거대한 동상이 크로아티아의 종교 지도자인 그레고리우스 닌의 동상이다.

동상의 왼쪽 엄지발가락을 만지면 행운이 온다는 믿음때문에 관광객들의 손길로 반짝반짝 빛난다. 10세기 대주교였던 그레고리우스 닌은 크로아티아인이 자국어로 예배를 볼 수 있도록 투쟁한 인물로 20세기초에 청동으로 제작되었다.

나르도니 광장
Trg Narodoni square

베네치아, 바로크, 르네상스 양식의 중세 건물들이 즐비한 스플리트에서 가장 아름다운 광장이다. 서문으로 연결된 광장은 주변에는 상점, 레스토랑, 카페 등이 모여 있어 사람들로 북적인다. 15세기 크로아티아 문학의 대부인 마르코 마루리치 청동상이 광장 모퉁이에 있다.

마르얀 공원
Park Šuma Marjan

베네치아, 바로크, 르네상스 양식의 중세 건물들이 즐비한 스플리트에서 가장 아름다운 광장이다. 서문으로 연결된 광장은 주변에는 상점, 레스토랑, 카페 등이 모여 있어 사람들로 북적인다. 15세기 크로아티아 문학의 대부인 마르코 마루리치 청동상이 광장 모퉁이에 있다.

위치_ 바다를 바라보며 오른쪽으로 돌면 공원이 나온다. 도보 15분 소요

처음, 디오클레티아누스 황제 궁전은 어떻게 만들어졌을까?

1. 건립이유

디오클레티아누스(Diocletianus, AD 284~305) 황제는 외부의 압력 때문에 궁전을 성벽으로 요새처럼 둘러쌓았다.

2. 건립의미

디오클레티아누스 궁전은 전직 황제의 휴양지이자 황제를 보호할 수 있는 병영과 창고를 궁전과 결합시키는 방식으로 만들어졌다. 로마인의 생각을 이 궁전에 표현하도록 지어졌다.
의식을 위해 길을 의미 깊은 교차점으로 이끌어 신과인간이 하나로 통합되는 신전과 영묘로 이끌도록 건립되었다. 궁전안의 건물들은 황제의 인간적인 면과 신성함도 나타낸다. 그래서 신전은 해가 떠오르는 쪽을 바라보도록 설계되었고, 왕의 영묘는 해가 지는 쪽을 바라보도록 되어 있다. 신은 시작을 황제는 끝을 의미한다.
황제 궁전의 의전실로 진입하려면, 인간의 신비와 한계를 일깨워 신전과 영묘를 열주들로 채우도록 되어 있다. 그리하여 '영광의 문'은 황제의 신성함을 나타내고, 궁전은 신성한 세계 질서를 상징하여, 로마황제는 세계를 다스리는 절대권력을 가진'우주의 통치자'로 상징화시켰다. 디오클레티아누스 궁전은 이러한 황제의 역할을 밖으로 나타낸다. 여기에서 신과 인간은 로마로 결합되어 황제라는 인격체로 나타나 있다라는 생각을 표현해 놓았다.

3. 형태

로마식 병영 배치에 따라 전체를 네 구획으로 나누고, 북쪽은 실제로 군대가 주둔하는 목적으로 사용했고, 남쪽은 황제의 요구에 따라 궁전으로 지어졌다.

리바
Riba

리바Riba는 공식적인 이름인 '크로아티아 민족 부흥 부두'라는 오블라 흐바츠코그 나로드노그 프레포로다Obala hrvatskog narodnog preporoda이 있음에도 불구하고 리바Riba로 불린다.
스플리트의 매력적인 해안 산책로를 따라 걸으며 주변 항구와 반짝이는 아드리아 해의 환상적인 전망을 볼 수 있는 길이다. 리바는 야자수가 늘어서 있는 넓고 북적거리는 산책로로, 활기 넘치는 바와 카페가 즐비하고 바닷가 벤치도 준비되어 있다. 낮 시간에는 모임 장소로, 밤에는 관광객과 시민들이 함께 바에 앉아 라이브 음악과 음식에 취해 거리 음악가의 공연을 관람하거나 와인 한 잔을 즐기며 항구를 오가는 배들을 구경만 해도 휴양이 되는 곳이다.

리바는 디오클레티안스 궁전의 남쪽을 따라 스플리트 구 시가지에 걸쳐 있다.

250m 길이의 리바를 따라 느긋하게 걸어 로마지구에서 디오클레티아누스 궁전의 구 요새까지 연결되어 있는 브론즈 게이트Bronze Gate도 꼭 찾아가야 하는 장소이다. 산책로를 따라 서쪽으로 이동하면 인근 커피숍과 바에서 담소를 나누고 있는 많은 사람들을 볼 수 있다. 커피를 마시며 담소를 나누는 것은 스플리트에서 흔히 볼 수 있는 생활양식이며, 스플리트의 사교 중심지로 기능하는 리바Riba는 항상 현지 주민들로 활기차다.

잠시 휴식을 취하고 싶다면 해변의 벤치나 야자수 그늘이 드리워진 일광욕 의자에 앉아 쉬는 장면을 볼 수 있다. 의자에 앉아 바다를 바라보면 근처의 항구에 정박 중인 배들의 모습이 눈에 들어온다. 분주한 항구에는 유람선에서 작은 어선에 이르는 다양한 배들이 항구에 들어오는 모습을 볼 수 있다.

저녁에는 어둠과 함께 다시 활기를 띠기 시작하는 산책로의 모습을 볼 수 있다. 레스토랑에 들러 신선한 해산물 요리를 맛보거나 활기 넘치는 바에서 현지 주민들과 어울려 시원한 음료를 즐기며 하루를 마무리하는 관광객이 대부분이다.

리바 도로 리모델링

해안 산책로는 디오클레티아누스 궁전이 처음 건축된 약 1,700년 전부터 시작되어 2005년에 보수 공사를 거쳐 새롭고 세련된 모습을 갖추게 되었다. 산책로 리모델링에 대해서 현지 주민들의 의견이 분분했다. 일부는 현대적인 모습에 감탄사를 말했지만 다른 이들은 사라져 버린 옛 모습을 아쉬워했다.

바츠비체 해변
Bačvice

편의 시설이 잘 갖춰진 활기 넘치는 바츠비체Bačvice 해변은 현지 주민과 관광객 모두가 사랑하는 스플리트에서 가장 인기 있는 해변이다. 친구나 가족과 크로아티아의 전통 공놀이인 '피시진Picigin'을 즐기거나 잔잔한 아드리아 해의 파도 속에서 물장난을 치거나 해변의 바에 들러 시원한 맥주를 마시는 장면을 어디서든 볼 수 있다.

자갈과 모래를 함께 뒤섞여 있는 이 해변은 현지 주민들이 가장 즐겨 찾는 해변으로 활기가 넘치는 분위기를 자랑한다. 깨끗한 주변 환경과 편의시설로 블루 플래그 어워드Blue Flag Award를 수상하기도 했다고 한다. 해변이 넓고 수심이 낮아 특히 어린이들이 놀기에 좋다. 선 베드, 파라솔과 타월을 챙겨 맘에 드는 곳에 자리를 잡고 즐기면 된다. 뜨거운 여름에는 해변에 많은 인파가 몰릴 수 있으니 좋은 자리를 잡으려면 아침 일찍 도착하는 것이 좋다. 얕은 바다에서 현란한 다이빙과 잠수 실력을 뽐내고 피시진Picigin을 즐기는 현지 주민들을 볼 수 있다.

해안 산책로를 따라 걸으며 물기를 말리고 산책로를 따라가면 다른 해변을 만나게 된다. 바츠비체Bačvice 해변 동쪽에서 시작되어 더 작고 한적한 여러 해변을 지나가고 여러 카페와 레스토랑이 자리하고 있다. 수영, 일광욕을 즐긴 후에는 해변 양쪽 끝에 위치한 탈의실과 샤워실에서 씻고 옷을 갈아입을 수 있다.

바츠비체Bačvice 해변 뒤에 있는 건물단지에 들러 저녁 식사나 음주를 즐기는 관광객이 많다. 해변 바로 뒤편에 위치한 3층 규모의 단지에는 저녁이면 활기를 띠기 시작하는 레스토랑과 바가 모여 있다. 흥이 넘치는 분위기 속에서 주민과 관광객과 어울려 밤 시간을 보낸다.

페리 항구에서 동쪽으로 5분 정도 걷거나 디오클레티아누스 궁전에서 동쪽으로 15분 정도 걸으면 나온다.

피시진(Picigin)

이 인기 있는 크로아티아의 전통 놀이는 20세기 초에 바츠비체 해변에서 처음 즐기기 시작한 것으로 알려져 있다. 보면 알겠지만 피시진(Picigin)은 익스트림 스포츠에 속하며 재미는 있지만 익숙하게 즐기기는 상당히 어렵다.

위치_ Šetalište Petra Preradovića 21000

카수니 해변
Kašjuni

마르얀Marjan 반도의 소나무 숲을 뒤로 하고 있는 아름다운 자갈 모래 해변에서 한적한 분위기가 장점인 해변이다. 카수니 해변에는 자갈과 모래가 깔려 있으며 울창한 산비탈과 경계를 이루고 있다. 카수니Kašjuni 해변은 수영과 일광욕을 즐기기에 좋은 매력적인 해변이다. 스플리트에서 가장 인기 있는 바츠비체Bačvice 해변에서는 보기 힘든 한적함과 전원적 분위기를 느낄 수 있어서 여유롭게 휴식을 즐기기에 좋다. 고요한 해변 위에 누워 일광욕을 즐기며 한가로운 오후 시간을 보내는 사람들을 볼 수 있다.

휴식이나 독서를 즐기며 여유로운 시간을 즐기고 한여름에는 더 많은 인파가 해변에 몰리지만 대개는 매우 한산하고 조용하므로 상대적으로 평화로운 분위기 속에서 아름다운 주변 경관을 바라볼 수 있다. 바다에 들어가 수영을 즐기거나 잔잔한 파도를 맞으며 물장난도 치고 놀다가 바다를 바라보면 놀랄 만큼 깨끗하고 투명한 바다에 놀라기도 한다.

힘들다 싶으면 해변의 카페에 들러 커피나 주스를 마시며 아름다운 자연 경관을 보면서 쉴 수 있다. 물놀이를 마친 후에는 해변의 샤워장에서 몸에 묻은 모래와 소금기를 씻어낼 수 있다. 마르얀Marjan 반도의 많은 등산로에서 산책이나 조깅을 즐기거나 마르얀Marjan 언덕 정상으로 올라가 해변, 반도, 스플리트와 주변 섬들이 한 눈에 들어오는 멋진 전망을 볼 수 있다.

카수니 해변은 마르얀Marjan 반도 남쪽의 스플리트 도심에서 3㎞ 정도 떨어져 있다. 해변으로 가려면 스플리트에서 서쪽으로 걸어가거나 리바에서 버스를 타야 한다.

준비물

바닥에 깔 타월을 챙겨가야 한다. 햇볕이 강하고 그늘진 곳이 거의 없으므로 선크림도 미리 준비해야 한다.

위치_ Šetalište Ivana Meštrovića 47 21000

클리스 요새(Klis Fortress)

달마티아 역사에서 중추적인 역할을 했던 웅장한 중세 요새는 현재, 미국의 인기 드라마인 '왕좌의 게임Game of Thrones' 촬영지로 이용되어 인기를 끌고 있다. 언덕 마을의 험난한 산등성이 높은 곳에 자리한 클리스 요새Klis Fortress에서는 인접한 스플리트와 아드리아 해의 환상적인 전망을 감상할 수 있다. 웅장한 요새가 품고 있는 2,000년의 역사를 볼 수 있는 박물관의 군사 전시관을 둘러보거나 높은 전망대로 올라가 탁 트인 스플리트의 전망을 볼 수 있다.

요새가 서 있는 언덕 꼭대기로 올라가면 이곳이 왜 2,000년이 넘는 세월 동안 방어 요새로 좋은 입지였는지 알 수 있다. 역사가 7세기까지 거슬러 올라가는 현재의 요새 건물은 처음에는 일리리아 인들이 정착하려고 만들어졌다가 나중에는 로마인들에 의해 점령되었다. 10세기 이후 크로아티아 왕족의 궁전이었다가 이후 오스만 제국, 베네치아와 신성로마제국의 통치를 받았다.

올라가는 길에 산비탈에 있는 요새는 암석 지대에 건설된 만큼 멀리서 찾기가 쉽지 않다. 언덕 위로 올라갈수록 암벽 요새의 모습이 점점 더 자세하게 보이기 시작한다. 미국의 유명한 TV 시리즈인 '왕좌의 게임' 애청자라면 요새의 모습은 친숙하게 느껴질 수도 있다.

자갈길을 따라 걸으며 세월의 흔적이 묻은 대포와 성벽을 보면 전쟁으로 물들었던 클리스 요새Klis Fortress의 과거를 잘 보여주고 있다. 이 성은 과거에 오스만 제국과 베네치아 제국의 국경을 보고 있었다. 안내판은 보기 드물지만 건물 전체가 방문객의 상상력을 자극할 수 있을 것이다. 요새 안에 마련되어 있는 전시관에는 갑옷, 무기와 다양한 전통 군복이 전시되어 있다. 전망대에서 멋진 경치를 보는 것은 덤이다. 언덕 정상에 서면 스플리트와 아드리아 해는 물론 주변 지역의 포도원, 아몬드 과수원과 올리브 숲까지 보인다. 클리스 요새로 가려면 스플리트에서 버스를 이용하거나 차를 이용한다면 스플리트에서 북쪽 방향으로 20분 정도 소요된다. 주의해야 할 점은 요새를 둘러보는 동안 가파른 절벽과 고르지 못한 바닥을 조심해야 한다.

주소_ Megdan Klis 57 **요금_** 60kn(어린이 30kn) **시간_** 9~19시 **전화_** +385-21-271-040

마리나
Marina

스플리트 마리나Marina는 스플리트의 매력적인 구시가지 서쪽에 위치한 고급스러운 분위기의 깨끗한 정박지이다. 호화 요트를 대여하여 여유로운 유람과 특별한 이벤트를 즐기거나 정박지에서 해안을 장식하고 있는 인상적인 배들을 볼 수 있다.

스플리트 마리나는 ACI(Adriatic Croatia International) 클럽에 속해 있는 크로아티아의 22개 정박지 중 하나로 이곳에는 거대한 메가 요트를 정박할 수 있는 총 355개의 선석이 마련되어 있다. 대여한 보트를 정박할 선석을 예약하거나 정박지 주변을 산책하며 항구에 정박되어 있는 화려한 요트들이 있다.

화려한 나들이를 즐기고 싶다면 정박지에서 요트를 대여한 후 인근 섬을 둘러보거나 갑판 위에서 일광욕을 즐기며 하루를 보낼 수 있다. 노련한 선장을 고용하거나 잠시 직접 키를 잡아보는 경험도 새롭다. 아드리아 해에 나가 스플리트를 끼고 있는 마르얀Marjan 반도의 푸른 산봉우리, 들쭉날쭉한 해안선, 반짝이는 바다를 다양한 측면에서 감상할 수 있다.

세일링 수업

정박지에서는 숙련된 강사로부터 항해 방법을 익힐 수 있는 기회를 가질 수 있다.

위치_ 남서쪽에 위치
디오클레티안 궁전에서 5분 정도 소요

고대 살로나 유적지
Ancient Salona

인상적인 원형 극장을 품고 있는 광활한 유적지에서 달마티아의 로마 유산에 대해 알아볼 수 있다. 살로나 유적지는 한때 달마티아의 강력한 정치 중심지였던 고대 도시 살로나Salona의 유일한 흔적이다. 고대 살로나 주민들의 삶에 대해 알아보고 옛 로마 시대의 건물과 초기 기독교 건축물을 볼 수 있다.

살로나Salona에는 원래 그리스인들이 살았지만 로마인들이 달마티아를 점령하면서 살로나Salona는 달마티아의 수도가 되었으며, 후에는 비잔틴 제국의 일부가 되었다. 하지만 살로나Salona는 6세기에 슬라브인들과 아바르 인들에 의해 완전히 파괴되었으며 살로나Salona의 시민들은 위험을 피하기 위해 디오클레티아누스 궁전으로 대피했다. 옛 살로나Salona의 부와 힘을 보여주는 유물들을 볼 수 있는 장소이다.

스플리트에서 디오클레티아누스 궁전 때문에 간과될 때가 많은 살로나Salona 유적지는 대개 상대적으로 인파가 덜하므로 인파에 떠밀리지 않고 여유롭게 유적지를 둘러볼 수 있다. 살로나Salona에서 가장 웅장하고 인상적인 원형 극장은 2세기에 건축된 경기장으로 약 15,000명 이상의 관중을 수용했을 것으로 추정된다. 이

곳은 17세기에 살로나Salona를 점령한 베네치아 인들에 의해 약탈당했다. 베네치아 인들은 경기장의 대리석을 빼내 궁전을 건축했다.

초기 기독교 순교자들이 묻힌 곳으로 알려진 야외 묘지인 마나스티리네Manastirine는 고고학 발굴 작업을 통해 발견된 무덤 중에 3세기의 살로나 주교이자 스플리트의 수호성인인 성 돔니우스Saint Domnius의 유해가 보관된 곳으로 알려진 무덤도 포함되어 있다.

아직까지도 아치형 구조물 일부가 보전되어 있는 1세기의 송수로에는 온천 목욕탕은 물론 세 개의 신랑을 갖춘 성당과 팔각형 형태의 세례 장소를 비롯한 초기 기독교 시대의 구조물도 있다. 입구 근처의 조그만 투스컬럼 박물관Tusculum Museum에는 고고학 발굴 작업에 대해 알아볼 수 있다.

스플리트에서 북동쪽으로 5㎞ 정도 떨어져 있다. 스플리트에서 시내버스를 타고 이동해야 한다.

주소_ Put Salone, Solin
시간_ 9~17시(4~9월 일요일 12시까지
10~3월까지(일요일 휴관)
요금_ 60kn

EATING

아드리아 해가 보이는 스플리트는 해산물 요리가 대표적인 먹거리다. 하지만 휴양도시답게 성수기때는 가격이 비싸다. 아파트에서 지낸다면 궁전 옆 시장에서 음식 재료를 사다가 음식을 직접 해먹어도 비용은 많이 줄어든다.

노 스트리스카페 & 비스트로
No Stress Cafe & Bistro

연어요리와 스테이크가 맛좋은 레스토랑으로 저녁에 분위기 있는 디오클레티아누스 궁전 안에서 분위기 있는 저녁을 먹을 수 있는 곳이다. 전통적인 음식보다는 현대적인 크로아티아 메뉴를 판매하고 있다.

위치_ 나도로니 광장
요금_ 메인 요리 120kn~

포르토피노
PORTOFINO Steak - Pasta - Seafood

현지인들에게 잘 알려진 스플리트의 숨겨진 골목 맛집으로 알려져 있다. 골목 식당 치고 자리가 많은 곳으로 외부 테라스 자리는 산뜻한 지중해 분위기를 뽐내며, 내부 인테리어는 고급스럽고 차분한 호텔 식당 느낌이다. 샐러드와 고기요리가 맛있는 곳으로 스테이크는 주문 필수 메뉴이며, 치즈나 해산물이 들어간 샐러드도 좋은 선택이 된다. 런치와 디너의 가격 차이가 크지 않지만 조금 더 저렴한 가격에 먹고 싶다면 점심 시간에 방문해보자.

홈페이지_ portofino.hr
주소_ Poljana Grgura Ninskog 7
위치_ 성 도미니우스 대성당에서 도보 약 3분
영업시간_ 12:00~16:00, 16:30~23:00
(1~2월 휴무 가능성)
요금_ 디너 스타터 75kn~ / 메인요리 90kn~
전화_ 091-389-7784

진판델 푸드 앤 와인바

Zinfandel Food & Wine bar

현지인들이 추천하고 자주 방문하는 음식점이다. 인기 있는 메뉴는 고기요리나 홈메이드 파스타로 맘에 드는 것을 시키면 후회 없을 것이며, 와인뿐만 아니라 디저트 맛이 좋기로도 유명하다.

아침 일찍부터 새벽까지 운영하기 때문에 식사 시간에는 끼니를 해결하고, 관광 중 휴식을 취하거나 허기를 채울 때 들러도 좋다. 디너 타임에는 소규모 공연이 자주 진행되므로 스플리트에서의 색다른 식사를 해보고 싶을 때 추천한다.

홈페이지_ zinfandelfoodandwinebar.com
주소_ Marulićeva ul. 2
위치_ 성 도미니우스 대성당에서 도보 약 3분
영업시간_ 일~목 08:00~25:00
금, 토 08:00~26:00
요금_ 브런치 60kn~ / 스타터 85kn~
메인요리 140kn~
전화_ 021-355-135

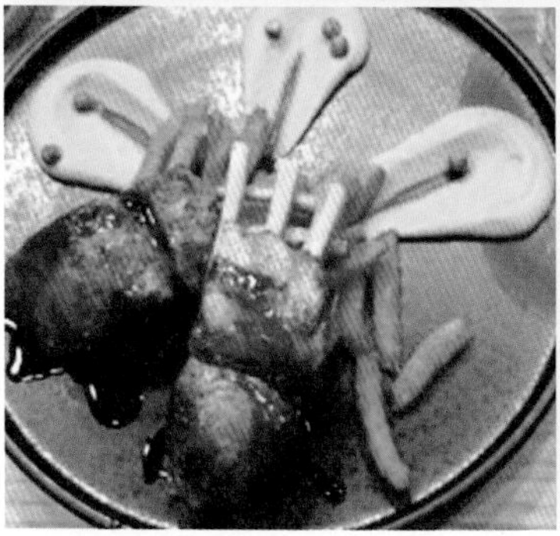

빌라 스피자
Villa Spiza

스플리트의 좁은 골목에 위치한 작은 식당이지만 언제나 사람이 붐비는 음식점. 고기와 해산물 요리가 맛있는 곳으로 유명하며 새우요리가 단연 인기가 있다. 한국인들은 새우볶음이나 새우파스타, 그리고 스테이크를 시키는 편이므로 주문 시 참고하자. 예약을 따로 할 수 없는데다 테이블도 적은 편이라 식사 시간에는 웨이팅이 길다. 기다리는 것이 싫다면 오픈 전에 도착해 대기하거나, 조금 이른 저녁 시간에 방문한다면 여유롭게 식사할 수 있을 것이다.

홈페이지_ facebook.com/Villa-Spiza-547253971961785/
주소_ Ul. Petra Kružića 3
위치_ 진판델 푸드 앤 와인바에서 도보 약 3분
영업시간_ 월~토 12:00~24:00 / 일요일 휴무
요금_ 요리류 45kn~
전화_ 091-152-1249

보케리아 키친 앤 와인 바

Bokeria kitchen & wine bar

굳이 찾지 않아도 구 시가지를 거닐다보면 자연스레 눈에 띄는 곳. 스페인 바르셀로나의 보케리아 전통 시장에서 모티브를 얻어 만든 음식점으로 활기차면서도 고급스러운 느낌이 풍긴다.

스플리트를 방문한 관광객들의 필수 코스 같이 여겨지는 곳이지만 현지인들도 좋아하는 음식을 선보이고 있다. 가격대가 다소 있지만 대부분의 요리가 맛있어 호평인 곳으로, 한국인들은 트리플 파스타나 블랙파스타, 문어샐러드, 농어구이를 주로 시킨다.

아침부터 늦은 밤까지 운영하기 때문에 언제 방문해도 좋지만 디너는 반드시 예약 후 방문하는 것이 좋다.

홈페이지_ facebook.com/bokeriasplit/
주소_ Domaldova ul. 8, 21000, Split, 크로아티아
위치_ 빌라 스피자에서 도보 약 2분
영업시간_ 08:00~25:00
요금_ 스타터 48kn~ / 메인요리 120kn~
전화_ 021-355-577

젤라테리아 스팔라토
Gelateria SPALATO

스플리트에서 가장 쫀득거리는 젤라또를 맛보고 싶을 때 방문해야할 스플리트의 대표 젤라또 맛집이다. 신선한 유기농 재료로 집에서 직접 만드는 홈메이드 아이스크림Home Made Ice Cream은 모든 메뉴가 맛있는데다 직원도 친절하기 때문에 재방문율도 높다. 언제나 관광객과 현지인들의 줄로 인산인해를 이루는 곳이기 때문에 늦은 시간까지 운영한다. 그렇다고 해서 안심하고 늦게 방문한다면 대부분의 메뉴가 소진돼있을 수도 있다.

홈페이지_ facebook.com/spalatoice
주소_ Obala Hrvatskog narodnog preporoda 25
위치_ 성 도미니우스 대성당에서 도보 약 3분
영업시간_ 08:00~24:00
요금_ 한 스쿱 10kn~
전화_ 098-937-9550

브라세리에 온 7
Brasserie on 7

시원하게 펼쳐진 아드리아 해를 감상하며 식사할 수 있는 곳이다. 셰프들이 정성스럽게 만들어내는 요리는 대부분 맛있는 것으로 호평이지만, 다소 느리게 음식이 나오기 때문에 여유로운 마음으로 기다리는 것이 좋다.
고기요리가 맛있는 음식점이므로 런치나 디너에 방문한다면 스테이크를 추천하며, 아침에 방문한다면 무조건 프렌치토스트를 주문해 보자. 하절기에는 매일 아침부터 새벽까지 운영하기 때문에 안심하고 아무 때나 방문해도 좋지만, 동절기에는 저녁 이전에 닫기 때문에 방문 시 주의하자.

홈페이지_ brasserieon7.com
주소_ Obala Hrvatskog narodnog preporoda 7
위치_ 주피터 신전에서 도보 약 3분
영업시간_ 하절기 – 매일 07:30~25:00
동절기 월~수 08:00~17:00,
금~일 08:00~18:00
요금_ 아침메뉴 65kn~ / 런치, 디너 90kn~
전화_ 021-278-233

칸툰 파울리나
Kantun Paulina

스플리트의 구시가지 안쪽 골목에 숨겨진 진짜 햄버거 맛집. 언제나 현지인들로 북적여 식사시간에는 대기 줄까지 길게 늘어져있다.
20쿠나(Kn)라는 저렴한 가격에 든든하게 식사할 수 있는 햄버거는 겉은 딱딱하지만 속은 쫄깃한 빵과 두툼한 패티, 듬뿍 들어간 치즈와 양파가 특징이다. 이 햄버거 가게 특유의 매콤하고 달달한 소스와 어우러져 자꾸자꾸 생각난다. 스플리트 구시가지 골목을 여행하다가 허기가 질 때 방문하면 든든한 느낌을 받는다.

주소_ Matošića ul. 1
위치_ 바다오르간에서 도보 약 5분
영업시간_ 월-토 08:30~23:30
일요일 10:00~23:30
요금_ 햄버거 22kn~
전화_ 021-395-973

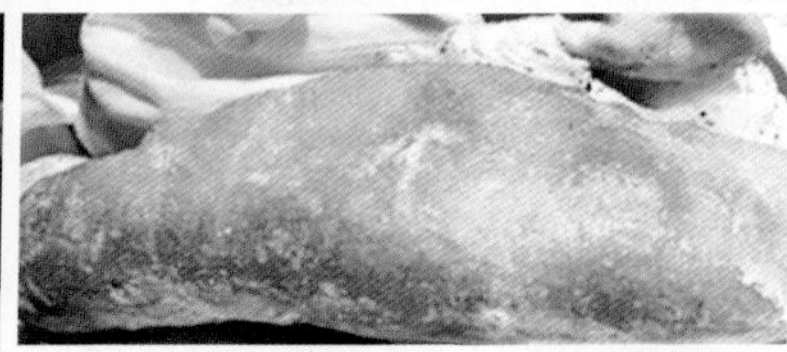

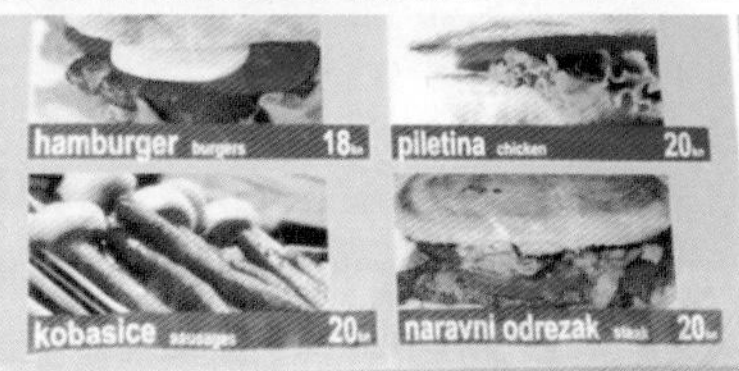

페리보이
Perivoj

구시가지 관광지에서 꽤 떨어져 있지만, 아름답게 꾸며진 정원식 식당에서 조용한 식사를 즐기고 싶다면 추천한다.
아르누보 양식으로 고급스럽게 지어진 이곳은 크로아티아의 유명 건축가였던 카밀로 톤치치의 정원식 별장으로 프라하의 유명 건축가였던 카렐 베네시가 설계했다. 지금까지도 원형의 모습으로 잘 유지된 덕분에 크로아티아 문화부의 보호를 받고 있다.
가격대가 다소 있지만 대부분의 메뉴가 맛있고 친절한 직원들 덕분에 언제나 칭찬받는 레스토랑으로, 메뉴는 스테이크나 새우파스타를 추천한다.

홈페이지_ restoran-perivoj.com
주소_ Slavićeva Ul. 44
위치_ 황금의 문에서 도보 약 8분
영업시간_ 07:00~25:00
요금_ 스타터 75kn~ / 메인요리 115kn~
전화_ 021-787-585

코노바 마테유스카

Konoba matejuska

당일 아침에 잡은 신선한 생선으로 요리하는 곳으로, 스플리트의 믿고 먹을 수 있는 생선 요리로 유명하다. 생선요리를 선택하면 오늘의 생선을 추천해주거나, 요리에 쓰일 생선의 상태와 크기 등을 직접 보여준다.

테이블 숫자가 적어서 관광객뿐만 아니라 현지인들에게도 인기가 높은 레스토랑이므로 기다림은 물론, 예약률도 높은 곳이다. 늦게 방문한다면 재료가 소진되므로 선택의 폭이 좁아지는 것을 감안한 후 예약하는 것이 좋다.

홈페이지_ konobamatejuska.hr
주소_ Ul. Tomića stine 3
위치_ 브라세리에 온 7에서 도보 약 4분
영업시간_ 12:00~23:00
요금_ 스타터 80kn~ / 생선요리 150kn~
전화_ 021-814-099

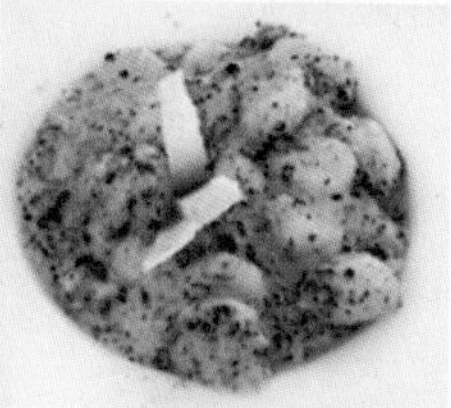

에프 마린 카페 바 앤 스낵 바
F marine Caffe Bar & Snack Bar

구시가지에서 다소 멀리 있는 게 흠이지만 그만큼 조용한 것이 메리트. 또 바다 바로 옆에 위치한 만큼 드넓은 바다 풍경을 감상할 수 있다. 카페 겸 레스토랑으로 운영하기 때문에 식사부터 디저트까지 한 번에 해결할 수 있고, 식사를 하지 않고 싶다면 커피나 칵테일, 맥주를 마시며 휴식을 취할 수 있다.
식사 메뉴는 스테이크나 해산물 요리가 좋고, 음료는 커피가 맛이 꽤 좋다. 이른 아침부터 늦은 밤까지 운영하기 때문에 낮에는 아드리아 해의 푸르고 시원한 전경을, 밤에는 아름다운 스플리트 야경을 감상할 수 있으니 원하는 분위기를 골라 방문해보자.

홈페이지_ konobamatejuska.hr
주소_ Ul. Tomića stine 3
위치_ 브라세리에 온 7에서 도보 약 4분
영업시간_ 12:00~23:00
요금_ 스타터 80kn~ / 생선요리 150kn~
전화_ 021-814-099

스플리트 OUT

스플리트에서 다른 도시로 가는 방법

대부분의 여행객들은 버스를 이용하여 플리트비체 국립공원이나, 자그레브, 두브로브니크를 갈 수 있다. 렌트를 이용하여 플리트비체를 거쳐 자그레브로 가는 경우도 있지만 두브로브니크로 가는 경우가 대부분이다. 흐바르로 가려면 페리를 이용하여 1박2일로 다녀온다.

버스

스플리트에서 크로아티아의 거의 모든 도시를 운행한다. 스플리트 버스터미널 Autobusna Kolodvor에 도착하는 날 미리 버스티켓을 구입해 두고 여행을 하는 것이 좋다. 여름에는 관광객이 많아져 버스티켓판매가 완료되는 경우도 많다.

※스플리트 고속버스
www.ak-split.hr / www.akz.hr

스플리트에서 주요도시 이동시간

스플리트 → 자그레브	약 6~8시간 30분
스플리트 → 슬로베니아 루블라냐	약 10시간
스플리트 → 트로기르	약 2~3시간
스플리트 → 자다르	약 2~3시간
스플리트 → 두브로브니크	약 4~5시간

자다르, 스플리트 → 두브로브니크로 이동하기

자다르나 스플리트까지 자동차로 이동할 정도가 되었다면 자동차 여행의 자신감이 많이 생겼을 것이다. 시간이 허락한다면 스플리트나 자다르 근교의 작은 도시들을 거쳐 두브로브니크까지 내려가는 것도 좋다.

자드르부터 두브로브니크는 해안을 따라 내려가는 도로이기 때문에, 해안이 아름다워 더욱 자동차여행의 재미가 생겨난다. 해안도로를 따라 내려가겠다고 자다르나 스플리트부터 해안의 국도를 따라 내려갈 필요는 없다. 어차피 두브로브니크를 가려면 해안도로를 따라가는 구간이 있기 때문에 두브로브니크까지 바로 간다면 A1 고속도로를 따라 내려가다가 A1 고속도로의 플로체(Ploce)에서 아름다운 경치의 해안도로를 지나 아름다움을 보면서 두브로브니크에 도착할 수 있다.

자다르출발 이동도로 일정

자다르(Zadar)출발 → 자다르(Zadar)공항에서 A1고속도로 올라탐→ 플로체(Ploce)까지 A1 고속도로이용 → 출입국관리소 통과 → 네움(Neum) → 해안도로 E65번타고 두브로브니크(Dubrovnik)도착

스플리트출발 이동도로 일정

스플리트(Split)출발 → E65국도이동 → 두고포레(Dugopolje)에서 A1고속도로 올라탐→ 플로체(Ploce)까지 A1고속도로이용 → 출입국관리소 통과 → 네움(Neum) → 해안도로 E65번 타고 두브로브니크(Dubrovnik)도착

자다르나 스플리트에서 시베니크(Sibenik)나 트로기르(Trogir)이동 일정

자다르(Zadar)나 스플리트(Split)출발 → E65국도이동 → 시베니크(Sibenik)나 트로기르(Trogir)도착

자다르나 스플리트에서 두브로브니크로 이동하는 구간부터는 힘든 부분이 없다. 플로체까지 이동한 후에 보스니아와의 국경을 지나지만 여권과 렌트카를 인수할 때 받은 차량등록증만 있으면 바로 통과하게 되어 별다른 문제가 생기지 않는다.

해안도로를 처음으로 이용한다면 한동안 천천히 이동하게 된다. 속도가 30~60km의 속도로 줄기도 하지만 아름다운 해안도로를 따라 가는 기쁜 마음에 중간 중간에 세워두고 이동하면 시간이 많이 소요된다. 해안도로는 처음에는 아름답지만 오랜 시간을 굴곡진 도로를 이용하면 피곤해지고 감흥도 떨어지기 때문에 두브로브니크까지 바로 이동하려고 생각한다면 먼저 A1고속도로를 따라 이동하고 보스니아와의 국경을 통과하고 난 후에 보는 해안도로만으로도 아름다운 해안도로를 감상은 충분할 것이다.

자다르나 스플리트에서 시베니크(Sibenik)나 트로기르(Trogir)를 이동하려고 한다면 E65국도를 타고 이동하면 쉽게 도착할 수 있다. 스플리트에서 트로기르는 30~40분정도면 도착

하고, 자다르나 스플리트에서 시베니크는 1 시간 정도 소요된다.

두브로브니크로 가기 위해 E65번도로로 들어서면 두브로브니크 50㎞전에 스톤Ston이라고 하는 조그만 도시가 나온다. 이 스톤도 두브로브니크사람들이 많이 가는 휴양지이다. 가기전에 들러서 식사도 해결하고 산의 언덕을 따라 만들어진 성벽들도 구경하는 것도 좋다.(오른쪽 주유소가 있고 그 다음에 스톤으로 들어가는 도로가 나오기 때문에 표지판을 참고하면 어렵지 않게 진입할 수 있다. 스톤도시 참조)

1. 자다르에서 출발하였다면 자다르Zadar공항에서 스플리트에서는 두고포레Dugopolje에서 A1고속도로를 타야 한다. E65국도를 타고 이동하는 방법도 있지만 스프리트에서 두브로브니크까지 5시간 넘게 걸리기 때문에 해안도로를 보겠다고 E65국도를 타지는 말자. 어차피 국경을 통과하고 나면 해안도로가 나와서 아름다운 해안도로를 드라이브하면서 이동할 수 있다. 역시 처음 출발하기 전에 미리 경로를 확인하고 출발하자.
(가민 네비게이션으로 숙소의 위도, 경도를 입력하여 이동하는 것도 하나의 방법이다. 물론 도시Cities로 찾아서 자다르나 두브로브니크로 이동해도 되지만 어차피 이동하고 나서 숙소로 먼저 이동해야 하니 숙소의 위도, 경도를 여행 출발 전에 미리 확인하여 가도록 한다.)

2. 역시 이전처럼 고속도로 통행 요금소로 들어가면 이전에 했던 방법처럼 통행권을 뽑아서 A1고속도로를 이용하면 된다. 130㎞까지 속도를 낼 수 있기 때문에 제한속도보다 더 빨리 운전을 하는 경우가 있지만 해외에서는 사고에 주의해야 한다.

3. Klek에 국경검문소를 통과하고 나면 길지않은 6개의 터널이 나온다.

4. 국경을 통과하면 보스니아지역이지만 고속도로가 똑같이 나있기 때문에 다시 국경을 크로아티아국경을 통과하는 부분이 나올때까지 이동한다. 간혹 네비게이션이 국경 때문에 다른 이동경로를 표시하기도 하는데 이럴때는 무시하고 고속도로와 국경을 통과한다.

5. 크로아티아로 다시 들어오면 E65번 국도로 이동하게 된다. 이때부터 해안도로의 아름다운 장면이 많이 나와서 얼마나

중간에 머무르냐에 따라 두브로브니크에 도착하는 시간이 달라진다. 고속도로를 다니다 보면 휴게소가 40분정도에 하나씩 나와서 휴식을 취하던가, 주유를 한다던가 할 수 있지만 국도는 휴게소가 없다. 하지만 우리의 시골풍경처럼 과일이나 현지의 먹거리를 파는 장소들이 나온다. "네로나"라고 시골마을에는 버스들도 쉬어가는 곳으로 휴게소보다 더 큰 공터에 많은 과일, 잼, 꿀 등을 팔고 있다. 이럴 때 하나씩 구입하여 가도 좋은 구경거리를 볼 수 있다. 본인은 체리를 사서 중간에 먹으면서 두브로브니크로 많이 이동했다.

6. 두브로브니크는 시내로 진입하면 얼마 안되어 도시내부로 들어가는데 Center라는 표지판의 글자를 보고 들어가서 숙소로 먼저 이동한다. 두브로브니크는 크로아티아에서 매우 큰 도시라서 주차가 쉽지 않다. 따라서 아파트를 빌렸다면 사전에 위도와 경도를 표시하고 아파트에서 주차가 되는지, 주차장은 아파트에서 얼마나 먼지도 체크해야 한다. 숙소에서 가까운 주차장에 주차를 하고 이동하는 경우가 대부분이다.

집중 탐구 스플리트 가이드 투어

"특별한 아름다움과 색다른 매력의 도시는 아드리아 해의 모래 해변에 있습니다. 달마티아식 절벽이 놀기 좋은 정원들, 포도밭들과 만나는 곳. 여행자들은 항구에 내리자마자 그의 눈앞에 펼쳐진 기념비적인 건축물을 보고 깜짝 놀라실거에요. 거대한 성벽들이 도시의 윤곽을 둘러싸고 있습니다.

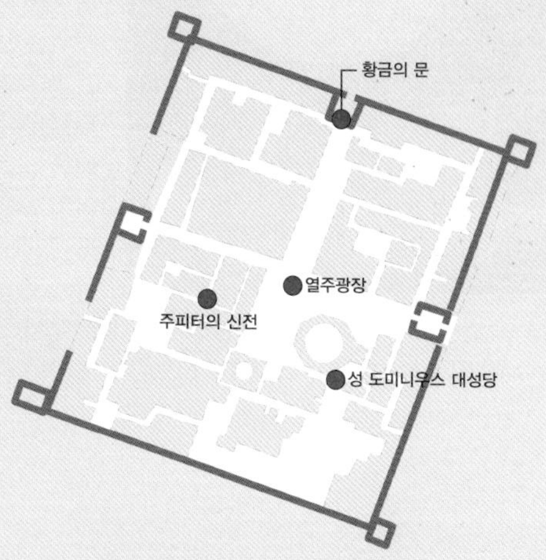

2층 건물 높이의 콜로네이드(돌기둥)은 코린트식 기둥머리와 조화로운 아치형 구조물들로 이루어져 있습니다. 콜로네이드들 사이에는 상점들, 창문과 발코니들이 있어요. 이것은 궁전과 도시가 뒤얽혀 하나로 합쳐진 것입니다.

이 집합체의 가운데에는 화강암 기둥들이 둥근 지붕을 받치고 있는 형태의 거대한 건축물이 있는데요. 이는 황제의 묘입니다. 이 모든 것들은 고대 로마의 것보다 거대하고 오리엔탈적이며, 다양한 장식품들과 함께 고급스럽기까지 합

니다." 이것이 작가, 역사가이자 프랑스 한림원의 일원인 다니엘롭스Daniel Rops가 스플리트를 묘사한 것입니다.

고대 그리스인들은 이미 4세기에 바다, 태양, 돌, 들판의 조화로운 아름다움에 이끌려 트라구리온Tragurion(trogir)과 Epetion(stobrec)을 지었습니다. 살로나는 Jadro강 어귀에 자리를 잡고 있었고요. 이 지역들이 로마인들에 의해 정복당한 뒤, 살로나는 빠르게 성장하기 시작하여 달마티아의 수도가 되었습니다. 성 바울이 그의 제자 Titus를 보냈을지도 모르는 곳은 Illyric과 Salona입니다. 그러므로 이미 1세기쯤 기독교가 그 지역들로 들어왔을 수도 있겠죠. 3세기 중반, 주교이자 순교자인 St. Venincius가 복음서를 전도했습니다. 3세기 말에는 주교 돔니우스가 Anioch에서 살로나로 와서, 그 시기에 로마 제국에서는 이미 기독교 신자들이 많았습니다. 디오클레티안은 그들이 매우 양심적인 시민들이라는 것을 알고 그의 궁중 내에 두었습니다.

궁전은 그의 통치 기간 중 20년 동안 지어졌습니다. 누가 지었는지는 모르지만 아마도 그들 중 상당수는 기독교였겠죠. 돌들에서 기독교의 상징(fish:물고기, alpha and omega:처음과 끝)을 찾을 수 있지만 만드는 사람 중 기독교인들이 장벽을 쳐서 안쪽으로 향하도록 만들었습니다. 궁전은 원래 직사각형 모양으로 설계되었지만 약간의 편차들이 생겨서 동쪽으로 214.97m, 북쪽 174.74m, 남쪽 181.65m가 되었습니다. 이는 황제의 별장, 헬레니즘 시대의 시내, 로마군 주둔지와 여름 별장 시설들을 포함하고 있습니다.

벽들은 2m가 넘는 두께이고, 남쪽으로 24m 높이이며 16개의 방어 시설들이 지지하고 있습니다. 오늘날에는 3개의 벽들과 방어 시설들만 볼 수 있습니다(4번째 것은 집과 합쳐졌기 때문에). 궁전은 두 개의 큰 도로로 인해 나뉘어 졌고 4개의 출입구로 끝나게 설계되었습니다

스플리트의 성 돔니우스 대성당에 대한 간략한 설명

지금 와 있는 이곳은 황제의 묘입니다. 앞에 있는 디오클레시안 궁전의 거의 중심부에 서 있는 거죠. 로마황제의 디오클레시안 궁전은 7세기에 가톨릭 대성당으로 바뀌었습니다.

가장 위대한 로마의 황제들 중 한명인 디오클레티아누스(243~316)는 284년부터 316년까지 황제로 재위하고 있었습니다. 그는 고대 살로나, 지금은 스플리트에서 북동쪽으로 5km 정도 거리에 있는 소도시인 살론에서 태어났습니다.
3세기, 디오클레티아누스는 이 거대한 궁전을 짓는 데 10년이 걸렸습니다. 8각형 평면인 황제의 무덤은 거대한 돌덩어리들로 24미터의 높이이며, 28개의 화강암, 대리석 기둥으로 둘러싸여 있습니다. 무덤을 둘러싼 벽들은 2.75미터의 굵기입니다. 황제는 그 많은 돌들을 그리스와 이집트의 약탈한 신전들에서 가져왔습니다.

대성당의 인테리어

원래의 무덤에는 지금의 제단, 설교단들이 없었고 위에 창문이 달린 하나의 입구만 있었어요. 바닥도 현재의 것보다 17cm가 낮았고 모자이크로 덮여있었습니다. 벽돌로 지어진 21m의 돔은 원래의 형태로 보존되어 16세기까지는 모자이크로 덮여 있었습니다. 호화스러운 기둥머리를 포함한 두 줄의 코린트양식 기둥들이 무덤을 장식하고 있어요. 이것 역시 이집트에서 가져온 기둥입니다. 낮은 기둥들은 화강암과 반암으로 된 것들이고요.

위쪽 기둥머리 아래에는 어린 소년들이 사냥하는 장면을 묘사하고 있는 양각한 프리즈가 있습니다. 높은 창문의 양쪽(한편으로는 프리즈를 차단하는)면은 두 개의 둥근 양각들이에요. 전해진 바에 의하면 왼쪽의 것은 디오클레티아누스를 보여주고 오른쪽의 것은 그의 아내 프리스카를 보여준다고 합니다.

디오클레티아누스 황제는 이 거대한 무덤 속 어딘가에 석관에 묻어졌는데, 어디인지 정확히 모릅니다. 거대한 기둥들은 기독교를 박해하다 죽은 황제의 영원한 근위대로 여겨집니다. 하지만 역사는 결국 최후의 승리를 거두게 됩니다. 디오클레티아누스 황제가 잔인하게 죽였던 순교자들의 유해들은 황제의 거대한 무덤 속에서 쉬고 있고 1300년이 넘도록 존경받고 있으니까요.

313년 밀라노 칙령의 선포 이후, 기독교인들은 종교의 자유를 얻었고, 살로나에 있는 순교자들의 무덤위에 거대하고 인상적인 성당을 지었습니다. 300년 뒤인 614년 쯤, 살로나는 아바르인들에 의해 완전히 파괴되고 소실되었습니다. 생존자들은 가장 가까운 섬들로 대피했고, 수십 년 뒤 돌아와 버려진 황제의 궁전 안에 정착하기 시작했습니다. 7세기, 그것이 바로 스플리트의 시작이었습니다. 이교도 조각상들과 아직 발견되지 않은 디오클레시안의 석관은 쫓겨났고 황제의 무덤은 기독교 대성당이 되었습니다. 디오클레시안에 의해 죽었던 신성한 순교자들의 유해들은 살로나로부터 다시 돌아왔습니다 살로나의 첫 번째 주교인 성 돔니우스와 아나스타시우스의 노동자들은 교회로 지정된 황제의 묘에 묻어졌습니다.

스플리트의 첫 번째 대주교는 이반 라베탸인John of Ravenna, Ivan Ravenjanin입니다. 그는 스플리트에 교회를 설립하였습니다. 그 이후 줄곧 대성당은 크로아티아 역사의 중요한 사건, 사람들의 살아있는 기억을 내부에 소중히 간직하고 있습니다.
이것은 영예로운 크로아티아의 왕 토미슬라브의 명성을 기념합니다. 오늘날까지도 강렬한 닌Nin의 주교Grgur, 글라골루의 성직자와 스플리트 의회의 연설가의 메아리가 대성당의 오래된 천장들로부터 울려 퍼지는 듯합니다. 대성당은 장대한 피터 크레시미르Peter Kresimir와 훌륭한 왕 보니미르Zvonimir를 생각나게 합니다. 또한 대성당은 건설자, 조각가, 화공들의 예술적이고 숙련된 손길들이 숨겨져 있습니다. 기도를 위해 부드럽게 깍지 낀 증조부모들의 많은 손들도 기억하고 있어요.

수세기동안, 기독교에 의해 영감을 받은 새롭고 가치 있는 예술 작업들을 통해 성당의 진실된 아름다움을 풍부하게 만든 모든 이들을 기억하고 있습니다. 이것은 크로아티아의 역사적이고 신성한 땅이며 이 땅 위의 수세기 동안의 힘들이 독특한 역사적, 문화적, 그리고

예술적인 기념비들을 창조하고 남겼습니다.

입구에는 단단한 호두로 조각된 목재의 문들이 있는데 이는 세계적으로 알려진 로마네스크 미술의 걸작입니다. 그것들은 1214년, 스플리트의 크로아티아인, 안드리아 부비나Andrija Buvina에 의해 만들어졌다. 그곳엔 펴놓은 책처럼 보이는 화려하게 프레임된 28개의 판들이 있는데 이는 예수의 삶을 보여줍니다.

왼쪽 문의 위에서부터 수태 고지, 그리스도의 탄생, 세 왕들의 여행, 이집트로의 비행, 신전에서의 발표 등을 보여주며 오른쪽 문의 아래부터 최후의 만찬, 그리스도의 수난, 죽음, 그리스도의 부활, 그리스도의 승천이 묘사되어 있습니다. 문들은 원래 색깔이 있었으며 금으로 도금되었습니다.

왼쪽 앞으로 더 가면 로마네스크 양식의 설교단이 있는데 역시 13세기의 것으로 이는 현지 장인의 귀중한 작품입니다. 전해지는 바에 의하면 코라피사 프랑코판Kolafisa Frankopan이 만들었다고 합니다. 기둥들은 다채로운 색깔의

대리석으로 만들어졌으며, 6개의 서로 다른 화려한 기둥머리가 있습니다. 상상 속의 짐승들과 뱀, 나뭇잎들의 디자인은 레이스처럼 뒤얽혀 있습니다.
기둥 머리들은 도금되어 있었다고 합니다. 6각형의 설교단 위쪽 부분은 두 가지 혹은 세 가지 다채로운 색의 기둥들에 의해 6개의 판으로 나뉘는데, 이는 블라인드 아치를 형성하며 전도사들의 상징들로 장식되어 있습니다. 복음 전도사, 성 요한을 상징하는, 큰 날개달린 독수리는 성서대 역할을 합니다.

살짝 오른쪽으로 가면 반원형의 벽감 안에 스플리트의 수호성인인 성 돔니우스의 오래된 제단이 있습니다. 1427년, 밀라노의 Bonino라는 장인이 후기 고딕 양식으로 만들었다고 합니다. 위쪽은 잠자고 있는 성 돔니우스의 조각상이며 아래쪽 중간에는 성모마리아의 안식이 있는데 이는 원래 그곳에 있던 성 돔니우스의 유물들의 문 역할을 합니다. 그 왼쪽과 오른쪽에는 성인들의 인물상들(성 돔니우스, 목에 맷돌이 있는 성 아나스타시우스, 사자와 있는 성 마르크, 열쇠를 지닌 성 베드로)이 있습니다. 1770년, 스플리트의 주민들은 12세기 스플리트의 대주교였던 성 아르니르의 유해가 묻혀있던 곳에 성 돔니우스의 새로운 제단을 짓게 되었을 때, 살로나에서 가져온 성 돔니우스의 유해와 기독교 석관들이 벽으로 둘러싸이게 되었습니다. 석관이 원래의 기능 대신 제단의 기능으로 사용된 것은 드문 일이었는데요. 전체 제단은 정교한 고딕 양식의 아름다운 카노피로 아치형의 천장을 이루었어요. 1429년에는 스플리트의 화가 두암 부스코빅(Dujam Vuskovic)이 카노피를 프레스코화법으로 장식하였습니다.

본 제단의 왼쪽에는 본체 위에 누워있는 인물상이 있는 형태의 성 아나스타시우스의 제단이 있어요. 그의 목에는 맷돌이 걸려 있는데 그의 죽음을 상징하는 것입니다, 디오클레티아누스가 그를 익사시켰다고 전해집니다. 그의 시신은 익사된 후에 바다에서 옮겨져 묻히게 되었습니다. 그 뒤에 바실리카가 마루시낙(Marusinac)에 지어졌으며 성 아나스타시우스에게 바쳐졌습니다.
경이로운 Sibenik 대성당을 만들었던 크로아티아의 유명한 디자이너 주라이 달마티낙(Juraj Dalmatinac)이 1448년에 제단을 만들었습니다. 가장 훌륭한 작품은 중앙에 '채찍질 당하는 그리스도'를 보여주는 동시에 성 아나스타시우스의 유해를 덮고 있는 문의 역할을 하는 부분입니다.
왼쪽에는 바로크 장인 모르라이테르(G.M Morlaiter)가 1770년에 만든 성 돔니우스의 새 제단이 있습니다. 그곳에는 순교자들의 미덕을 대표하는 두 가지 장엄한 모습의 여자 조각상이 있는데, 왼쪽의 것은 신념을 상징하고 오른쪽의 것은 견고함을 상징합니다. 석관에는 성 돔니우스의 유해가 들어있으며 두 개의 조각상이 이를 지지하고 있습니다. 제단의 앞 장식의 양각은 선명하게 성 돔니우스의 고통을 묘사하고 있습니다.

대성당 내에는 몇몇 중요한 묘석들이 있습니다. 성 돔니우스의 제단 왼쪽, 신도석들의 아래쪽이 스플리트의 귀족 가문 Capogrosso의 묘입니다. 남쪽으로, 작은 문들 옆에는 크로아티아의 위대한 인문주의자 Marko Marulic의 삼촌인 Janko Alberti의 묘가 있고요. 좀 더 가면 스플리트 상류층 Zarko Drazojevic의 묘가 있습니다. 원래의 묘석은 대성당에서 옮겨져 성 요한의 세례당 근처의 벽 가까이에 놓이게 되었습니다.
대성당 내에서 가장 오래된 십자가상은 14세기의 것으로 그리스 문자 Y의 형태를 띄고 있습니다. 문들 옆에 있는 큰 십자가상은 15세기에 만들어졌으며, 북쪽 제단 우에 위치한 작은 십자가상은 Ventian Settecento 스타일의 굉장히 성공적인 작품입니다(Settecento는 이탈리아 문학, 예술의 시대인 18세기를 의미).
성공적이지는 못했지만 오랜 시간동안 스플리트 대성당은 굉장히 작았기 때문에 스플리트의 대주교 Markantun de Domnis는 해결책을 마련했습니다. 그는 동쪽 벽을 열어서 대성당의 동쪽을 확대하고 주교와 성직자들을 위한 성가대를 추가했습니다. 이전에 그는 돌 제단의 칸막이벽을 제거해왔었기 때문이죠. 그것들은 아마도 과거 유피테르 신전의 세례당 우물을 만드는 데 쓰였을 것입니다. 오늘날의 본 제단은 17세기의 것이고요. 전해지는 바에 따르면 교회 제단의 닫집을 받치고 있는 떠다니는 모습의 두 바로크 천사들은 바로크 달마티아식 화가 Mateo Ponzoni가 장식했다고 합니다. 그는 제단 위의 천장도 장식했습니다.

본 제단의 뒤쪽

성가대 내부에는 13세기 현지 기능공들이 만든 다채로운 조각품들과 함께 성가대석이 있습니다. 성가대석 뒤쪽은 스플리트의 성 스테판 베네딕트수도원을 위해 만들어진 것으로 알려졌습니다. 그것들은 교차된 리본 패턴, 격자, 나뭇잎과 동물 장식들로 다채롭게 꾸며져 있습니다. 긴 쪽의 띠는 사도들의 여섯 가지 형상이고, 짧은 쪽의 띠는 전도사들을 상징하는 것으로 이 가치있는 예술품들은 달마티아 복구 기관에 의해 복구되었습니다.

주교석은 대주교 Sforza Ponzoni(1616~1641) 시대의 것입니다. 벽에 있는 큰 캔버스들은 성 돔니우스의 삶을 묘사하는 것으로 1685년 바로크 화가 Pietro Ferrari가 그렸고 캔버스들은 1964~1965년에 복구되었습니다. 그것들은 (왼쪽부터) 성 돔니우스로부터 달마티아로의 전송, 살로나 스퀘어에서의 성 돔니우스의 설교, 살로나에서 세례하는 성 돔니우스, 성 돔니우스의 순교, 심판 Maurila 앞의 성 돔니우스와 성 돔니우스의 죽음을 묘사하고 있습니다.
본 제단 쪽으로 더 가까이 가면 바로크 화가 Mateo Ponzoni의 여섯 가지 작은 그림들이 있습니다. 왼쪽부터 시에나의 성 캐서린, 성 Lorvo Justiniani, 교황 우르바누스 8세, 교황 바오로 8세, 성 프랜시스와 성 돔니우스입니다.
금고(성구 보관실 위)는 대성당의 가장 가치 있는 것들을 포함하고 있습니다.(스플리트 복음, 7~8세기 질 좋은 양피지에 적힌 고문서. 또한 11세기 Supetar Register과 12세기의 아름다운 세밀화들과 함께 고문서들, 13세기 Archdeacon Thomas의 Historia Salona, 15세기의 몇몇 큰 응답 송가들, 13세기 스플리트 회화 작업장에서 만든 두 개의 로마네스크 양식 성모마리아상, 9~10세기의 십자가 수집품들, 15~16세기 로마네스크와 고딕 양식의 성유물함과 성배들, 14~15세기 성직자 의복들 등이 있습니다. 많은 작품들이 크로아티아와 해외에 지속적으로 전시되고 있습니다.
금고는 6월 중반부터 9월 중반까지 오전 9~12시 오후 4~7시 사이에 그룹이나 전문가들과의 예약에 한해 오픈됩니다.

OCKTAILS

Hvar
흐바르

Hvar
흐 바 르

날씨와 풍경이 좋아 사랑받는 인기 휴양지인 흐바르Hvar는 작은 해변마을이다. 여름 성수기가 되면 흐바르Hvar 시내는 관광객으로 넘쳐난다. 작은 섬에 하루, 약 3만 명 정도의 관광객이 찾으면 숙박을 구하는 것은 쉬운 것이 아니다.
라벤더 생산지로 유명하여 "라벤더 섬"이라고 부르기도 한다. 향긋한 라벤더향이 골목을 지날 때마다 코끝을 간지럽게 한다. 일조량도 풍부해 와인 생산지로도 유명하여 매년 6~8월에는 클래식, 각종 공연, 연극 등 다양한 축제도 열린다.

Hvar

호바르 섬으로 가는 방법

스플리트에서 당일로 여행할 수 있는 여행지인 흐바르Hvar 섬은 항구에서 페리를 타고 1~2시간이면 도착한다. 흐바르로 가는 페리에는 스타리그라드Stari Grad로 가는 페리와 관광 명소가 모여 있는 흐바르 타운Hvar town으로 가는 페리가 있다. 흐바르 타운Hvar town에서 바로 내리는 페리는 운항편수가 적으며, 스타리그라드Stari Grad 항구에서 내리면 대기하고 있는 시내버스나 택시를 타고 흐바르 타운Hvar town까지 가야 한다.

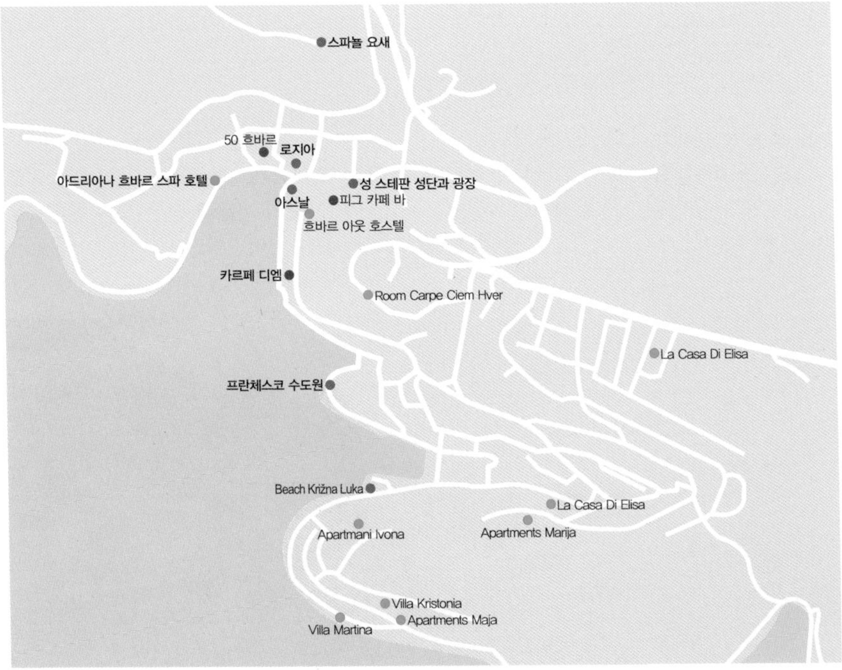

스파뇰 요새
50 흐바르
로지아
아드리아나 흐바르 스파 호텔
성 스테판 성단과 광장
아스날
피그 카페 바
흐바르 아웃 호스텔
카르페 디엠
Room Carpe Ciem Hver
La Casa Di Elisa
프란체스코 수도원
Beach Križna Luka
La Casa Di Elisa
Apartmani Ivona
Apartments Marija
Villa Kristonia
Villa Martina
Apartments Maja

스플리트-흐바르 간을 운항하는 페리는 야드롤리니야 페리(www.Jadrolinja.com)과 블루라인(http://ww1.blueline-ferries.com/)를 이용할 수 있다. 날씨가 좋지 않을 경우 페리가 운항할 수 없는 경우가 있어 페리 터미널이나 매표소에서 확인해야 한다.

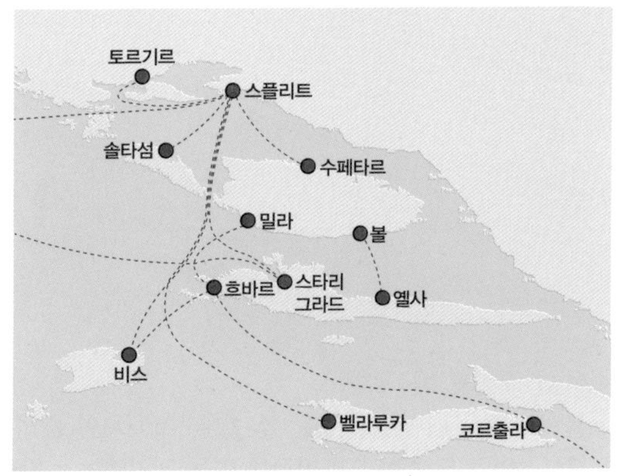

흐바르 → 스플리트 페리 시간표

스플리트 → 흐바르				흐바르 → 스플리트	
평일		주말		출발	도착
출발	도착	출발	도착		
09:15	10:20	10:15	11:20	06:35	07:40
10:30	12:10	10:30	12:10	08:00	09:05
15:00	16:10	15:00	16:05	13:45	15:30
18:00	19:10	18:00	19:05	15:50	17:00

흐바르 섬 둘러보기

흐바르 섬의 중심인 스테판 광장Trg Sv. Stjepana에서 여행이 시작된다. 흐바르 섬은 여행루트를 계획하지 않더라도 쉽게 둘러볼 수 있다. 베네치아 공국의 지배를 받은 작은 섬이므로 베네치아 지배시기에 지어진 건물들이 흐바르 타운 곳곳에 남아 있다.

흐바르 섬 최대 번화가인 흐바르 타운에 대부분의 볼거리가 몰려 있다. 스테판 광장, 베네치아 요새 등과 아름다운 골목에는 예쁜 상점들이 늘어서 있다. 흐바르 섬 관광은 한나절이면 충분하지만, 휴양을 목적으로 온 관광객이 많아서 해수욕과 해양 스포츠를 즐기고 아드리아 해를 바라보며 한가롭게 쉬는 여행자가 대부분이다.

추천 일정

스테판 광장 → 스테판 요새 → 아스날 → 프란체스코 수도원 & 박물관 → 아름다운 해안

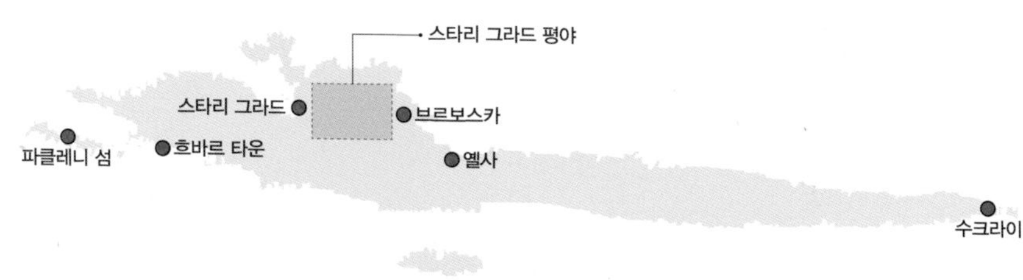

흐바르의 역사

섬의 오래된 역사를 보여주는 흔적도 찾을 수 있다. 신석기 시대부터 그리스, 로마, 베네치아 사람들이 거주했던 모습을 찾을 수 있다. 르네상스 시기에 흐바르Hvar는 조선과 농작물 경작으로 번성하여 크로아티아 문학의 중요한 중심지가 되기도 했다. 1500년대 흐바르에서 작업했던 작가들 중에 크로아티아에서 유명한 시인 중 한 명이 페타르 헤크토로비치Petar Hektorović이다. 스타리 그라드Stari Grad에서 헤크토로비치가 여름에 머물렀던 트브라이 성Tvrdalj Castle도 아름답다.

한눈에 흐바르 파악하기

시간을 내서 멋진 흐바르 타운을 여행한다면 13세기 처음 개발되기 시작해 잘 보존된 여러 유적을 만날 수 있다. 어렴풋이 보이는 성 스테판 성당St. Stephen's Cathedral과 무기고Arsenal의 그림자 아래에 있는 성 슈테판 광장St. Stephen's Square의 테라스에서 음료를 즐기는 경험도 좋다. 웅장한 요새인 포르티차 요새Fortica Španjola에서 과거를 여행하거나 15세기의 프란체스코회 수도원Franciscan Monastery과 박물관에서 유명한 예술품을 관람할 수 있다.

흐바르와 스타리 그라드 사이 남쪽 연안의 숨겨진 작은 만인 아름다운 두보비차Dubovica 해변이 근처에 있다. 흐바르 타운은 밤 문화로도 유명하므로 어둠이 내리면 항구 근처의 바에 들러 즐겨보자.

호바르를 즐기는 방법

환상적인 날씨, 대리석으로 덮인 멋진 마을, 아름다운 라벤더 들판이 있는 호바르Hvar 섬은 유럽의 관광객들이 좋아하는 곳이다. 아름다운 호바르Hvar 섬은 세련된 도시와 숨겨진 작은 만, 무성하고 비옥한 숲이 어우러져 있다. 호바르 타운Hvar Town에 머물면서 섬의 자갈 해변, 매력적인 항구 마을, 라벤더 들판, 소나무로 덮인 언덕을 둘러보자.

호바르 섬의 1일 여행지

좀 더 일상적인 휴일을 즐기고 싶다면 젤사Jelsa의 유서 깊은 항구 마을이나 브로보스카Vrboska의 조용하고 작은 항구 마을에 머물러 보는 것도 좋다. 정기적으로 운행하는 택시 보트를 타고 갈 수 있는 파클린스키 섬Pakleni Islands도 잊지 말자. 12개 이상의 섬이 연결되어 있는 해변에는 사람이 적고 안쪽으로는 무성하게 우거진 숲을 만날 수 있다.

예롤림Jerolim 섬이나 마린코바츠Marinkovac 섬에 가면 아름다운 누드 비치가 있으며 차량 통행이 금지된 세인트 클레멘트Sveti Klement 섬은 푸른 정원이 유명하다.

성 스테판 성당과 광장
Katedrala Sv. Stjepana
Trg Sv. Stjepana

총 면적 4,500㎡로 달마티아 지방에서 가장 큰 광장인 스테판 광장은 낮에는 한적하지만, 밤에는 사람들로 가득 찬다. 광장 북쪽에는 클로버 문양이 있는 성 스테판 대성당Katedrala Sv. Stjepana이 있으며, 그 옆에는 17세기에 건설된 종루가 있다.

성채와 함께 베네치아 통치 시기에 만들어진 광장은 산 마르코 광장과 비슷한 느낌이다. 광장에서 가장 웅장한 건물은 성 스테판 성당Cathedral of Saint Stephan이다. 16세기에 세워진 르네상스 양식의 성 스테판 성당은 베네딕트 수도원이 있던 자리에 재건축을 통해 세워졌다. 흐바르 섬의 수호성인이자, 순교자인 성 스테파노 1세 교황에게 헌정되었다.

홈페이지_ Trg Stjepana, 21450

스파뇰 요새
Spanjola Fortress

16세기 베네치아 인들이 오스만튀르크의 침입을 막기 위해 흐바르 타운 언덕 위에 쌓은 요새이다. 스테판 광장에서 요새로 오르는 오솔길에는 선인장과 알로에가 늘어서 있어 이색적인 풍경을 선사하며, 요새에서 내려다보는 흐바르Hvar의 전경이 무척 아름답다.

성벽에는 4개의 문이 있는데, 남서쪽에 난 문이 정문으로 포르타 마에스트라Porta Maestra 라고 부른다. 요새 안에는 근처에서 항해하다가 침몰한 배에서 나온 유물들을 전시한 박물관과 지하 감옥이 있다. 스테판 광장에서 오른쪽 계단을 따라 20분 정도 걸어서 이동하면 도착한다.

주소_ Spanjola 21450
시간_ 9~21시
요금_ 60Kn

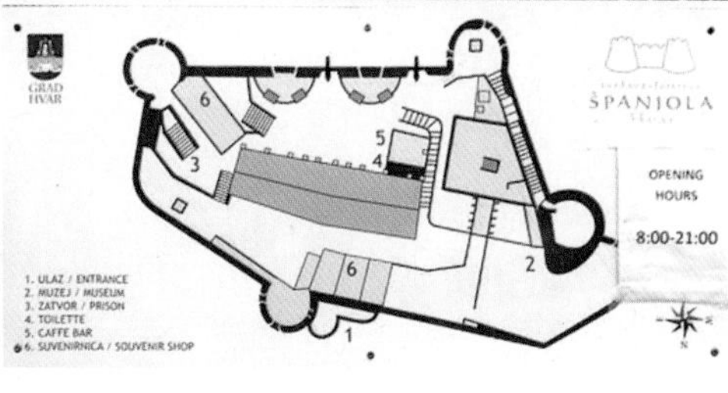

아스날
Arsenal

스테판 광장 동쪽으로 보이는 삼각 지붕 모양의 고딕 건물로 1611년 터키인들이 버리고 간 것을 재건축한 무기고이다. 현재 1층은 관광안내소와 쇼핑센터로, 2층은 소극장으로 사용되며 여름에는 연극, 콘서트 등을 공연하는 건물로 바뀌었다.

로지아
Loggia

베네치아 인들이 흐바르에 만들어놓은 르네상스 건축물로 로지아와 옆에 시계탑이 있다. 1289년에 만들어졌다고 하지만 실제로 기능을 한 것은 15세기가 되어서다. 오스만투르크의 공격으로 훼손되었지만 19세기까지는 카페로 사용되다가 1970년대에 복원공사를 한 후, 지금에 이르고 있다. 건물의 외관을 보여주는 기둥은 17세기, 트리푼 보카니츠Tripun Bokanic가 만들었다고 전해진다.

프란체스코 수도원과 박물관
Franjevacki Samostan

흐바르 섬 항구 남동쪽 끝에 위치한 15세기 르네상스 양식의 수도원으로 그 옆에 높은 종탑은 16세기에 세워진 것이다. 수도원에는 멋진 베네치아 그림이 전시되어 있고, 인근에 있는 박물관에서는 1524년에 인쇄된 프톨레미의 아틀라스와 대형작품인 이탈리아의 마테오 이그놀리 Matteo Ignoli의 '최후의 만찬The Last Supper'등 예술작품들이 전시되어 있다. 수도원 옆의 해변에는 작은 해변이 있는데 잔잔한 파도와 맑은 물로 일광욕을 즐기는 사람들을 볼 수 있다.

포코니 돌
Pokonji Dol

흐바르에서 조금 떨어진 곳에 있는 자갈로 된 해변으로 여유롭게 해변을 즐기기 위한 관광객들이 주로 찾는다. 물놀이를 위한 장비를 대여하는 곳도 있어서 가족들이 함께 즐기는 장면을 볼 수 있다.

Dubrovnik

두브로브니크

Dubrovnik
두 브 로 브 니 크

두브로브니크는 1991년, 8개월에 걸친 유고슬라비아 연방군의 포위로 성벽이 무너지는 아픔을 겪었지만 대체적으로 커다란 피해를 입지 않고 전쟁의 아픔을 피해갔다. 가장 심각한 타격은 전쟁 이후에 급격하게 관광 산업에 피해를 입었다. 하지만 2008년 유럽 연합에 가입하면서 다시 관광객들이 찾기 시작했고 현재는 유럽에서 가장 관광객이 많은 나라일 정도로 성장했다.

두브로브니크는 언제든 매혹적이다. 잘 보존된 성벽 내부는 분수와 박물관을 사람들만 거닐면서 다닐 수 있기에 더욱 구경하기에 좋다. 외부에는 가파른 자갈길로 이루어진 언덕을 따라 보이는 집들이나 교회, 돌산도 아름답다.

왕좌의 게임

두브로브니크를 더욱 세계적인 관광지로 만든 장본인은 미국 드라마 왕좌의 게임Game of Throne이다. 시내에는 다양한 왕좌의 게임 관련 상품을 팔고 왕좌의 게임 워킹 투어도 진행하고 있다. 왕좌의 게임에서 나오는 '킹스 랜딩' 도시를 촬영되었지만 위에 CG를 입혀 실제로는 어디인지 잘 알기 힘들다.

투어(www.dubrovnik-walking-tours.com)는 필레Pile 문에서 출발해 성벽 안을 돌면서 드라마의 장면과 실제의 모습을 드라마 장면을 보여주면서 설명을 해준다.

장면 설명

플로체 게이트에서 성벽을 따라 안으로 들어오면 계단이 있는데 여기에서 많은 장면을 찍었다. 티리온이 브론과 성을 돌아보다가, 전쟁을 걱정하는 군중들이 모여 있는 것을 발견하는 장면에서 군중들은 세르세이와 제이미의 관계에 대해, 티리온에 대해 저렇다 비난을 했던 곳으로 유명해졌다.

성벽의 동남쪽의 성 이그타니우스 성당으로 향하는 계단도 유명하다. 타이윈이 죽고, 아버지의 장례식이 거행되는 신전에 도착한 장면에서 계단은 맞지만 건물은 CG처리를 하였다.

지상의 낙원을 보고 싶다면 두브로브니크로 오라

아드리아 해에 면한 달마티아 해안의 작은 도시로 유럽인이 동경하는 최고의 휴양지 두브로브니크! 영국의 극작가 조지 버나드 쇼는 '지상의 낙원을 보고 싶다면 두브로브니크로 오라'는 말을 남겼다. 두브로브니크는 7세기에 도시가 형성되어 9세기부터 발칸과 이탈리아를 잇는 중계무역 중심지로 막대한 부를 축적했고, 15~16세기에 무역의 전성기를 맞이했다.

두브로브니크 Feeling

두브로브니크를 더 특별하게 만들어주는 태양빛이 찬란한 아드리아 해, 푸른 아드리아 해에 신기루처럼 떠 있는 성채도시, 두브로브니크는 시가지 전체가 유네스코 세계 문화유산으로 지정되어 있다. 구시가지는 시간의 흐름을 무시하고 자신만을 바라보는 시간을 가질 수 있다. 지도가 없어도 둘러보는데 제약은 별로 없다. 아름다운 건축물들을 구경하다보면 천국에 와있는 느낌이 든다. 짙푸른 아드리아 해와 성채 가득 오렌지색 지붕이 빼곡히 들어앉은 모습을 보면 평생 두브로브니크에서 살고 싶은 생각마저 든다. 해질 때 내려다보는 성곽의 아름다운 모습은 영원히 기억에 남을 것이다.

이후 1945년 유고슬라비아 연방의 일부가 되었다가 1991년 크로아티아가 독립국이 되면서 세르비아 군에게 공격을 받아 도시 전체가 파괴되었다. 하지만 유네스코와 국제사회의 지원으로 복원되어 1994년 세계 문화유산으로 등록되었고, 지금은 성채, 왕궁, 수도원 등이 복원되어 옛 명성을 찾을 만큼 아름다운 해안 도시로 거듭나 많은 여행객들의 발길을 붙잡고 있다.

두브로브니크 IN

두브로브니크는 자그레브에서 버스로 11시간이 걸리는 먼 거리이다. 버스를 많이 이용하지만 긴 시간으로 인해 저가항공으로 많이 이동한다. 크로아티아 국내여행은 버스가 가장 편리하고 저렴하지만, 시간이 오래 걸린다. 기차는 자그레브에서 스플리트까지만 운행을 하기 때문에 기차는 거의 사용하지 않는다.

비행기

두브로브니크는 유럽내에서는 자그레브만큼 공항을 많이 이용한다. 그래서 다른 유럽내 도시에서 저가항공으로 두브로브니크로 바로 들어오는 경우도 많고 자그레브로 들어오지 않고 두브로브니크로 들어와 반대로 위로 올라가는 루트도 많이 이용한다.
유럽계 항공사는 경유해서 두브로브니크로 바로 들어 갈 수 있다. 저가항공은 대부분 한 달 전에는 예약을 해야 싼 가격에 항공권을 구할 수 있다.

▶유럽 저가항공
www.skyscanner.kr,

www.whichbudget.com

공항에서 두브로브니크 시내 IN

시내에서 남쪽으로 20㎞ 정도 떨어진 두브로브니크 공항Zracna Luka Dubrovnik에서 시내까지는 아틀라스 버스나 택시로 이동한다.

▶공항 홈페이지
www.airport-dubrovnik.hr

아트라스 버스(ATLAS BUSES)

공항버스로 공항에서 시내버스 터미널을 거쳐 구시가의 필레 문의 버스터미널(45Kn)까지 30~40분이면 도착한다. 버스는 비행기 도착시간에 맞춰 운행하기 때문에 쉽게 찾을 수 있으며, 티켓은 운전사에게 직접 구입하면 된다.
택시는 상당히 비싸기 때문에(300~350 Kn) 많이는 사용하지 않지만 급할때는 사용할 수 밖에 없다. 시간은 20~30분은 소요된다.

버스

크로아티아 국내여행에서 가장 저렴하고 편리한 교통수단이지만 시간이 오래 걸리는 단점이 있다. 하지만 해안선을 따라가며 펼쳐지는 아름다운 풍경을 감상할 수 있어 유럽여행자들에게 특히 인기가 좋다. 두브로브니크에서 국제선으로 유로라인이 보스니아, 슬로베니아, 독일, 스위

두브로브니크에서 주요도시 이동 시간

국외

두브로브니크 → 모스타르	3시간	150Kn	1일 3회운행
두브로브니크 → 사라예보	5시간	240Kn	1일 2회운행

국내

두브로브니크 → 자그레브	11시간	280Kn	1일 7~8회운행
두브로브니크 → 스플리트	4시간 30분	150Kn	1일 19회운행
두브로브니크 → 플리트비체	10시간	360Kn	1일 1회운행
두브로브니크 → 자다르	8시간	200Kn	1일 8회운행

스로 운행하고 있다. 국내로는 자그레브, 스플리트, 자다르, 플리트비체행 버스가 운행한다.

▶**고속버스 홈페이지**
www.ak-split.hr, www.akz.hr

두브로브니크 버스터미널Autobusni Kolodvor은 규모가 작다. 버스터미널에서 터미널 앞에서 1a, 3, 6, 9번 버스를 이용하면 구시가에 도착할 수 있다. 버스 티켓(1회권 13Kn/운전사에게 구입 시 16Kn)은 신문가판대나 운전사에게 직접 구입한다(도보로 이동 시 약 30분 소요).

페리

페리는 두브로브니크로 가는 가장 로맨틱하고 이색적인 교통수단으로 국제선과 국내선 모두 크로아티아의 페리 야드롤리니야Jadrolinija에서 운영한다. 국제선은 이탈리아의 바리Bari, 앙코나Ancona에서 출항하며, 국내선은 스플리트와 리예카에서 출항한다. 성수기에는 흐바르Hvar 섬과 코르출라Korcula 섬을 경유한다.
페리는 라파드 지역에 있는 그루즈 항구 Luka Gruz에 도착하는데 구시가까지 2㎞정도 떨어져 있다. 항구와 버스터미널 사이에는 대형 슈퍼마켓Konzum이 있으며, 버스터미널에서 1a, 3, 6, 9번 버스를 타면 구시가의 필레 문 앞까지 갈 수 있다. 페리는 비, 성수기, 날씨에 따라 운항편수와 경유지 등이 달라지니 반드시 스케줄을 확인하도록 하자.

대형마트 콘줌(Konzum)

야드롤리니야Jadrolinja회사의 배가 스플리트(주2회), 코르출라 섬을 운항하고 있으며 이탈리아의 바리나 앙코나까지 운항하고 있다.
▶페리 www.jadrolinja.hr

시내교통

두브로브니크의 시내는 크게 5개 지구로 나눌 수 있는데, 버스터미널과 항구가 있는 그루즈Gruz, 호텔과 리조트 등이 모여 있는 라파드Lapad와 바빈쿠크Babin Kuk, 구시가 성문 밖 필레Pile와 플로체Ploce지구로 나뉜다. 구시가에서 필레, 플로체 지구는 도보로 이동할 수 있지만 그 밖의 지구는 시내버스를 이용해야 한다. 구시가 교통의 중심지인 필레 문 앞에는 구시가로 들어오는 모든 시내버스와 관광버스가 정차한다. 버스티켓은 신문가판대나 버스 안에서 직접 구입할 수 있다.

▶ **대중교통 요금**
1회권 12Kn(운전사에게 구입 시 15Kn)

Daily Card
ONLY 150,00kn

3-Day Card
ONLY 200,00kn

Weekiy Card
ONLY 250,00kn

Glass Boat Trip

배 밑이 투명한 유리로 되어 있는 보트를 타고 두브로브니크 주변을 돌아보는 크루즈, 구 항구에서 출발해 근처의 로크룸 섬을 돌아온다. 티켓은 구 항구 노천 매표소에서 구입한다.

▶ **운항** : 11:00~17:30, 3~4회.
Night Trip 21:00~22:00, 2~3회
▶ **요금** : 75Kn 소요시간 | 1시간

씨티투어버스(City Tour Bus)

필레 문 앞 버스 정류장에서 출발하는 투어버스에는 카브리오Cabrio나 파노라마버스Panoramic Bus가 있다. 오디오 가이드 설명과 함께 두브로브니크를 간편하게 둘러보고 군데군데 들러 포토 타임을 가질 수 있지만, 서비스나 투어 루트는 생각보다 좋지는 않으니 큰 기대는 하지 말자.

▶ **소요시간** : 1시간

근교섬 크루즈

두브로브니크에서 근교 섬으로 떠나는 1일 투어, 투어 요금에는 교통비, 입장료, 점심식사가 포함되어 있다. 국립공원으로 유명한 믈레트 섬(Mlijet)과 두브로브니크 앞바다에 있는 세 개의 섬(콜로체프 (Kolocep), 로푸드(Lopid), 시판(Sipan))을 돌아보는 엘라피티군도 Elafiti 크루즈가 가장 인기 있다. 자세한 크루즈 안내는 시내 여행사에 문의하거나 야드롤리니야 홈페이지를 이용하자.

▶**야드롤리니야 홈페이지** : www.jadrolinija.com

두브로브니크 베스트 코스

크로아티아여행의 핵심은 두브로브니크이다. 먼저 두브로브니크 카드를 구입하여 구시가지의 필레문으로 가자. 필레문밖에 있는 로브리예나츠 요새를 먼저 보고 필레문을 지나 왼쪽 성벽에 있는 티켓판매소로 들어가 성벽투어를 시작하면 된다.

일정

포브리예나츠 요새 → 필레문 → 성벽투어(약 3시간 소요) → 오노프리오 분수 → 프란체스코 수도원 → 스트라둔 대로 → 오를란도브 게양대 → 성 브라이세 성당 → 렉터 궁전 → 두브로브니크 대성당 → 스르지 산 전망대

▶2일 일정

하루정도를 꼬박 다녀야 다 볼 수 있는데 여름에는 더워서 힘들기 때문에 렉터궁전부터 2일째에 나누어 보기도 한다.

▶3일 일정

숨은 절경을 가지고 있는 아름다운 로크룸 섬으로 여름 피서를 떠나보자.

Villa Ani
민체타 탑
힐튼 임페리얼 두브로브니크
레이디 피피
부티크 호텔 스타리 그리드
아파트먼트 마야
부자 문
두브로브니크
고고학 박물
올드 타운 호스텔
레벨린
프란체스코 수도원과
약국 박물관
드비노 와인 바
도미니코 수도원
팔레 문
전쟁 사진 전시관
오노프리오 분수
바르바
스트라둔 아파트먼트
스폰자 궁전
구 항구
보카르 요새
마린 드르지크의 집
성 블라호 성당
타지 마할
푸치크 팰리스
렉터 궁전
Etnografski Muzej Rupe
재즈 카페 트루바두
두브로브니크 대성당
두브로브니크 자연사 박물관
두브로브니
아쿠아리움
카페 부자 2
카페 부자 1

성벽 지도

코파카바나 해변
Copacabana

오르산
Orsan

그루쉬 시장
Gruz Polijana

라파드 해변
Lapad

벨리카&말라 페트카 숲 공원
Park Suma Velike i Mala Petka

스르지 언덕 케이블카 승강장

반예 해변
Banje

필레 문
Vrata od Plia

두브로브니크 대성당
Dubrovacke Katedrale

성 야고보 해
Sveti Ja

크로아티아 독립전쟁과 재건사업

1991년부터 1995년까지의 크로아티아 독립전쟁은 우리에게 오래된 기억이었다. 우리에게는 인종청소나 유고내전으로 알려져 있다.

그러다가 2013년, 〈꽃보다 누나〉 프로그램에서 과거의 모습이 보여지면서 두브로브니크가 폭격당하는 모습과 성곽이 파괴되는 모습도 TV에서 다시 볼 수 있었다. 두브로브니크 시민들에게는 아직도 참상으로 기억에 남아 있는 내전의 흔적들은 구시가 곳곳에 아직도 남아있다.

광장이 300번 넘게 폭격당할 정도로 심각한 피해를 입었지만 내전이 끝나고 빠른 재건 사업으로 두브로브니크는 상당히 빠르게 원래의 모습을 되찾았다. 드브로브니크 성벽은 예전의 모습을 되찾았고 대리석 거리는 더 아름답게 포장되었다.

각종 궁전 등은 국제 석공 단체의 도움으로 복원되어 옛 모습을 찾았다. 전쟁의 참상을 딛고 관광도시로 발돋움하고 있는 두브로브니크는 크로아티아의 자랑이 되었다.

두브로브니크(Duvrovnik) 역사

▶7세기 슬라브인들의 공격을 피하기 위해 성벽을 세우면서 도시가 시작됨.
▶12세기 지중해와 발칸제국을 잇는 무역으로 성장함.
▶13세기 베네치아의 지배를 받다가 통제에서 벗어나면서 라구사 공화국이 탄생함
▶13~17세기중반까지 평화와 번영을 누림
▶1667년 대지진으로 쇠락하기 시작함. 대부분의 건축물이 파괴되었으나 스폰자 궁전과 렉터 궁전만 피해를 입지않음
▶19세기 나폴레옹 군대가 점령하면서 완전 쇠락
▶20세기초 오스트리아 헝가리 제국의 일부
▶2차세계대전 후 유고슬라비아의 일원이 됨
▶1991년 유고슬라비아 내전을 딛고 독립을 쟁취

로크룸 섬(Lokrum Island)

두브로브니크의 올드 하버에서 페리로 10분 거리에 있는 로크룸Lokrum 섬은 검은 화산재, 소나무, 올리브 나무로 가득한 아름다운 숲이 우거진 섬이다. 두브로브니크Dubrovnik 올드 타운Old Town에서 가깝이 위치하고 있어 관광객뿐만 아니라 현지인들에게도 인기가 있다.
여유롭게 즐길 수 있는 해변도 있어서 돌은 많지만 인기 있는 수영과 휴양 장소이기도 하다. 섬에는 소나무, 노송나무, 올리브 나무가 많고 특히 더운 여름에는 평온과 그늘을 제공하는 다른 아열대 식물이 있기 때문에 서늘한 바람이 시원하게 다가온다.

1023년 베네딕도 수도원이 건설되면서 알려지기 시작했다. 중세의 베네딕트 수도원은 부분적으로 촬영한 미국 드라마 왕좌의 게임Game of Thrones의 촬영 장소이다. 수도원에는 예쁜 회랑 정원과 식물원이 있다. 전망을 보려면 옥상으로 가면 된다.
오스트리아의 대공이자 멕시코의 황제였던 막시밀리아노 1세가 소유했던 수도원과 식물원이 남아 있다. 로크룸 섬의 성은 프랑스 인들이 건설했지만 오스트리아인들은 이 성을 '막시밀리안의 탑'이라고 불렀다.

로크룸(Lokrum IN)

두브로브니크의 옛 항구인 포르포레라(Porporela)에서 섬까지 정기적으로 매일 항해를 한다. 계절에 따라 시간당 2~4회 섬으로 1시간마다 출발하는 배(40쿠나)를 타면 10~15분정도 지나 도착한다.

카약 투어

두브로브니크 성벽에서 보이는 작은 섬까지 약 600m 정도 떨어져 있다. 잔잔한 파도를 해치고 바다 카약으로 섬에 갈 수 있다. 대부분의 관광객은 카약 가이드 투어를 이용하고 있다.

두브로브니크 핵심 도보여행

성벽투어는 처음 들으면 가이드가 성벽을 돌아다니면서 하는 투어로 생각하기 쉽다. 물론 가이드가 성벽에 같이 돌아다니면서 하는 두브로브니크Dubrovnik Waiks로 가이드 투어가 있지만 영어로 진행을 하기 때문에 실제 성벽투어는 두브로브니크의 올드타운Oid Town을 둘러싼 성벽을 자신이 홀로 성벽을 돌아다니는 것이다.

성벽투어를 간단하게 요약하면 입구는 필레문과 스폰자 궁의 2곳이다. 대부분의 관광객들은 필레문의 입구로 셩벽투어를 시작한다. 그래서 필레문부터 시작해 스폰자 궁으로 성벽투어를 마쳐도 되고 한바퀴를 돌아서 나와도 된다. 들어갈 때 구입한 티켓은 반대쪽 매표소쪽에서 입장권을 한번 더 검사하기 때문에 잃어버리지 말고 계속 가지고 있어야 한다. 요새를 입장할 때에도 입장권이 필요하다. 꽃보다 누나에 나와서 유명해진 부자 카페Buza Cafe는 2곳이 있다. 꽃보다 누나에 나온 부자 카페Buza Cafe는 보통 〈부자2〉라고 부르는 곳이다. 한 여름에 시원한 음료를 마시면서, 해수욕도 할 수 있는 행복을 누릴 수 있으며, 부자2에선 일몰도 감상할 수 있다.

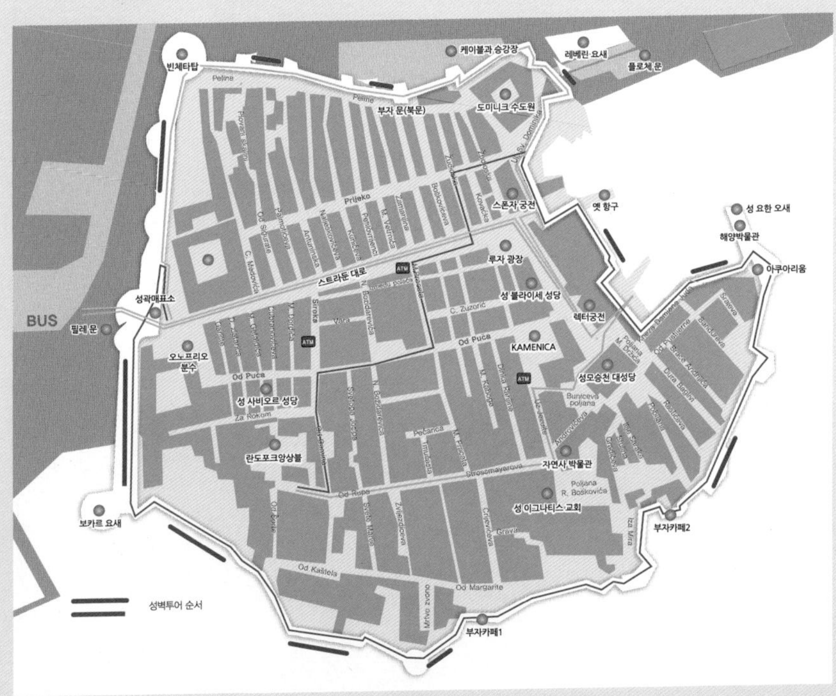

입장료	100쿠나 / 1인(매년 가격 상승)
소요시간	2시간 정도2시간 정도
입장시간	09시~16시
추천 시간대	여름에는 09~10시, 봄, 가을에는 15~16시

일정

필레문 안쪽으로 들어가면 왼쪽에 성 사비오르 성당 옆에 있는 입구로 들어가면 티켓판매소가 나온다. 두브로브니크 카드를 구입하여 성벽투어를 시작하면 된다.

30~40계단 정도 오르면 '아드리아 해의 진주' 두브로브니크의 아름다움이 속살을 드러낸다. 영국의 극작가 버나드 쇼가 말한 '낙원'이라는 의미를 온몸으로 느끼면서 실제 성벽 위를 거닐 수 있다. 출발지점에서 왼쪽으로 돌아가면 보카르 요새가 나오는데 가장 사진을 많이 찍는 포토존으로 맞은 편 바다에 보이는 요새가 로브리예나 요새이다.
보카르 요새를 지나면 성벽 산책로를 따라 직진하여 대포가 있는 성 요한 요새가 나오는데 이곳에는 해양 박물관이 있다. 성요한 요새에서는 구항구와 스르지산을 배경으로 사진을 찍는 포토존이다. 성벽을 거닐다 바닷물을 보면 너무 맑아 바다속이 다 보인다. 걷다보면 바위위에서 여유롭게 선텐을 즐기는 사람들을 보게된다.
배구항구쪽으로 가면 산택로를 따라 비스듬히 올라가면 성곽 전망이 가장 멋진 민체타 요새가 있다. 이 전망대에 올라가면 빽빽이 들어선 붉은 지붕들로 덮힌 성곽도시의 모습이 한눈에 펼쳐지기 때문에 사진을 찍기에 좋다. 케이블카를 타고 스르지산에 올라가면 성벽 산책과 구시가지 구경을 끝낸 후에 가보면 된다. 북쪽 문으로 나오면 경사길로 올라가면 케이블카를 타는 곳이 나온다. 케이블카를 타면서 성벽투어는 끝이나게 된다.

성벽투어 (남쪽)

아침 9시에 여름에는 올라가는 것이 뜨거운 햇빛을 피하는 방법이다. 오느프리오 분수 앞의 안으로 걸어서 올라가면 중간에 사무실이 있다. 티켓을 100쿠나(두브로브니크 3일카드를 200쿠나 주고 사면 3일동안 성벽투어를 포함한 입장료(케이블카 제외)가 무료)를 내면 처음부터 계단을 따라 올라간다.

처음 성벽 위로 올라가면 다들 "와~,와~"하고 탄성을 지른다. 왜 성벽투어를 하라고 하는지, 밑에서 보는 두브로브니크와는 또 다른 매력이 성벽투어에는 있다.
출발지점에서 왼쪽으로 돌아가면 보카르 요새가 나오는데 가장 사진을 많이 찍는 포토존으로 맞은 편 바다에 보이는 요새가 로브리예나 요새이다. 또한 왼쪽으로 돌아보면 스트라둔

대로(플라차 대로)를 볼 수 있다. 성벽투어는 실제로 하기에는 비가 조금식 올 때가 덥지않아 성벽투어를 하기가 좋지만 사진은 맑은 날이 잘 나온다. 맑은 날은 꼭 물을 미리 준비해 가는 것이 좋다.
보카르 요새를 지나면 처음으로 꼭보다 누나에서 학교가 있다는 것에 놀라며 대화를 나눈 농구장이 나온다. 성벽 산책로를 따라 직진하여 대포가 있는 성 요한 요새가 나오는데 이곳에는 해양 박물관이 있다. 성 요한요새에서는 구항구와 스르지산을 배경으로 사진을 찍는 포토존이다. 성벽을 거닐다 바닷물을 보면 너무 맑아 바다속이 다 보인다. 걷다보면 부자카페의 바위위에서 여유롭게 선텐을 즐기는 사람들을 보게 된다. 이곳을 천국이라고 했던 많은 유명인들의 말들이 느껴질 때가 이때이다. 다들 어떻게 두브로브니크는 널어놓은 빨래들까지 멋지다. 성벽투어도 재미지만, 두브로브니크 골목 구석구석을 훑어보는 것도 두브로브니크의 재미있다. (반대편에서 다시 티켓 검사를 한다)

크로아티아의 지붕들은 죄다 온통 주황색 마을로 통일되어 있다. 그래서 크로아티아 하면 주황색을 떠올리는 관광객들이 많다. 해변과 마을쪽을 번갈아보면서 걷는데, 골목길에 콜드드링크COLD DRINK라는 간판이 보이는 곳이 바로 부자카페이다.
성벽투어는 플라차대로를 기점으로 성벽쪽으로 갈수록 경사가 심하다. 해변으로 갈수록 경사가 낮아 사진을 찍을만한 장면이 별로 없어 대부분은 남쪽부분에서는 사진을 많이 찍지 않는다.

티켓을 검사한 다음부터, 구항구쪽으로 가면 산택로를 따라 비스듬히 올라가면 성곽 전망이 가장 멋진 민체타 요새가 있다. 두브로브니크 산악 구간으로 아름다운 풍경을 즐길 수 있다.
이 전망대에 올라가면 빽빽이 들어선 붉은 지붕들로 덮힌 성곽도시의 모습이 한눈에 펼쳐지기 때문에 사진을 찍기에 좋다.

구시가지(두브로브니크 성벽 안)
Oid Town

고딕, 르네상스, 바로크 건물과 기념물을 품고 있는 두브로브니크 역사를 걸어 다니며 알 수 있는 장소이다. 두브로브니크 구 시가지는 중세 성벽에 에워싸인 역사적인 도로, 건축물과 광장이 있는 관광객이 가장 많은 장소이다. 복잡하고 좁은 길과 골목 안을 누비며 중요한 성당, 요새와 기념물은 물론 매력적인 카페, 레스토랑과 갤러리까지 만날 수 있다.

두브로브니크는 강력한 해군력을 보유했던 중요한 중세 무역도시였다. 아름다운 고딕, 르네상스, 바로크풍의 건물들은 과거에 도시가 누렸던 힘과 부를 증명해 주고 있다. 1667년에 발생한 대지진과 1990년대 초반의 크로아티아 독립 전쟁으로 인한 피해에도 불구하고 지금도 구시가지는 완벽에 가까운 모습을 유지하고 있다. 외관과 벽을 자세히 살펴보면 전쟁 당시의 총알구멍을 발견할 수도 있다.

주입구인 필레 문File Gaate을 통해 구시가지 안으로 들어가면 북쪽의 민체타 요새와 남쪽의 보카르 요새가 시선을 사로잡는다. 민체타 요새는 내륙의 침략으로부터 도시를 보호하고, 보카르 요새는 바다를 통한 침략을 막을 수 있도록 설계되었다.

15세기에 건축된 오노프리오 분수Onofrio's Fountain에는 입에서 물을 뿜어내고 있는 16개의 얼굴이 조각되어 있다. 현재 이 분수대는 약속 장소로 이용되고 있다. 이곳에 있을 때는 근처의 프란체스코회 수도원에도 들러볼 수 있다. 이 수도원에는 로마네스크 후기의 회랑과 1317년부터 운영되고 있는 유서 깊은 약국이 있다.

스트라둔Stradun 대로의 보행로를 따라 걷다 보면 햇살을 받아 반짝이는 포석 블록이 눈에 들어온다. 스트라둔Stradun 대로가 끝나는 곳에 고딕, 르네상스 건축 양식이 아름답게 조화를 이루는 스폰자 궁과 대지진 후에 재건축된 바로크 양식의 두브로브니크 대성당을 비롯한 여러 유명한 건축물이 자리하고 있다.
스트라둔Stradun 대로에서 갈라져 나오는 자갈길을 따라 걷다 보면 매력적인 카페, 아트 갤러리와 레스토랑이 늘어서 있는 광장이 모습을 드러낸다. 저녁에는 크로아티아 음식을 즐기거나 바Bar에서 여행의 즐거움을 만날 수 있다. 두브로브니크 구시가지는 면적이 좁으므로 걸어서 둘러보는 방법이 가장 편리하다. 둥근 요새 첨탑을 보고 위치를 파악하면 도움이 될 것이다.

필레 문
Pile Gate

필레 문Pile Gate으로 들어서면 구시가의 번화가인 스트라둔 대로Stradun (플라차대로)가 나오고, 필레 문Pile Gate 반대쪽에는 플로 체 문Ploce (동문)이, 필레 문Pile Gate과 플로체 문Ploce Gate사이의 북쪽 언덕에는 부자Buza문이 있다.
1472년 지어진 고딕양식의 석조건축물로 아치형의 안쪽문과 바깥쪽문 2개로 구성된 필레 문Pile Gate은 구시가의 입구이자 서쪽의 현관문이다. 문 위에는 두브로브니크의 수호성인인 성 브라이세t. Blaise 조각상이 있다. 그의 왼손에는 두브로브니크의 모형이 손에 들려 있다.

위치_ 두브로브니크 버스터미널에서 버스 1a,3,6,9번을 타고 15분정도 지나 구시가 입구에서 하차

플라차 대로(스트라둔 대로)
Placa-Stradun

구 시가지의 주도로인 스트라둔Stradun은 활기 넘치는 보행자 전용도로이다. 길을 따라 거닐며 두브로브니크에서 가장 유명한 유적지를 보게 된다. 이곳은 플라카Placa라고도 불린다. 이 보행로는 서쪽의 필레 문Pile Gate과 동쪽의 플로체 게이트Ploče Gate를 이어줄 뿐만 아니라 여러 유적지와도 연결되어 있다. 길이가 약 300m에 달하는 이 길에는 카페, 레스토랑과 관광용품 상점이 늘어 서 있다.

위치_ 필레 문에서 도보 3분

스트라둔Stradun 동쪽 끝에는 도시에서 가장 유서 깊은 공공 기념물인 올란도 기둥Orlando's Column이 서 있다. 15세기에 건축된 이 기둥에는 8세기경 적의 포위를 당하고 있었던 두브로브니크를 해방시키는 데 도움을 준 것으로 알려진 올란도Orlando라는 중세 기사의 모습이 새겨져 있다. 오늘날 이 기둥은 도시의 독립을 상징하고 있다. 기념물 꼭대기에는 선언문을 공포하던 연단이 있다.

다음으로, 이 기둥보다 더 높이 솟아 있는 31m 높이의 두브로브니크 종탑City Bell Tower으로 시선을 돌리면 원래의 15세기 건물은 지진에서는 살아남았지만 위태롭게 기울이져 있었다. 안전하지 않다고 판단되어 1929년에 철거되었다. 현재 보이는 종탑은 원래 디자인을 토대로 건축되었다.

주도로의 카페에 들러 간식이나 음료를 마시며 휴식을 취하면 좋지만 이곳은 두브로브니크에서 물가가 가장 높은 곳에 속한다. 좀 더 저렴한 곳을 이용하고 싶다면 스트라둔Stradun 대로에서 갈라지는 골목길 아래쪽으로 가면 된다.

비슷한 바로크식 건물인 이유?

이 도로는 원래 두 정착지를 연결하던 늪지 수로였지만 12세기에 도로조성을 위한 간척 사업이 진행되었다. 두브로브니크 대부분의 지역과 마찬가지로 도로의 옛 건물들 역시 1667년의 지진으로 인해 거의 완전히 파괴되었다.

스트라둔(Stradun)을 따라 거닐며 높이와 디자인이 비슷한 여러 바로크식 건축물을 볼 것이다. 건물 외관이 흡사한 이유는 지진이라는 자연 재해와 연이은 대화재 이후의 재건설 기간에 한꺼번에 건축되었기 때문이다.

오노프리오 분수
Onofrijera Cesma

필레 문Pile Gate을 통해 구 시가지로 들어섰을 때, 가장 먼저 사로잡는 곳이 바로 오노프리오 분수이다. 15세기의 오노프리오 분수는 식수를 도시로 끌어들이기 위해 만들어졌다. 분주한 인파를 피하고 싶다면 이른 아침에 도착하시는 것이 좋다. 플라차 대로 반대편에도 오노프리오가 만든, 우아한 돌고래가 뛰노는 모양으로 장식된 또 다른 작은 분수가 있으니 놓치지 말자.

분수는 1438년에 12㎞ 떨어진 두브로박스카 강에서 물을 끌어들이기 위해 지어졌다. 오노프리오 데 라 카바Onofrio de la Cava는 건축가에 의해 디자인 된 분수는 처음으로 이 지역 송수로의 일부가 되었다. 돔 형태의 분수는 원래 다양한 조각상과 장식적인 요소로 꾸며졌지만 1667년 지진으로 대부분 소실되었다. 남아 있는 여러 조각상들을 보면 16개의 조각된 머리가 있고, 이를 통해 물이 배수로로 흐른다.

분수를 둘러싸고 있는 난간에서 휴식을 취하고 가끔 연주를 하는 거리 음악가들이 관광객의 눈과 귀를 즐겁게 해준다. 분수대의 물은 마셔도 안전하기 때문에 물병을 채워도 좋다. 주변의 카페와 레스토랑에서 더욱 여유로운 시간을 보내는 관광객이 많다.

위치_ 성 사비오르 성당 바로 옆

분수의 용도

1. 구시가 중심부에 위치해 여전히 많은 관광객들의 발길을 끊이지 않는다. 오늘날에는 관광객들에게 인기 있는 만남의 장소가 되었다.
2. 분수대는 인근의 관광 사무소에서 도보 여행을 시작하는 시작 지점으로 자주 이용되고 있다.
3. 도시의 오래된 성벽을 거닐 때에 분수의 아름다움을 사진으로 담게 된다.

또 다른 분수로 스트라둔 대로의 반대 끝에 위치한 더 작은 분수도 꼭 구경해보자.

작은 분수는 종탑 옆 플로체 문 인근에 있다. 이 분수 역시 오노피오 지오르다노 데 라 카바(Onofrio de la Cava)에 의해 만들어졌다. 돌고래 장식과 머리 조각상으로 꾸며진 작은 분수는 루자 광장에 물을 공급하기 위해 만들어졌다.

성 사비오르 성당
Crkava Sv. Spasa

1520년 처음 지진이 발생했을 때 무너지지 않은 것에 감사를 드리기 위해 지은 성당이다. 1667년 두 번째 지진에도 성당이 피해를 입지 않자 더욱 성스럽게 여기게 되었다. 필레 문을 들어서면 왼쪽에 있는 르네상스양식의 성당으로 성당 앞에는 오노프리오 분수가 있다. 성당의 내부는 콘서트가 열리는 날에 볼 수 있다.

위치_ 필레 문에서 도보 1분

오를란도브 게양대
Orlandov Stup(Orlandos Column)

8세기경 두브로브니크 근교 섬인 로크룸에서 이슬람 세력을 무찔러 두브로브니크를 지켜냈다는 롤랑, 주엣의 서사시 '롤랑의 노래'속, 영웅 오를란도브(프랑스어로 롤랑Roland)의 모습이 조각되어 있다. 1418년 세워진 국기 게양대로 게양대에는 매년 여름마다 열리는 두브로브니크 축제에서 오를란도브 게양대에 공화국 시절의 국기를 게양하는 의식을 통해 축제의 시작을 알리고 있다.

위치_ 플라차 대로 끝 브라이세 성당과 종탑 사이

스폰자 궁전과 국립기록보관소
Palaca Sponza-Povijesni Arhiv

아름다운 16세기 건축물로 스폰자 궁전Sponza Palace은 고딕과 르네상스 건축 양식이 절묘하게 어우러진 건축물이다. 1667년 대지진에서 살아남은 몇 안 되는 건물 중 하나이기도 하다. 원래 세관으로 세워졌지만 이후, 국고와 은행 등의 역할을 하게 되었다. 오늘날 크로아티아 독립 전쟁을 엿볼 수 있는 기념관이자 다양한 전시와 이벤트를 여는 공간이 되었다.

도시의 수호성인이 조각된 외관을 유심히 살펴보면 건물의 원래 용도를 엿볼 수 있는 입구의 메인 아치에 새겨진 글귀가 있다. "내가 물건을 측량할 때, 신도 나와 함께 측량한다" 라는 의미로 당시 상업의 중요성을 짐작할 수 있는 문구이다. 2층의 고딕 시대 말기 양식의 창문과 그 위층 르네상스 양식의 창문의 대조되는 스타일을 가지고 있다. 내부 정원에는 다양한 아치와 예수의 모노그램이 새겨진 메달을 들고 있는 두 천사가 있는 뒤쪽 벽에 있는 조각상들도 볼 수 있다.

국립기록보관소

스폰자 궁전에는 1000여 년이 넘는 역사를 보존한 국가 기록 보관소Povijesni Arhiv가 있다. 비록 이 보관소는 일반인에게 공개되지 않지만 가장 중요한 문서 중 일부의 사본은 정원과 연결되는 방에서 볼 수 있다.

크로아티아 독립 전쟁을 기념하는 전시 공간인 두브로브니크 수호자 기념관의 전시관에는 전쟁 기간 동안 전사한 300여 명이 넘는 군인들과 시민들의 초상화가 전시되어 있다. 궁전 정원에서 훌륭한 음향 시설과 우아한 건축물에서 종종 콘서트, 연극, 미술전시 등이 열린다.

위치_ 스트라둔 대로의 끝, 루자 광장에 위치

성 브라이세 성당
Crkva Sv. Vlaho(Church of St Blaise)

8세기경 두브로브니크 근교 섬인 로크룸에서 이슬람 세력을 무찔러 두브로브니크를 지켜냈다는 롤랑, 주엣의 서사시 '롤랑의 노래'속, 영웅 오를란도브(프랑스어로 롤랑Roland)의 모습이 조각되어 있다. 1418년 세워진 국기 게양대로 게양대에는 매년 여름마다 열리는 두브로브니크 축제에서 오를란도브 게양대에 공화국 시절의 국기를 게양하는 의식을 통해 축제의 시작을 알리고 있다.

위치_ 오를란도브 게양대 바로 옆

두브로브니크 대성당
Dubrobnik Cathedral

18세기 대성당에 들러 도시의 수호 성인의 유골을 포함한 다양한 예술과 종교 유물들을 볼 수 있다. 두브로브니크 대성당에 오는 많은 방문객들은 금고에 보관된 금과 은으로 장식된 유골들을 구경하기 위해 온다. 성인과 종교 인물들의 뼈와 옷 조각과 같은 유물들도 포함되어 있다. 18세기 돔이 있는 대성당은 건축 양식과 바로크식 재단, 이탈리아와 크로아티아, 플랑드르 거장들의 그림 작품으로도 유명하다.

두브로브니크 대성당은 실제로 이 지역에 지어진 3번째 교회이다. 첫 번째는 7세기에 지어진 초기 기독교 교회로 전설에 의하면 리처드 사자왕의 기부를 통해 후에 성당으로 변했다고 나와 있다.

십자군 전쟁에서 돌아가는 길에 난파를 당한 왕이 그를 구해준 시민들에게 감사를 표시하기 위해 기금을 전달했다고 알려져 있다. 신 로마네스크 양식의 성당은 1667년 대지진으로 인해 훼손되고 오늘날의 바로크 양식으로 다시 재건되었다.
보물 같은 두브로브니크 대성당에서 가장 진귀한 종교 유물들은 대부분의 유품들이 11세기부터 이어져 온 것들이다. 성스러운 몸을 완성하며 잘 보존되고 있는 아름답게 장식된 유골들을 볼 수 있다.
도시의 수호성인, 성 블라이세의 금으로 도금된 두개골과 팔, 다리 등도 볼 수 있다. 아기 예수가 착용했다고 여겨지는 옷을 보관하고 있는 커다란 장식적인 은 유골도 있다. 전시품 중에는 예수가 십자가에 못 박혀 죽을 당시의 십자가 나무 조각이라 여겨지는 유물도 있다. 이는 16세기 십자가로 통합되었다. 르네상스 시기 예술가 라파엘을 기리는 작품인 성모 마리아 의자의 모형물도 있다.
성 요한의 대리석 재단의 아름다움을 감상하고 본 재단 위에 있는 타이탄의 성모 마리아의 승천 그림도 볼 수 있다. 성당의 옆쪽 재단과 예배당에 들러 16세기와 18세기에 완성된 다양한 그림들을 더 만날 수 있다.

위치_ 렉터 궁전 옆
요금_ 무료(금고는 유료)
전화_ +353-20-323-459

도미니코 수도원
Dominican Monastery

도미니코 수도원에는 희귀한 장신구, 15세기 그림과 역사적 유물들이 보관되어 있다. 아드리안 해 동부에 위치한 고딕 양식 건축물은 한때 도시의 방어 요새로 중요한 역할을 했다. 수도원은 13세기 초에 세워졌지만 1세기가 지난 후에도 공사가 다 완공되지 않았었다. 도시의 다른 역사적 건물처럼 이곳은 1667년에 발생한 대지진으로 인해 많은 부분이 훼손되었고 다시 복원되었다.

오렌지와 야자수 나무가 있는 정원을 둘러싼 15세기 현관과 정원 중앙에는 14세기 우물도 있다. 1991년 두브로브니크의 전쟁 동안 도시 인구의 절반에게 공급할 수 있는 깨끗한 물의 원천이기도 했다. 수도원 박물관에는 두브로브니크의 화가들에 의해 완성된 스케치와 판화 등의 15~16세기 작품들을 볼 수 있다. 수도원 관람은 교회에서 마무리하고 건물의 본관에서 성소를 구분해 주는 금색으로 칠해진 대형 나무 십자가도 볼 수 있다. 성모 마리아와 여러 성인들의 동상으로 장식된 강단과 크로아티아 작가인 '블라호 부코바치'의 20세기 성 도미니크 파스텔 유화도 꼭 봐야 하는 그림이다.

홈페이지_ www.dominikanci.hr
주소_ Svetoga Dominika 4
위치_ 스폰자 궁전과 플로체 문 사이에 있는 맞은편
전화_ +385-20-322-200

외관이 단순한 이유

수도원의 외관은 특별한 장식 없이 비교적 단순하다. 항구 인근의 전략적 위치 때문에 구조는 엄격한 성벽과 함께 최소한의 디자인으로 설계되었기 때문이다. 남쪽 문으로 이어지는 대형 계단을 통해 수도원에 도착하게 된다.

고르지 못한 난간의 기둥

수도사들에 의해 무계획적으로 설계된 고르지 못한 난간의 기둥들을 볼 수 있다. 계단을 올라가는 여자의 발목을 잡기 위해 계단을 서성이는 남자들을 방지하기 위해 이렇게 설계되었다고 한다.

성벽
Ulaz u Gradske Zidine
(Dubrovnik ramparts)

두브로브니크의 최고의 관광지인 성벽은 유럽에서 가장 웅장한 요새 중의 하나로, 중세시대 성벽의 발달사를 한눈에 보여주는 건축물이다. 8세기에 처음 세워진 성벽은 15~16세기를 거쳐 기존에 있던 요새를 더욱 견고하고 두껍게 보완하였다. 구시가 전체를 에워싸고 있는 성벽의 총 길이는 약 2㎞, 최고 높이는 22m, 두께는 1.5~3m나 된다. 성벽으로 오르는 출입구는 모두 3개로 주 출입구는 필레 문 쪽에 있으며, 성벽 전체를 둘러보는 데는 약 2시간 정도 걸리니 간단한 음료, 간식 등은 챙겨 가는 것이 좋다.

두브로브니크 여행의 백미는 성벽을 돌아보는 것 외에도, 여름에는 유네스코 세계유산인 로크룸 섬을 여행한다면 잊지 못하는 추억을 남길 수 있다. 스르지 산에 오르거나 프롤체 문으로 나가 아름다운 두브로브니크의 석양을 감상하는 것도 좋지만 두브로브니크의 일정이 조금만 있어도 로그룸 섬으로 가는 것을 추천한다. 로그룸 섬으로는 매시간 한번씩 40Kn만 가지면 갈 수 있다. 돌아오는 페리는 저녁 6시에 마지막 페리가 운항한다.

사랑하는 연인이나 친구와 함께 붉게 물들어 가는 누드해변과 식물원, 베니딕트 수도원이 유명하다. 로크룸 섬에서 아름다운 추억을 만들어 보자.

3개의 요새

보카르 요새(Bokar Fort)

두브로브니크의 15세기 요새에서 구 시가지의 남서쪽 끝에 위치해 있다. 오래 전에 방어를 위해 둥글게 만들어 놓은 보카르 요새Bokar Fort는 수 백 년 동안 두브로브니크를 보호해 주던 중요 요새였다. 완공되는 데에만 약 100년 이상이 걸린 중세 원형 요새는 중세 성벽에서 눈에 띄는 랜드마크이다. 성벽에서 바다를 바라보면 위로 높게 솟아 있는 '로브리예나츠 요새Lovrijenac Fortres'를 전망할 수도 있다. 보카르 요새Bokar Fort는 아드리아 해의 파노라마 같은 전망을 구경하기에 좋은 장소이다.

보카르 요새Bokar Fort는 세계에서 가장 오래된 성 중 하나로 19세기에는 감옥으로도 사용되었다. 요새는 고대 성벽의 역사적인 길 중 하나를 걸어서 도착할 수 있다. 이 길을 걸으면서 2층 구조로 이루어진 유적지를 사진으로 남기는 관광객을 보게 된다. 요새 인근에 있는 작은 해변에도 들러 요새의 외관을 잘 관찰해 볼 수 있다. 암석을 잘라 생긴 요새 아래 터널도 있고 조명이 켜지는 밤에는 근사한 야경을 볼 수도 있다. 요새의 내부에는 대포와 소중한 돌 전시를 구경할 수 있다.

위치_ 두브로브니크 성벽의 남서쪽에 위치 **주소_** Od Puca 20 **전화_** +385-20-638-800

왕좌의 게임

TV 시리즈 '왕좌의 게임' 팬이라면 친근한 장면일 것이다. 판타지 드라마의 배경이 된 곳이기 때문에 지금도 전 세계의 관광객이 몰려들고 있다.

두브로브니크 여름 축제

7~8월 기간 동안에는 요새의 방과 야외 공간에서 펼쳐지는 예술 공연도 볼 수 있다.

로브리예나츠 요새(Lovrijenac Fortress)

가파른 돌계단을 올라 도시에서 가장 환상적인 전망을 즐길 수 있는 로브리예나츠 요새Lovrijenac Fortres는 수백 년 동안 도시를 보호했던 중요한 거점으로 두브로브니크 사람들에게는 회복의 상징이다. 중요한 지리적 위치 때문에 두브로브니크의 '지브롤터'라고 불리는 역사적인 명소는 아드리아 해의 돌출 바위에 위치해 있다. 수많은 관광객들이 유명한 TV 시리즈 '왕좌의 게임'의 촬영지로 잘 알려져 있다.

11세기 요새는 베네치아 인들이 같은 지역에 그들만의 요새를 짓는 것을 막기 위해 3개월 만에 급하게 건설되었다. 원래의 구조물은 1667년 지진 발생 후 보수 작업을 거쳐 수세기에 걸쳐 강화되었다. 테라스를 따라 걸으면 성벽 밖으로 펼쳐진 바다를 보게 되고, 오래된 대포와 포탄 더미, 벽면에는 '성 로렌스의 초상화'도 발견하게 된다. 성의 이름은 역사적인 종교 인물의 이름을 따서 지어졌다. 마당으로 들어가 대형 아치를 지나면 성인을 기리는 작은 예배당을 찾을 수 있다.

위치_ 로브리예나츠 요새로 이어지는 계단은 필레 문에서 연결된다.(도시의 성벽 관람 요금에 포함)
주소_ Od Tabakarije 29

바다의 벽은 12m이고 도시방향의 벽은 60cm인 이유

로브리예나츠 요새(Lovrijenac Fortres)에는 대형 암석 형태에 맞도록 지어진 흔하지 않은 삼각형 모양이 눈에 들어온다. 바다를 향하고 있는 벽은 약 12m 두께인 반면 도시를 향해 있는 벽은 60cm 두께이다. 적에 의해 요새가 점령당했을 때 도시에서 쉽게 넘어가 도망갈 수 있도록 설계되었다.

자유의 문구

정문까지 이어지는 가파른 계단을 올라가 꼭대기에 오르면 한쪽 성벽에 "Non bene pro toto libertas venditur auro"라고 씌여진 문구를 보게 된다. "세상의 모든 금괴를 다준다고 해도 자유와 바꾸지 않는다"라는 의미이다.

민체타 요새(Minceta Fortress)

두브로브니크와 아드리아 해의 근사한 전망을 선사하는 14세기 요새는 성벽투어 중 가장 마지막으로 올라가는 요새이다. 두브로브니크의 성벽을 따라 가장 돋보이는 탑 중 하나인 민체타 요새Minceta Fortress는 도시의 방어 시스템 중 가장 높은 곳에 있다. 멀리에서 보나 가까이에서 보나 모두 인상적인 웅장한 탑에서 도시 전체의 아름다운 풍경을 구경할 수 있는 장점이 있다.

14세기 필레 문Pile Gate과 도심을 보호하기 위해 간단한 구조물로 만들어지기 시작했다. 세월이 흐르면서 두브로브니크의 방어가 더욱 절실해 지자, 여러 번에 걸쳐 굳건하게 재건축 되었다. 요새의 둥근 탑 주변성벽은 약 6m두께로 적의 어떤 공격에서도 강력한 방어 역할을 할 수 있도록 설계했다. 이름은 요새가 세워진 땅의 주인 가문의 이름을 따서 지어졌다고 한다.

탑에 오르기 위해서는 오래된 성벽을 걸어서 구시가지로 이어지는 16세기 대형 문인 필레 문을 지나야 한다. 문 위에는 두브로브니크의 수호성인인 성 블라이세의 동상이 있다. 탑으로 향하면서 멀리서 펼쳐지는 요새의 근사한 전망을 볼 수 있다. 한 때는 멀리 뻗어 나갔던 강력한 대포가 여럿 있었지만, 현재에는 없앴다. 가장 인상적인 부분은 요새를 마치 대형 체스 조각의 한 모습처럼 보이게 하는 15세기 장식적인 요소인 고딕 황제의 관이다.

민체타 요새Minceta Fortress에 도착하면 탑에 오르기 위해 좁은 돌계단을 따라 올라가야 한다. 가파른 계단이지만 이곳에서 바라보는 전망은 최고이다. 꼭대기에서 시가지를 바라보고 아드리아 해의 아름다움을 느껴볼 수 있다. 수평선 너머 로크룸 섬까지도 전망할 수 있다. 맑은 날에는 몬테네그로의 로브첸 산까지도 볼 수 있다고 한다.

위치_ 민체타 요새는 성벽의 북서쪽에 위치 **주소_** Ul. Ispod Minceta 9 **전화_** +385-20-638-800

스르지산
SRD Hill

구시가 뒤편에 자리 잡은 높이 412m의 스르지산에 위치한 전망대로 케이블카를 타고 올라가면 두브로브니크를 한눈에 볼 수 있다. 산 정상에는 옛 요새와 라디오 탑이 있고 1808년 나폴레옹이 정복 후에 세운 하얀색 십자가가 있다.
구시가에서 산 정상까지는 약 1시간 정도 걸어가거나 케이블카를 타고 오르면 된다. 해질녘에 가서 낮에도 보고, 해지고 난 야경도 함께 보고와도 될 정도로 전망이 아름답다. 전망대 위에는 레스토랑도 있고, 기념품 가게도 있다.

홈페이지_ www.dubrovnikcablecar.com
요금_ 케이블카 요금 왕복 97Kn, 편도 55Kn
※케이블카 운영 여부는 날씨에 따라 달라지니 관광안내소에 문의 후 올라가도록 하자. 타는 곳 두브로브니크 공항버스 타는 곳 옆

운영_ 08:00~18:30(6~7월 08:00~19:30, 11~3월 09:00~15:00)
입장료_ 일반 90Kn
위치_ 필레 문에서 도보 2분

렉터 궁전
Rector's Palace

두브로브니크 공화국의 옛 권력의 요충지였던 렉터 궁전Rector's Palace은 도시의 가장 아름다운 건물 중 하나이다. 오랜 역사 동안 렉터 궁전Rector's Palace은 폭파되기도, 화재로 폐허가 되기도, 지진으로 손상을 받기도 했다. 비록 외관은 재건축을 통해 세월이 지나면서 많이 변했지만 오늘날까지 이 건물은 그대로 살아남았다.

1435년과 1463년 대형 폭격으로 인해 손상된 건물은 중요한 재건축 공사를 진행되게 되었다. 하지만 1667년 지진으로 손상되어 다시 복원 작업을 하게 되는 비극을 맞게 된다. 현재, 건물 안에는 문화 역사박물관이 있어 16~19세기의 다양한 유물들이 전시되어 있다.

1층에는 전시 홀이 있고, 중이층과 2층에는 가구, 패브릭, 그림, 메달, 가구, 갑옷, 두브로브니크 공화국 동전 등 다양한 물건들이 전시되어 있다. 역사적인 시대를 반영하는 인테리어로 꾸며져 있는 곳에서 18세기 가구들도 볼 수 있다.

궁전에는 세세한 건축적인 요소가 담겨 있다. 아트리움에 있는 바로크식 계단과 고딕 양식의 15세기 분수는 단연 돋보인다. 건물의 꼭대기에 올라 두브로브니크의 아름다운 전망도 볼 수 있다. 궁전의

아트리움은 뛰어난 음향 기술도 보유하고 있다.
두브로브니크 여름 축제에 이곳에서 열리는 콘서트에는 두브로브니크 심포니 오케스트라가 매년 참가한다. 두브로브니크 관광 센터의 홈페이지에서 자세한 정보를 얻을 수 있다.

홈페이지_ www.dumus.hr
위치_ Pred Dvorom 1
시간_ 9~18시
전화_ +385-20-321-437

궁전의 용도

렉터 궁전(Rector's Palace)은 구 두브로브니크 공화국의 정부 기관으로 사무소, 지하 감옥, 무기 저장고 등으로 사용되었다. '렉터Rector'는 정부의 지도자로 뽑힌 사람이었다. 한 달의 임기 동안 공식적인 업무가 아니라면 이 궁전을 떠날 수 없었다.

문구의 중요성

정문으로 들어서면 문 위에 있는 잘 보존된 글귀를 유심히 살펴보자. 라틴어로 된 이 글귀에는 '렉터'의 목적을 다시 생각나게 하는 내용이 담겨 있다. "사적인 일은 잊고 공적인 일에 전념하라(obliti privatorum publica curate)"라는 뜻이다.

성 블라이세 성당
Saint Blaise Church

두브로브니크의 수호성인을 위해 지어진 18세기 성당은 두브로브니크에서 가장 유명한 종교적 성당이다. 성 블라이세 성당Saint Blaise Church은 두브로브니크의 수호성인인 성 블라이세Saint Blaise의 15세기 동상을 보유하고 있는 곳으로 유명하다. 바로크식 돔을 가진 건물은 매년 다양한 축제가 열리는 중심지이다. 이곳의 대형 계단은 수많은 여행객들이 잠시 휴식을 취하며 루자Luza 광장의 생생함을 구경할 수 있다.

14세기에 처음 건설되었던 로마네스크 교회는 1667년 지진에 의해 훼손되었다. 40

성모승천 성화

“꽃보다 누나”프로그램에서 주제단에 있는 이탈리아 유명화가 티치아노(Titian)가 그린 ‘성 모승천(1516)’을 찾아가는 모습이 그려져 성모승천 대성당의 이름보다 “티치아노”화가의 그림이 더 인기가 있다.

성모승천 성화를 그린 티치아노는?

티치아노 베첼리오(Tiziano Vecellio) 1488년에 이탈리아의 북쪽 피에베 디 카도레에서 태어난 것으로 추정되는 티 치아노 베첼리오는 1576년 8월27일에 사망한 것으로 기록되어 있다.
이탈리아의 전성기, 르네상스 시대에 활약했던 화가로 베네치아 회화의 황금 기와 맞아 떨어졌던 시기에 활동한 화 가이다. 티치아노는 9살때부터 그림을 그리기 시작하여, 1533년에 신성 로마 제국 황제였던 카를 5세로부터 귀족 작 위를 받고 그의 궁정 화가로 임명되면 서 유명해지기 시작했다. 1545년에 티 치아노는 교황 바오로 3세의 초청을 받 아서 로마를 방문하여 작업한 결과 종 교적인 색채가 짙은 그림을 많이 남기 게 되었다.
티치아노는 색이 분명하게 대비되는 색 채주의그림을 많이 그렸는데, 성스런 사랑과 세속의 사랑, 성모 승천, 바쿠스 의 축제, 우르비노의 비너스 등이 잘 알 려진 작품들이다.
이탈리아 베네치아의 성모승천 성화와 비교해 보자!

년 후 화재로 더욱 황폐하게 되어 방치되기도 했다. 오늘날의 교회는 1715년, 베네치아 건축가에 의해 설계된 것이다.
외관의 맨 위에는 원래 건물 건축가가 조각했던 성 블라이세Saint Blaise의 동상이 있다. 화려한 장식의 본당으로 들어가는 계단을 따라 오르기 전 대형 돔을 볼 수 있다. 안으로 들어가면 교회의 본 제단에서 성 블라이세Saint Blaise의 동상을 볼 수 있다.
금이 씌워진 은으로 만들어진 고딕 양식의 동상은 원래 교회의 건축물 중 화재에서 유일하게 보존된 몇 안 되는 건축물 중 하나이다. 동상의 손에서 15세기의 두브로브니크의 모델을 볼 수 있다. 현지 작가 ‘이보 둘치에’에 의해 완성된 아름다운 스테인레스 유리 창문도 유명하다. 지진 동안 도시의 자비를 호소했던 성 블라이세Saint Blaise를 묘사한 18세기 유화가 보존되어 있다.
2월 성 블라이세Saint Blaise 축제 기간에 오면 건물 앞에서 날아가는 흰색 비둘기 떼와 함께 성인의 다양한 유물과 함께 진행되는 퍼레이드를 도시에서 구경할 수 있다.

주소_ Placa Thoroughfare
위치_ 스트라둔의 동쪽 끝
요금_ 무료(매일 개방)

성 이그나티우스 교회
St. Ignatius Church

아름다운 벽화, 바로크식 건축과 동굴이 있는 종교 단체의 창시자를 기리는 18세기 교회이다. 성 이그나티우스 교회에 도착하기 위해서는 로마의 스페인 계단에서 영감을 받은 대형 바로크 계단을 올라가야 한다. 교회는 바로크건물의 일부로 예수회 대학교 바로 옆에 있다. 교회의 건물 뒤에는 예수회 교단의 창시자인 '성 이그나티우스 로욜라'의 삶을 묘사한 벽화도 발견할 수 있다.

교회의 외벽을 관찰하면서 18세기 초의 교회를 둘러보는 동안 일부 동상들이 사라진 것처럼 보이는 빈틈을 발견하게 된다. 원래 동상들로 꾸며지도록 만들어졌지만 교회로 조각상들을 운반하던 배가 바다에서 사라지면서 조각상들도 함께 사라지게 된 것이다.

안으로 들어가는 시칠리아 예술가인 '가에타노 가르시아'가 그린 재단의 벽화에는 손에 예수회 율법 책을 들고 세상에 예수회를 처음으로 전도하는 '성 이그나티우스'의 모습과 함께 역사적으로 중요한 순간을 담고 있다. 천장의 세미 돔을 장식하고 있는 화려한 색감의 벽화이다. 교회 뒤에는 첫 예수회 전도사인 프란시스 사비에르의 죽음을 묘사한 초상화가 있다.

루르드 동굴을 모방한 곳도 있는데, 프랑스 루르드에 있는 원래 성지는 성모 마리아가 '베르나데트'라고 불리는 농부 소녀 앞에 나타난 장소라고 알려져 있다. 14세기 중반에 만들어져 도시에서 가장 오래된 종이라 여겨지는 교회의 종도 있다. 계단은 군둘리치 광장과 보스카론 시립 광장으로 이어진다.

주소_ Poljana R. Boskovica

레벨린 요새
Revelin Fort

도시 성벽 외곽에 지어진 15세기의 대형 요새가 지금은 박물관, 콘서트홀, 나이트클럽으로 사용되고 있다. 레벨린 요새는 도시의 항구와 동쪽 지역을 보호하기 위해 성벽 외곽에 지어진 요새이다. 지금은 박물관(수요일 휴관)으로 사용되고 있으며 밤에는 클럽으로, 여름에는 축제의 장소로 변화되어 있다.

요새는 1462년에 완공되었으며 투르크족의 공격으로부터 보호하기 위해 지어졌다. 16세기 동안 아드리아 해를 점령하는 데 있어 가장 강력한 라이벌이었던 베네치아의 위협으로부터 도시를 보호하는 역할을 했다.
요새의 1층인 두브로브니크 고고학 박물관에서 열리는 2개의 상설 전시를 통해 도시의 과거를 알 수 있다. 초기 중세 조각전에서는 8~12세기의 교회 석가구들을 전시하고 있다. 제단 난간, 강단, 기둥 및 주두 등도 있다.
전시에는 레벨린 요새의 15, 16세기 건축 현장을 볼 수 있다. 요새의 2층은 다른 협회들의 회의나 이벤트 등을 위해 대여하는 공간으로 사용된다. 요새 꼭대기에 있는 돌로 된 넓은 테라스에서는 옛 항구의 전경을 볼 수 있다.
어두워지면 요새는 도시에서 가장 인기 있는 나이트라이프 장소인 '컬처 클럽 레벨린'으로 변화한다. 하우스 뮤직에서부터 힙합까지 신나는 음악을 다음날 새벽까지 선보인다. 나이트클럽은 정문 근처의 요새 내부에 있다.

주소_ Svetoga Dominika 3 Culture club Revelin
위치_ 플로체 문과 가까운 두브로브니크 성벽의 동쪽에 위치
전화_ +385-20-638-800

유대교 회당
Sinagoga

14세기 중반에 지어진 두브로브니크 유대교 회당은 유럽에서 가장 오래된 회당 중 하나로 지금도 이곳에서는 여전히 예배가 진행되며 두브로브니크 유대교 커뮤니티의 역사를 잘 보여 주는 박물관이 있다.

1층에 있는 박물관은 입구에 있는 창문 위에 "도착하는 모든 이에게 축복을"이라고 씌어 있다. 내부로 들어가면 17세기 풍으로 꾸며진 벨벳 커튼, 대형 샹들리에, 금으로 장식된 장신구 등을 볼 수 있다. 13~17세기까지의 스페인, 프랑스, 이탈리아 토라 두루마리도 볼 수 있다. 금으로 가장자리가 장식된 실크로 만들어진 토라의 겉모습도 구경거리이다.

박물관에서 절대 놓쳐서는 안 되는 것은 바로 13세기 무어카펫이다. 정교하게 꽃으로 패턴이 되어 있는 카펫은 스페인의 이사벨라 여왕이 유대인 박사에게 선물로 주었던 것이라고 알려져 있다. 은으로 된 토라 왕관과 가죽으로 된 기도책 등도 유명하다. 1940년대에 작성된 유대교 커뮤니티를 위한 공식 규율에 대한 문서와 대학살된 유대인 목록도 갖고 있다.

예술 작품 이외에도 박물관에는 다른 기록물이 있다. 1421년 도시에서 첫 번째로 등록된 유대교 시민과 마을의 기록에는 1667년에 발생한 지진으로 인해 희생된 유대인들에 대한 목록이 있다. 지진 동안 큰 파손은 면했지만 1990년대 두브로브니크 전쟁으로 인해 더 큰 타격을 받았다.

주소_ Zhudioska 5
위치_ 주디오스카Zhudioska 울리카Ulica에 위치
시간_ 10~20시(월~금요일)
전화_ +385-97-631-1697

EATING

구시가지

글램 카페
Glam cafe

두브로브니크 골목에 숨겨진 크래프트 비어 펍Pub으로 20여개가 넘어가는 크로아티아 지역 맥주를 판매하고 있다. 관광객에게 많이 알려지지 않아 현지인들의 쉼터 같은 곳이며, 간단한 브런치와 커피 메뉴도 맛있는 것으로 소문났다.
아침 일찍부터 늦은 시간까지 영업하는 곳으로 느지막한 브런치를 즐기거나 오후에는 편안한 휴식, 늦은 밤엔 한잔 하기 좋은 곳. 친절한 주인에게 맥주를 추천받거나, 독특하고 재미있는 프린팅이 돼있는 맥주병 중 맘에 드는 것을 골라 크로아티아에서 인생 맥주를 만나길 바란다.

홈페이지_ facebook.com/glamdu
주소_ Palmotićeva ul. 5
위치_ 루신 칸툰 두브로브니크 인근
영업시간_ 09:00~24:00
요금_ 커피류 12kn~ / 크래프트비어 29kn~
전화_ 091-151-8257

페피노스 아이스크림 샵
Peppino's Ice Cream Shop

현지인들이 좋아하고 관광객으로 붐비는 두브로브니크 최고의 아이스크림 가게. 깔끔하고 세련된 분위기에다 대부분의 아이스크림이 맛있어 언제나 인산인해를 이루며, 재방문률 또한 높은 곳이다.
기본 맛은 12쿠나(kn), 프리미엄맛은 14쿠나(kn)로 콘으로 시키면 2쿠나(kn)가 추가된다. 직원이 추천하고 많은 사람들이 사랑하는 맛은 피스타치오이며, 초콜릿도 인기가 있다.

홈페이지_ peppinos.premis.hr
주소_ Ul. od Puča 9
위치_ 타지마할 올드타운 인근
영업시간_ 11:00~23:30
요금_ 12kn~
전화_ 091-459-0002

소울 카페 앤 락히야 바
Soul Caffe & Rakhija Bar

두브로브니크 골목 어딘가에서 우아한 첼로 선율이 흘러나온다면 발걸음을 옮겨보자. 라떼에 아이스크림을 올린 아이스커피가 아닌 진짜 아이스 아메리카노를 맛볼 수 있는 곳이다.

대성당 인근의 좁은 골목에 위치한 이곳은 비엔나의 유명 커피 브랜드인 율리어스 마이늘Julius Mainul의 원두와 티를 사용하여 맛이 보증된 곳이며, 관광객보다는 현지인들이 더 자주 찾는 곳이다. 커피 외에도 주스나 칵테일, 주류를 판매하며 샌드위치나 케이크 같은 가벼운 음식도 판매한다.

메뉴는 참치 샌드위치나 당근 케이크, 초코수플레를 추천하지만, 늦은 시간에 가면 모두 판매되어 있을 확률이 높다. 한국의 아이스 아메리카노 같은 시원한 맛을 원한다면 얼음을 추가로 요청하면 된다.

홈페이지_ facebook.com/Soul-caffe-Dubrovnik-176880629090013/
주소_ Uska ul. 5
위치_ 두브로니크 대성당에서 도보 약 2분
영업시간_ 08:00~25:00
요금_ 아이스 아메리카노 28kn~
전화_ 091-459-0002

코지토 커피샵 두브로브니크 올드타운점
Cogito Coffee Shop
Dubrovnik old town

두브로니크 외에 자다르, 로빈 등 크로아티아 내에 여러 지점을 두고 있는 커피 전문점이다. 맛있는 커피 맛과 친절한 직원, 그리고 인근에 여러 마리의 고양이가 돌아다녀 더 인기가 있다.
한국인들은 아이스 아메리카노는 자주 찾지만, 고소한 거품으로 맛을 잘 내는 곳으로 라떼나 카푸치노가 인기 있는 메뉴이다. 플로체 게이트에도 지점이 있으며 매일 아침 8시부터 밤 9시까지 운영하므로 참고하여 방문하자.

홈페이지_ cogitocoffee.com
주소_ Ul. od Pustijerne 1
위치_ 두브로니크 아쿠아리움에서 도보 약 2분
영업시간_ 월~금 08:00~20:00 / 토 09:00~19:00
일요일 휴무
요금_ 아메리카노 18kn / 카푸치노 20kn

딩동식당
Dingdong Korean Restaurant

짠맛과 느끼함의 중간이 없는 크로아티아 요리에 가출한 입맛을 되찾고 싶을 때 가장 추천하는 두브로브니크의 한식당. 메인요리는 비빔밥, 치킨, 라면뿐이지만 음식을 먹다보면 각각의 메뉴에 정성을 쏟아 부어 만든 티가 날 것이다.
가장 추천하는 메뉴는 해물짬뽕라면. 두브로브니크의 신선한 해물이 푸짐하게 들어간 매콤한 해물라면은 서양식 식사에 지쳐있던 당신의 혀를 위로해줄 수 있을 것이다.

홈페이지_ ding-dong.kr
주소_ Vetranićeva ul. 8
위치_ 라즈크 레스토랑에서 도보 약 3분
영업시간_ 08:00~24:00
요금_ 요리류 100kn~
전화_ 099-328-2566

루신 칸툰 두브로브니크

Lucin Kantun Dubrovnik

두브로브니크 골목에 있는 아담한 타파스Tapas 맛집이지만 여러 가지 지중해식 해산물 요리도 맛있게 내놓는 것으로 유명하다. 대체로 짠맛의 두브로브니크 음식에 비해 담백한 편이며, 한국인 입맛에 익숙하고 부담 없는 맛을 내는 요리 덕분에 한국인들이 많이 찾는다.
다른 음식점들에 비해 약간 저렴한 편이며 친절한 직원, 맛있는 음식 덕분에 재방문율이 높다. 여러 가지 종류의 해산물 타파스Tapas도 와인이나 맥주와 함께 하기 좋으므로 출출한 오후나 밤에 허기를 재우기 좋을 것이다. 한국인들은 문어가 들어간 요리와 블랙 리조또, 참치 스테이크를 주로 주문한다.

주소_ Ul. od Sigurate 7
위치_ 아보브 5 루프탑 레스토랑 인근
영업시간_ 11:00~22:30
요금_ 타파스 48kn~ / 메인요리 122kn~
전화_ 020-321-003

타지마할 올드 타운
Taj Mahal Old Town

척 보기엔 인도 음식점 같지만 두브로브니크 바로 위쪽에 있는 보스니아 지방의 음식을 선보이는 곳이다. 현지인들에게 인기 있는 음식점이며, 한국인들에게는 두브로브니크의 비싼 물가에 대비해 저렴하고 맛있는 곳으로 알려졌다.
보스니아 음식이 궁금하다면 한번쯤 방문해볼만한 식당으로, 추천메뉴는 송아지와 칠면조 고기가 들어간 타지마할. 식사시간에는 웨이팅이 있으므로 조금 일찍 방문하거나 예약한다면 기다리지 않고 식사할 수 있을 것이다.

홈페이지_ tajmahal-dubrovnik.com
주소_ Ul. Nikole Gučetića 2
위치_ 레스토랑 두브로브니크에서 도보 약 2분
영업시간_ 10:00~24:00
요금_ 타지마할 160kn~
전화_ 020-323-221

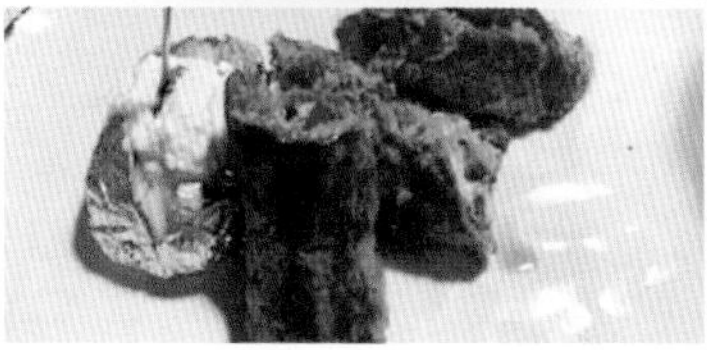

판타룰
Pantarul

현지인들과 외국인 관광객에게 인기가 있는 신시가지 맛집이다. 인근 지역 농수산물로 만든 요리를 고집하는 식당으로, 제철에 가장 신선하고 질 좋은 재료로 만든 음식을 먹을 수 있는 곳이다.
파스타나 고기, 생선요리 등 대부분의 요리가 맛있는 편이나, 한국인들은 송로버섯 스테이크를 필수로 시키는 편이다. 하지만 다소 달달한 소스 맛 때문에 호불호가 갈리는 것을 참고할 것. 식사 시간대는 웨이팅이 기본이기 때문에 기다리지 않고 식사하고 싶다면 예약은 필수다.

홈페이지_ pantarul.com
주소_ Ul. kralja Tomislava 1
위치_ 타바르나 오트토에서 도보 약 10분
영업시간_ 11:00~16:00, 18:00~24:00
요금_ 스타티 40kn~ / 메인요리 118kn~
전화_ 020-333-486

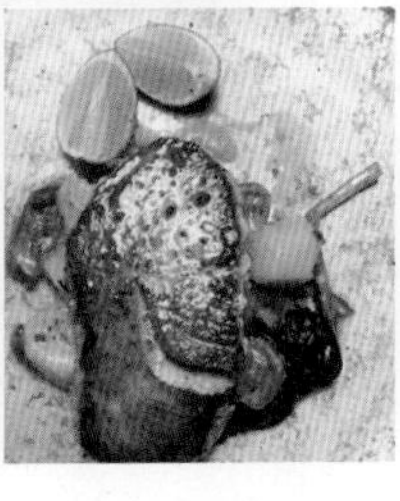

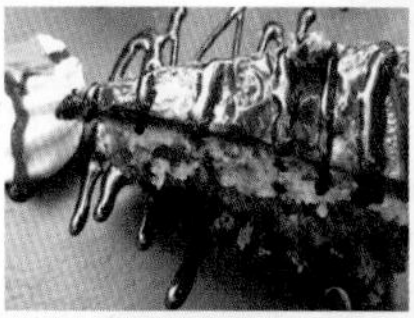

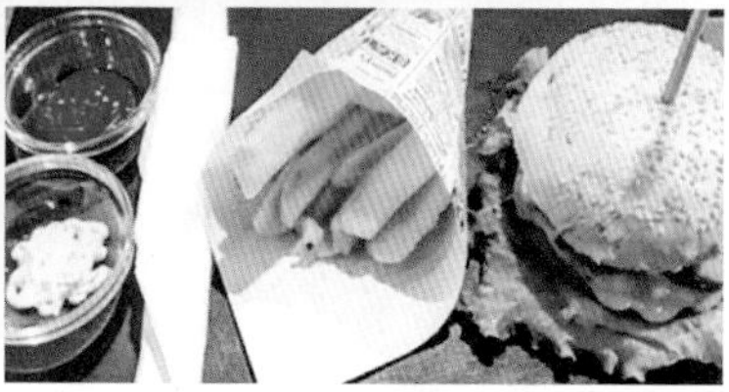

그린가든 푸드바 두브로브니크
GreenGarden - Food Bar Dubrovnik

신시가지에서 맛있는 것으로 소문나고 있는 수제 햄버거 맛집이다. 다양한 토핑이 들어간 10여 가지의 햄버거 메뉴를 제공하며, 100% 소고기로 만든 두터운 패티와 부드럽고 바삭한 번, 신선한 야채에 걸맞는 소스 맛의 조합이 완벽한 곳이다. 초록빛 나무를 지붕 삼은 크로아티아풍의 정원식 분위기의 식당은 소풍을 온 듯한 느낌이 든다. 구시가지 물가대비 반값 정도 되는 저렴한 가격에 배부르고 맛있게 먹을 수 있는 곳으로 추천한다.

홈페이지_ greengarden.com.hr
주소_ Lapadska obala 22
위치_ 타바르나 오트토에서 도보 약 10분
영업시간_ 11:00~16:00, 18:00~24:00
요금_ 버거류 59kn~

특별한 분위기를 간직한 레스토랑 BEST 7

레스토랑 두브로브니크(Restaurant Dubrovnik)

두브로브니크 골목에 숨겨져 있는 맛집. 2017년부터 3년 연속 미슐랭 원스타로 선정된 곳으로 달마티안 음식을 현대적으로 재해석해 내놓는 레스토랑이다. 저렴한 가격은 아니지만 지불한 돈이 아깝지 않을 정도로 맛있고 품질 좋은 음식, 그리고 직원들의 친절한 서비스로 언제나 인기 있는 곳으로 성수기 저녁은 언제나 풀부킹. 두브로브니크 방문 전 예약하고 가는 것이 좋을 것이다. 셰프가 신중하게 골라 선보이는 코스 요리와 단품 메뉴로 구성돼있으며, 이곳에 방문했다면 트러플 리조또를 필수로 주문하자.

홈페이지_ restorandubrovnik.com
주소_ Ul. Marojice Kaboge 5
위치_ 두브로브니크 대성당에서 도보 약 3분
영업시간_ 12:00~24:00
요금_ 스타터 140kn~ / 메인요리 240kn~
전화_ 099-258-5871

그라드스카 카바나 아스날(Gradska kavana Arsenal Restaurant)

구시가지뷰와 오션뷰로 나눠져 있는 레스토랑으로 원하는 분위기에 앉아 식사할 수 있는 식당. 11시 30분까지 운영하는 조식이 저렴하고 맛있기로 유명하다. 두브로브니크 물가 대비 평이한 가격에 직원들도 친절하며, 대부분의 요리가 맛있는 편이므로 큰 고민없이 갈 수 있는 식당. 카페와 함께 운영하는 식당이므로 허기지거나 출출할 때 디저트와 함께 카페 음료를 즐기거나 맥주나 와인 같은 주류로 목을 축이며 휴식을 취해보자.

홈페이지_ nautikarestaurants.com **주소_** Ul. Pred Dvorom 1
위치_ 두브로니크 대성당에서 도보 약 2분 **영업시간_** 08:00~24:00
요금_ 조식 65kn~ / 스타터 78kn~ / 메인요리 112kn~ **전화_** 020-321-202

레스토랑 360(Restaurant 360)

2018년부터 미슐랭 가이드 1스타를 받고 있는 도미니코 수도원 인근의 레스토랑. 성벽에 붙어있는 곳이기 때문에 외부 테라스에서는 두브로브니크 해안을 감상하며 식사할 수 있고, 내부 또한 차분한 고급스러운 호텔 식당 느낌으로 내, 외부 모두 분위기 있게 식사하기 좋다. 단품메뉴도 좋지만 코스요리에 강한 레스토랑으로, 두브로브니크의 평이한 코스 가격에 신선하고 맛 좋은 음식과 직원들의 친절하고 세심한 서비스에 만족하게 되는 곳. 저녁에만 운영하므로 방문 시 주의하자.

홈페이지_ 360dubrovnik.com **주소_** Ul. Svetog Dominika bb **위치_** 도미니코 수도원에서 도보 약 2분
영업시간_ 18:00~22:30 **요금_** 2코스 540kn / 3코스 640kn **전화_** 020-322-222

홈페이지_ above5rooftop.com **주소_** Ul. od Sigurate 4 **위치_** 딩동식당에서 도보 약 3분
영업시간_ 07:30~11:00, 12:00~23:00 **요금_** 아침메뉴 300kn~ / 런치, 디너 600kn~ **전화_** 020-322-244

아보브 5 루프탑 레스토랑(Above 5 Rooftop Restaurant)

두브로브니크의 주황빛 지붕과 구시가지를 내려다보며 식사할 수 있는 루프탑 레스토랑이다. 점심과 저녁 식사는 코스 요리로 운영되는 식당으로 1인당 약 600 쿠나Kn부터 시작한다. 대부분의 요리가 맛있고 친절한 직원들의 서비스, 돈 내고 봐도 될 정도의 분위기 덕분에 가격이 아깝지 않다. 저렴한 가격을 원한다면 아침 일찍 방문해 약 300쿠나Kn 가격의 조식 메뉴를 먹으며 시가지를 감상하는 것도 좋은 방법이다. 테이블 자체가 적은 편이므로 전망이 좋은 자리에서 식사하고 싶다면 반드시 예약하는 것이 좋다.

파노라마 레스토랑(Panorama Restaurant)

스르지 산 전망대에 위치하여 두브로브니크 최고의 전망을 가진 곳이라 해도 다름없을 정도의 멋진 풍경을 자랑한다. 두브로브니크의 시가지뿐만 아니라 아드리아 해의 푸른 바다, 드넓은 하늘과 함께 식사할 수 있기 때문에 맛보다 멋, 멋보다 분위기에 더 취하는 식당. 엄청난 맛집은 아니지만 대체로 평이하게 괜찮은 음식을 제공한다. 런치가 6시까지로 샌드위치나 샐러드처럼 끼니만 가볍게 떼울 수 있는 음식을 판매한다. 디너 시간에 좋은 자리에 앉아 식사하고 싶다면 예약은 필수다.

홈페이지_ nautikarestaurants.com/panorama-restaurant-bar
주소_ Srđ ul. 3 **위치_** 스르지 산 전망대 **영업시간_** 09:00~24:00
요금_ 런치 샌드위치류 98kn~ / 디너 메인요리 129kn~ **전화_** 020-312-664

오토 타바르나(Otto Taverna)

한국인들 사이에서 입에 넣자마자 녹아내리는 듯한 참치 스테이크 맛집으로 소문나고 있는 곳이다. 구시가지에서 다소 떨어진 신시가지에 위치해있다는 것이 단점이지만, 구시가지 물가에 대비해 저렴하고 한적한 분위기에서 식사할 수 있는 것이 최대의 장점. 식당은 동굴 같은 분위기의 아늑한 내부와 산뜻한 정원식 테라스로 나눠져 있으므로 원하는 분위기에서 식사할 수 있다. 외국인 관광객들과 현지인들에게 인기 있는 식당이므로 예약하고 방문하는 것을 강력 추천한다.

홈페이지_ tavernaotto.com **주소_** Ul. Nikole Tesle 8 **위치_** 구시가지에서 약 2㎞
영업시간_ 12:00~23:00 **요금_** 참치스테이크 130kn~ **전화_** 020-358-633

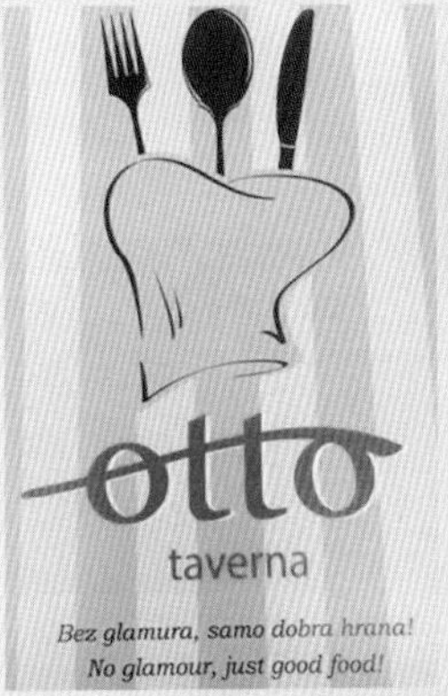

라스크 레스토랑 두브로브니크(LAJK restaurant Dubrovnik)

두브로브니크의 친척집을 방문한 듯한 친절함을 느끼고 싶을 때 추천하는 식당. 구시가지 골목에 위치한 이 식당은 가족들이 운영하는 아담하고 소박한 레스토랑으로, 가게 이름은 LAJK는 가족들의 이니셜에서 따왔다.
신선하고 질 좋은 채소를 기반으로 홈메이드식 지중해요리를 맛볼 수 있으며, 아침 일찍부터 자정까지 운영하는 식당으로 아침, 점심, 저녁 할 것 없이 언제 방문해도 좋은 곳이다. 추천메뉴는 아스파라거스 리조또와 스테이크가 있다.

홈페이지_ lajk-restaurant-dubrovnik.com
주소_ Prijeko ul. 4 **위치_** 도미니코 수도원에서 도보 약 3분 **영업시간_** 08:00~24:00
요금_ 브런치 52kn~ / 메인요리 110kn~ **전화_** 020-321-724

두브로브니크 해변

두브로브니크는 성벽만 생각하고 성벽투어와 골목길을 거닐면 두브로브니크 여행은 끝났다고 생각하고 이동하는 관광객이 많지만 두브로브니크 여행의 핵심은 해변에서 여유롭게 즐기고 걸어서 숙소로 돌아가 쉬고 나서 밤에 저녁식사를 하는 즐거움이다. 그러므로 여행일정에서 하루 정도는 해변에서 쉴 수 있는 여유를 갖도록 하자.

반제 해변(Banje)

두브로브니크에서 가장 유명한 해변으로, 많은 유명인들이 방문하고 올드타운과 가장 가까운 해변이다. 여름의 성수기에는 너무 많은 관광객이 몰려 자리를 찾기가 힘들 정도이다. 또한 근처의 레스토랑과 카페는 음료부터 간식의 가격까지 비싸기 때문에 사전에 음료와 간단한 먹거리는 준비해 가는 것이 좋다.

위치_ 10B Frana Supila

위치_ 26 Šetalište Nika i Meda Pucića / 5, 8번 버스를 타고 빅토리아 역에서 하차

성 야고보 비치(Sv Jakov Plaža)

현지인들이 선호하는 성 야고보 비치는 많은 레포츠 기회와 해변의 바에서 음료를 즐길 수 있다. 현지인과 함께 한가하게 즐기는 해변을 원한다면 추천한다.

라파드 비치(Lapad Plaža)

두브 로브 니크의 모래 사장 중 하나이자 라파드Lapad 산책로의 시작. 다양한 칵테일을 제공하는 바가 근처에 있습니다.

주소_ 17 Šetalište kralja Zvonimira

코파카바나 비치(Copacabana Plaža)

다양한 수상 스포츠를 즐기고 여름 방학때는 어린이를 위한 바다 슬라이드 등 즐길 거리가 많은 해변이다.

주소_ 26 Šetalište Nika i Meda Pucića

벨뷰 비치(Plaža Bellevue)

현지인들이 많이 모이는 해변으로 특히 여름 밤에 수구는 매우 인기가 있으며 정기적으로 경기가 열린다.

주소_ 7 Pera Čingrije

푼타 라타 비치(Punta Rata)

부드러운 모래 해변이 펼쳐져 있는 작은 해변으로 파도가 거의 없어서 가족 단위 여행자들이 많이 찾고 있다.

주소_ 80 Obala kneza Domagoja

Dubrovnik
두브로브니크 근교

Cavtat
차브타트

차브타트Cavtat는 두브로브니크에서 약 5㎞ 정도 떨어진 네레트바 주에 있는 작은 마을이다. 2007년부터 에피다우루스 음악 축제Epidaurus Music of Festival가 매년 개최되고 있다. 현재, 차브타트Cavtat는 두브로브니크의 높은 물가 때문에 밀려난 관광객을 위한 숙박을 원하는 많은 호텔과 아파트가 있는 관광지이다. 그러나 점점 현지인과의 교류를 원하는 여행자가 머물고 있다. 해안가에는 상점과 레스토랑이 가득하고 여름에는 밤까지 즐길 수 있어서 인기가 높아지고 있다.

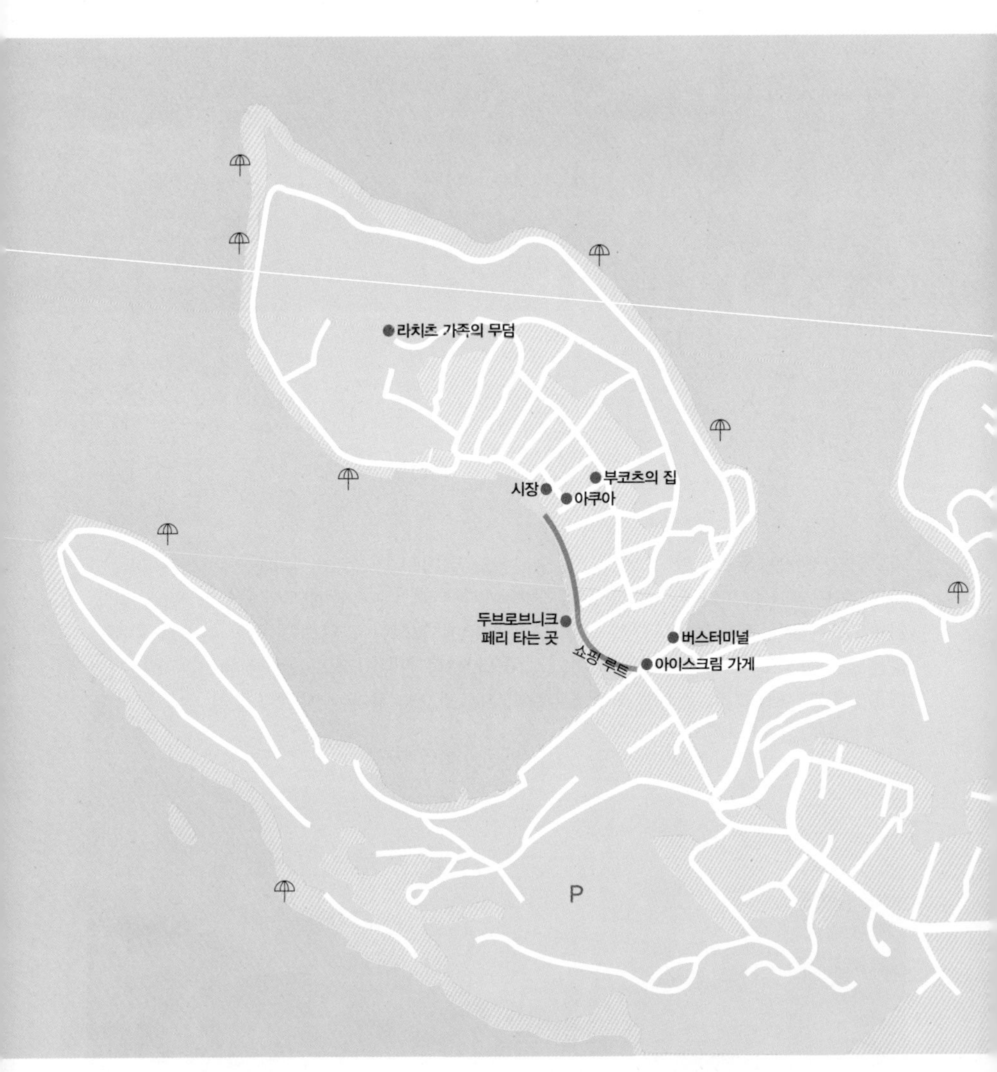
라치츠 가족의 무덤
부코츠의 집
시장
아쿠아
두브로브니크
페리 타는 곳
버스터미널
쇼핑 루트
아이스크림 가게
P

간략한 역사

기원전 6세기 그리스 인들이 '에피다우로스Epidaurus'라는 이름으로 만든 도시이다. 주변에는 자프탈Zaptal이라는 도시를 만들고 '일 리리아' 사람들이 거주했다고 알려져 있다. 기원전 228 년 로마의 지배를 받으면서 '에피다우럼'이라는 이름으로 바뀌었다가 비잔틴 제국의 황제 유스티니아누스 1세가 535~554의 고딕 전쟁동안 함대를 이곳에 보냈고 이때부터 '차브타트Cavtat'로 불리기 시작했다고 한다.

중세 시대

도시는 7세기에 아바르와 슬라브에 의해 약탈을 당했다. 에피다우럼에서 온 피난민들은 시간이 지남에 따라 두브로브니크 인근의 라구사Ragusa 섬으로 도망을 쳤다. 라구사 공화국은 강력한 두브로브니크의 지배를 받으면서 지금도 두브로브니크와 밀접한 연관성을 가지고 한 도시처럼 움직인다.

두브로브니크 → 차브타트

거리는 가깝지만 정기적으로 다니는 버스가 시간에 맞춰서 오지 않아서 이동하기에 불편하다. 시내버스 10번(30~60분 간격)으로 타고 가면 멈추는 정거장이 많아서 30분 이상 소요된다. 스르지 언덕의 케이블카를 타는 곳 옆에 버스정류장에서 탑승하면 된다.

라치치 가족 영묘
Račić family????

언덕 위의 공동 묘지에는 조각가 이반 메슈트로비치Ivan Meštrović가 장식한 라치츠Račić 가족의 무덤이 있다. 2004년, 차브차트Cavtat는 해변 산책로가 잘 정비된 녹지와 꽃꽂이에 대해 수상을 하기도 했다.

한 여름의 추억

Korcula
코르출라

코르출라Korcula 섬은 둥근 수비를 위한 탑과 붉은 지붕이 있는 집들이 있는 전형적인 중세 달마티안 도시이다. 48개 작은 섬들이 모인 군도에서 가장 큰 섬으로 포도밭과 올리브 나무가 많아서 경치가 아름답다.

남쪽 해안은 한적한 만과 작은 해변들이 있다. 코르출라Korcula는 마르코 폴로가 태어났으며, 그가 살았던 집을 잠시 볼 수도 있다. 코르출라Korcula에서 섬의 남동쪽에 있는 그림 같은 마을 룸바르다Lumbarda를 방문할 수 있다.

마르코 몰로 숍
마르코 몰로 숍
마르코 폴로 타워
페리 타는 곳
성 마르크 성당
시 박물관
마르코 폴로 아파트먼트
아테리나
아로마티카
쇼핑 루트
코르출라 뷰포인트 루트
바비츠
P
야드롤리니야
우예
티켓 사는곳
아쿠아
P
마르코 폴로 숍

코르출라Korcula의 성당 광장은 베네치아의 강한 영향을 받았으며, 틴토레토의 그림이 두 점이 있는 성 마크 성당이 있다.
성당 옆에는 14세기에 세워진 도시의 보물을 소장한 애비궁Abbey Palace이 있다. 반대쪽에는 그리스 도자기류, 로마 도자기, 가구 등이 전시된 도시 박물관으로 쓰이는 15세기 가브리엘라 궁전이 있다.

좋은 해변이 있고 도시는 담백한 백포도주를 만드는 포도밭에 둘러싸여 있다. 코르출라Korcula에서 나체주의자들의 해변이 있는 바디야Badija를 왕복 운항하는 보트가 있다. 바디야에서 하루 묵으려면 호텔로 개조된 15세기 수도원에서 지낼 수 있다.

코르출라Korcula는 크로아티아의 남쪽 아드리아해에서 약 20㎞ 떨어져 있으며 두브로브니크와 스플리트의 가운데 있다. 이 두 항구에서 페리로 섬에 갈 수 있다. 하지만 정기 운항편이 많지 않아서 대부분의 관광객은 투어를 이용한다.

페리 운항 안내

두브로브니크 ↔ 코르출라

▶**운행** : 7~8월 월 · 토 09:15~11:40 / 화 · 목 08:00~10:35
월 · 토 16:00~18:35 / 화 · 목 16:00~18:35

▶**요금** : G&V Line 이반 150Kn, 3~12세 일반요금의 50%, 3세 미안 무료

물레트 ↔ 코르출라

▶**운행** : 7~8월 월 · 토 소브라 10:20 → 폴라체 11:05 → 코르출라 11:50
화 · 목 소브라 09:05 → 폴라체 09:50 → 코르출라 10:45

▶**요금** : 소브라 →코르출라 일반 100Kn, 폴라체 → 코르출라 100Kn

Ston
스 톤

스톤은 두브로브니크에서 북서쪽으로 약 50㎞떨어져 있는 섬으로 두브로브니크 시민들이 휴양지로 많이 가는 곳이다. 지금은 다리로 이어져 자동차로 이용이 가능하다. 옛날에는 두브로브니크 공화국에 속해 소금의 주요생산지역으로 사용하여, 두브로브니크 경제에 중요한 소금공급역할로 중요한 지역이었다. 그래서 1333년에 유럽에서 가장 긴 방어시설인 5.5㎞길이의 벽을 쌓았던 것이다.

유명한 달마티나츠 건축가가 설계와 건설에 참여하여 40개의 탑과 5개의 보루가 외부의 침입을 볼 수 있도록 설계되어 성벽안에 중세건물을 보호하고 있어 전쟁의 흔적이 거의 없는 곳이다. 로마시대부터 굴과 홍합이 유명하였는데 지금은 섬이라는 지형적인 특성으로 최고의 해산물 요리를 맛 볼 수 있어 미식가들이 많이 찾는 곳으로 유명하다.

스톤 IN & OUT

두브로브니크에서 매일5회, 스톤까지 운행하고 있으며 1시간 30분 정도 소요된다. 자그레브로 가는 버스는 매일 1회, 운영하고 있다. 스톤에는 버스정류장앞에 성벽이 보이기 때문에 버스정류장을 찾는 것이 어렵지 않다.

▶두브로브니크 운행 : 60KN

14세기 벽
Wall

스톤의 볼거리는 언덕 위로 보이는 14세기의 벽이다. 완전히 복구된 벽은 오랫동안 성벽을 따라 걸을 수 있도록 되어 있다. 도시에서 떨어져 있어 공해가 없고 날씨가 좋아 반도가 잘 보인다.

입장료_ 30kn
시간_ 10:00~해질때까지

염전
salt pond

염전은 옛날에는 두브로브니크에 많은 돈을 벌어다 주었고 지금도 염전은 운영중이지만 관광용으로 변화시켰다.

프라프라트노 해변
Prapratno

환상적인 만과 아름다운 자갈 해변이 있는 아름다운 해변으로 캠핑장으로도 유명하다.

레스토랑 Bace
Restaurant Bace

1902년부터 운영된 식당으로 해산물 요리가 유명하고 홍합과 굴을 이용한 요리를 현지인들은 많이 주문한다. 피자나 파스타같은 일반적인 요리들도 수준급이다.

캠핑 프라프라트노
Reykjavik Loft Hostel

개인들이 레스토랑과 숙박을 같이 겸하는 경우가 대부분이다. 현지에서 바로 숙소를 구해도 좋다.
스톤에서 남서쪽으로 4km 떨어진 프라프라트노 만에 있는 큰 캠핑장으로 테니스장, 농구장, 슈퍼마켓, 식당 등의 부대시설을 갖추었다.

Bosnia and Herzegovina

보스니아 헤르체코비나

Bosnia and Herzegovina
보스니아 헤르체코비나

보스니아 헤르체코비나는 발칸 반도의 서쪽에 위치해 있다. 크로아티아, 세르비아, 몬테네그로와 국경을 맞대고 있다. 보스니아는 모슬렘, 세르비아, 크로아티아 인으로 구성되어 있다. 모두 남슬라브족에 뿌리를 두고 있기 때문에 생김새는 큰 차이가 없지만 종교는 서로 다르다.

1998년 독립하면서 만들어진 국기는 파랑과 별은 유럽을, 태양의 색인 노란색은 하늘을 뜻한다. 삼각형은 보스니아 헤르체고비나를 구성하는 보스니아 모슬렘, 세르비아 인, 크로아티아 인을 상징한다.

▶**국명** | 보스니아 헤르체고비나 공화국
▶**인구** | 약 459만 명
▶**면적** | 약 5만㎞(한반도의 1/4)
▶**수도** | 사라예보
▶**종교** | 이슬람교, 세르비아 정교, 가톨릭
▶**화폐** | 마르카
▶**언어** | 세르보, 크로아트어

한눈에 보는 보스니아 역사

~ 600년 경 | 남슬라브족

보스니아 헤르체고비나 지역에는 신석기 시대부터 사람이 살고 있었다. 이들은 기원 전후부터 로마 제국의 지배를 받기 시작했다. 로마 제국이 동로마와 서로마로 나누어지고 이후 서로마가 멸망할 무렵, 유럽의 동북쪽에서 슬라브족이 내려와 자리를 잡고 발칸 반도에 나라를 세웠다.

600년 경~1180년 | 가톨릭교와 정교

발칸 반도는 험준한 산악 지형이어서 하나의 강력한 나라를 만들기에 적합하지 않다. 지역 단위로 나뉘어 살아가면서 세르비아 인, 크로아티아 인 등 지역에 따른 민족의 구분이 생겨나게 되었다. 각 민족을 중심으로 여러 왕국을 이루면서 발칸 반도 서쪽에는 가톨릭이, 동쪽에는 정교가 전해졌다. 보스니아 헤르체고비나는 중간 지점에 있었기 때문에 가톨릭과 정교가 섞여 살았다.

1463년~1800년 후반 | 오스만 제국의 지배

1400년대 중반부터 옷만 제국의 침입이 시작되면서 발칸반도는 약 400년동안 오스만 제국의 지배를 받았고, 이 무렵에 이슬람교가 전해졌다. 오스만 제국은 사라예보와 모스타르 같은 도시를 건설하고 발칸반도 서부 진출의 기점으로 삼았다. 하지만 오스만 제국은 가톨릭과 정교도 법으로 보호해 주었다. 그 결과 발칸반도는 오늘날 3개의 종교가 섞인 모자이크처럼 얽혀있게 되었다.

1800년 후반~1914년　민족주의 운동

1900년대에 들어오면서 오스만 제국이 쇠퇴하기 시작했다. 발칸 반도를 다스릴 힘이 작아지면서 오스트리아, 헝가리 제국이 발칸반도에 힘을 뻗쳤다. 400년 동안 오스만 제국의 지배를 받았던 보스니아 발칸반도는 다른 민족의 지배를 받고 싶지 않았다. 그 결과 오스트리아에 맞서 싸워야 한다는 민족 운동이 일어나기 시작했다.

1914년~1918년 | 제1차 세계대전

1914년 6월 28일, 세르비아계 민족주의자인 가브릴로 프린체프(1894~1918)가 사라예보를 방문한 오스트리아 황태자를 암살하였다. 이를 계기로 오스트리아와 세르비아 사이에 전쟁이 벌어지면서 제1차 세계대전이 시작되었다.

1918년~1939년 | 유고슬라비아 왕국의 탄생

제1차 세계대전이 끝난 뒤 남슬라브족이 하나의 나라를 세워야 한다는 운동이 더욱 거세게 일어났다. 그리하여 1929년에 유고슬라비아 왕국이 탄생했다. 세르비아와 크로아티아가 중심이 되었다. 그런데 세르비아 인들은 중앙 정부가 강한 국가를 원한 반면 크로아티

가브릴로 프린체프(1894~1918)

가브릴로 프린체프는 보스니아의 가난한 가정에서 태어났다. 그는 오스만 제국의 지배에 맞선 독립 전쟁에 참여하고 싶었지만 몸이 약해 신체검사에서 떨어지고 말았다. 그러던 중 오스만 제국이 물러갈 것이 확실해지자, 오스트리아가 그 자리를 차지하려고 달려들었다.
오스트리아 황태자 부부가 사라예보를 방문한다는 소식을 들은 프린체프는 비록 몸은 약하지만 이 기회에 독립운동에 기여하기로 결심했다. 그래서 914년 6월 28일, 라틴 다리에서 황태자 부부를 권총으로 쏘아 죽였다. 그는 체포되었지만 20살이 채 되지 않아 사형은 면하고 20년형을 선고받았다. 하지만 감옥에서 지내던 중 1918년 결핵에 걸려 목숨을 잃고 말았다.

아는 각 민족이 더 많은 자치권을 잦는 나라를 원해서 서로 싸웠다. 보스니아 헤르체고비나 안에서는 이 두 파가 대등하게 있어서 세르비아와 크로아티아 어느 쪽으로부터도 대접받지 못했다.

1939년~1945년 | 제2차 세계대전의 비극

독일의 히틀러가 제2차 세계대전을 일으키고 유고슬라비아 땅으로 침입하였다. 크로아티아는 독일 편에 서서 세르비아 인과 다른 민족들을 공격했다. 유고슬라비아에서 독립해 따로 나라를 만들고 싶었기 때문이다. 이때 보스니아 헤르체고비나도 크로아티아 영토가 되었다. 한편 민족 운동 지도자 티토는 게릴라들을 이끌고 독이로가 싸우면서 유고슬라비아의 민족들이 단결해야 한다고 주장했다.

유고슬라비아 연방을 이끈 티토(1892~1980)

티토는 크로아티아에서 태어났다. 제2차 세계대전 당시 독일군의 침략을 받았을 때, 게릴라들을 이끌고 산속에 숨어다니며 독일군과 싸웠다. 유고슬라비아의 여러 민족과 여러 종교를 믿는 사람들이 하나로 뭉쳐 독일에 맞서 싸우도록 이끌었다. 1945년 전쟁이 끝난 뒤, 유고슬라비아 사회주의 연방 공화국의 대통령이 된 티토는 소련의 꼭두각시가 아니라 유고슬라비아 사회주의 연방 공화국만의 사회주의를 주장하면서 나라의 독립을 지켜 나갔다. 하지만 1980년 그가 죽은 뒤로, 각 연방들이 독립을 주장함녀서 유고슬라비아는 붕괴되고 말았다.

1945년~1992년 | 연방 공화국의 일원이 되다.

제2차 세계대전에서 독일에 맞섰던 티토는 이후 유고슬라비아 사회주의 연방 공화국을 세웠다. 보스니아 헤르체고비나는 비로소 연방 안의 당당한 공화국으로 인정받았다. 티토가 다스리던 시기에 보스니아 헤르체고비나 인들이 중앙 정부의 고위급 정치인으로 많이 진출하기도 했다. 하지만 1980년 티토가 죽자 보스니아 헤르체고비나에서는 독립하려는 움직임이 나타나기 시작했다.

1992년~1995년 | 보스니아 내전

1991년 사회주의 진영의 버팀목 역할을 하던 소련이 무너졌다. 그러자 다른 사회주의 나라들도 하나 둘씩 무너지기 시작했다. 유고슬라비아에서는 크로아티아와 슬로베니아가 가장 먼저 분리 독립을 선언했다. 하지만 세르비아는 유고슬라비아 연방이 무너져서는 안 된다며 반대했고 결국 전쟁이 터졌다. 이어 보스니아 헤르체고비나도 독립을 주장하면서 1992년 보스니아 내전이 일어났다. 1995년까지 이어진 내전에서 무려 10만 명 이상이 목숨을 잃고 말았다.

1995년~현재 | 평화를 되찾은 발칸

보스니아 내전이 날로 치열해지자 미국을 비롯한 강대국들이 개입해 전쟁을 끝내도록 했다. 그래서 1995년 이후 보스니아 헤르체고비나는 독립을 하되 세르비아 인들이 많이 사는 스프프스카 지역은 자치 공화국으로 인정해 주고 있는 상태이다. 현재 발칸 반도는 관광업으로 새로운 시대를 열어가고 있다.

유고슬라비아는 어떤 나라?

유고슬라비아는 '남슬라브족의 땅'이라는 뜻으로 제 2차 세계대전이 끝난 뒤인 1945년, 발칸 반도에 있던 여러 왕국이 하나의 나라를 이루면서 탄생했다. 1991년 무렵까지 유고슬라비아는 보스니아 헤르체고비나를 포함한 여섯 개의 공화국으로 구성된 나라였다. 공식 명칭은 유로슬라비아 사회주의 연방 공화국이었다.

유고슬라비아에는 여러 민족이 살고 있었는데 세르비아 인, 크로아티아 인, 슬로베니아 인, 보스니아 모슬렘 등으로 대부분은 같은 민족끼리 모여 살았지만 여러 민족이 어우러져 살아가는 마을도 많았다. 특히 보스니아 헤르체고비나에는 보스니아 모슬렘, 세르비아 인, 크로아티아 인이 어우러져 살고 있었다.

보스니아 내전

1991년, 유고슬라비아로 묶여 있던 슬로베니아와 크로아티아가 독립하겠다고 선언하였다. 다음해인 1992년, 보스니아 헤르체고비나도 독립을 선언하였다. 세르비아계들은 보스니아 헤르체고비나가 독립하는 것을 반대하면서 전쟁이 터지고 말았다. 세르비아는 먼 옛날부터 발칸반도에서 넓은 땅을 차지했던 나라였고, 당시 유고슬라비아를 이끌던 나라는 세르비아가 주축이었다.

세르비아 인들 중 일부는 옛날처럼 세르비아 인을 중심으로 큰 나라를 만들고자 kg는 욕심이 있었다. 그런데 크로아티아와 보스니아 헤르체고비나 같은 나라들이 유고슬라비아에서 떨어져 나라가려고 하니 반대를 심하게 했다. 게다가 보스니아 헤르체고비나가 독립하면 그 곳에 살던 세르비아계 인들이 쫓겨날 거라고 생각하여 먼저 공격하게 된다.
보스니아에서 내전이 발발한 후에 UN은 전쟁을 중단하고 보스니아 헤르체고비나를 각 민족 계파별로 3개로 나누자고 중장하였다. 하지만 이 의견이 발표되면서 이전까지 연합해 싸웠던 보스니아 모슬렘과 크로아티아계는 좀 더 좋은 지역, 조금 더 많은 영토를 차지하기 위해 서로 싸우게 되었다. 크로아티아계는 모스타르를 차지하는 것이 유리하다고 판단하여 한때 함께 싸웠던 보스니아 모슬렘 인들을 공격하였다.

전쟁은 4년이나 이어지다가 마침내 끝이 났다. 세르비아가 보스니아 헤르체고비나의 독립을 받아들였기 때문이다. 하지만 그동안 생긴 증오와 갈등은 쉽게 사라지지 않았다. 시간이 흘러 떠났던 이웃들이 돌아오면서 적이 되어 싸웠던 크로아티아계 인들과도 화해를 하게 된다. 1992년 3월에 시작된 보스니아 내전은 3년 8개월 동안 이어졌고 내전이 끝난 뒤에 보스니아 헤르체고비나는 유고슬라비아로부터 독립을 이루었다. 보스니아에 살고 있던 세르비아계 인들은 따로 스르프스카 공화국을 세웠다. 지금 보스니아 헤르체고비나는 두 개의 체제로 구성된 나라이다.

모스타르 다리

모스타르는 높고 험한 산으로 둘러싸인 도시 한가운데를 짙푸른 네레트바 강이 가로지르는 아름다운 곳이다. 자그마한 도시이지만 세계 곳곳에서 찾아온 관광객들로 붐빈다. 오래된 하얀 돌집들과 조약돌이 자잘하게 박힌 골목길, 모스크와 십자가가 어우러진 풍경이 아주 예쁘다. 천 개가 넘는 돌을 반듯하게 다듬어서 멋진 아치를 이루도록 쌓은 매우 오래된 다리로 동쪽 마을에는 이슬람 사원인 모스크가, 서쪽에는 가톨릭의 성당이 높이 솟아 있다. 동쪽 마을에 사는 사람들을 이슬람 신자라는 뜻에서 보스니아 모슬렘이라고 부르고 관광객들은 유럽 안에 있는 작은 이슬람 도시를 신기하게 바라본다.

뷰포인트(View Point)
모스크의 뾰족탑에 올라가면 마을이 훤히 내려다보인다. 서쪽에 사는 가톨릭을 믿는 사람들은 크로아티아와 같은 민족이며 '크로아티아계'라고 부르고 세르비아 정교를 믿는다. 모스타르 다리 밑에 있는 돌비석에는 다리가 파괴된 해인 1993년을 잊지 말자는 문구인 "Don't forget '93"가 새겨져 있다.

보스니아에 대한 질문들

터키식 음식이 많은 이유?

보스니아 헤르체코비나 인들이 즐겨 먹는 음식은 체바피라는 요리이다. 쇠고기와 양고기를 섞어 작은 소시지를 만든 다음 피타라는 빵 속에 양파와 함께 넣어 만든 음식이다. 터키의 케밥과 비슷하다. 그래서 보스니안 케밥이라고 한다. 보스니아 헤르체코비나 음식이 터키와 비슷한 것은 500년 동안 지금의 터키인 오스만 제국의 지배를 받았기 때문이다. 터키 요리와 마찬가지로 후추 등 향신료도 많이 쓰인다.

왜 유고슬라비아로 묶였던 것일까?

유고슬라비아는 '남슬라브족의 땅'이라는 뜻이다. 유고슬라비아 인들의 조상이 남슬라브족 이기 때문이다. 이들은 발칸 반도로 이주해 온 뒤 여러 왕국을 세웠는데, 제1차 세계대전이 끝난 뒤 세르비아, 크로아티아, 슬로베니아가 합쳐지면서 유고슬라비아라는 이름이 처음 쓰였다.

제2차 세계대전 이후로는 티토라는 걸출한 지도자가 나와 남슬라브족을 형제애로 단단히 묶으면서 유고슬라비아 사회주의 연방 공화국을 세웠다. 하지만 1980년 티토가 죽고, 뒤이어 1991년 소련이 붕괴되면서 유고슬라비아 인들을 묶어주던 끈이 느슨해졌다. 결국 유고슬라비아는 역사 속으로 사라지게 되었다.

오스트리아 황태자 암살 사건이 제1차 세계대전으로 번진 이유는?

1900년대 초까지 오늘날 보스니아 헤르체고비나는 오스만 제국의 지배를 받았다. 오스만 제국이 쇠퇴하자 유럽 여러 나라들이 이 지역을 차지하려고 군침을 흘렸는데, 오스트리아가 맨 먼저 점령하게 되었다. 하지만 이웃한 나라였던 세르비아는 오래전부터 슬라브족의 통일 국가를 세우고 싶어 했기 때문에 이 지역을 차지한 오스트리아에 분노한 세르비아계 청년이 사라예보에 온 오스트리아 황태자를 암살했다.

세르비아와 오스트리아 사이에 전쟁이 벌어지자 러시아는 같은 슬라브족인 세르비아 편을 들었다. 독일이 러시아가 강해지는 것을 막으려고 오스트리아 편을 들자, 러시아는 독일과 앙숙이던 프랑스를 끌어들였다. 이런 식으로 유럽 여러 나라들은 물론 미국과 일본까지 두 편으로 갈라져서 제1차 세계대전이 일어난 것이다.

조대현

63개국, 298개 도시 이상을 여행하면서 강의와 여행 컨설팅, 잡지 등의 칼럼을 쓰고 있다. KBC 토크 콘서트 화통, MBC TV 특강 2회 출연(새로운 나를 찾아가는 여행, 자녀와 함께 하는 여행)과 꽃보다 청춘 아이슬란드에 아이슬란드 링로드가 나오면서 인기를 얻었고, 다양한 여행 강의로 인기를 높이고 있으며 '트래블로그' 여행시리즈를 집필하고 있다. 저서로 블라디보스토크, 크로아티아, 모로코, 나트랑, 푸꾸옥, 아이슬란드, 가고시마, 몰타, 오스트리아, 족자카르타 등이 출간되었고 북유럽, 독일, 이탈리아 등이 발간될 예정이다.

폴라 http://naver.me/xPEdlD2t

이라암

집에 돌아오지 못하면 어떡하지?'하는 걱정 때문에 스물 전까지 혼자 지하철을 타본 적이 없던 쫄보 중에 쫄보였다. 어느 날 오로라에 치여 첫 해외여행을 아이슬란드로 다녀온 이후 여행 맛을 알게 되어 40여 개 도시를 다녀오면서 여행에 푹 빠졌다. 나만 즐거운 여행을 넘어서 성별, 성격, 장애 상관없이 모두가 즐길 수 있는 여행 문화를 만드는 것이 삶의 목표로 여행을 사랑하면서 새롭게 여행 작가로 살아가고 있다.

트래블로그

크로아티아

초판 1쇄 인쇄 I 2020년 4월 7일
초판 1쇄 발행 I 2020년 4월 14일

글 I 조대현, 이라암
사진 I 조대현, 정덕진(사진 일부)
펴낸곳 I 나우출판사
편집 · 교정 I 박수미
디자인 I 서희정

주소 I 서울시 중랑구 용마산로 669
이메일 I nowpublisher@gmail.com

979-11-90486-32-3 (13980)

• 가격은 뒤표지에 있습니다.

• 파본은 구입하신 서점에서 교환해드립니다.

※ 일러두기 : 본 도서의 지명은 현지인의 발음에 의거하여 표기하였습니다.